高等院校系列教材

Linux 操作系统案例教程

第3版

彭英慧　主编

刘建卿　史玉琢　参编

机 械 工 业 出 版 社

本书以 Red Hat Enterprise Linux 8.2 为蓝本，全面介绍了 Linux 的桌面应用、系统管理和网络服务等方面的基础知识和实际应用。本书分为 14 章，涉及 Linux 简介、系统安装、文件管理、文本编辑器、用户和组管理、软件包的管理、进程管理、外存管理、网络基础、Samba 服务器、FTP 服务器、DNS 服务器、WWW 服务器以及 Linux 下的编程。本书内容丰富，结构清晰，通俗易懂，案例贯穿始终，章末有上机实训和课后习题。

本书可作为应用型本科及高职高专院校相关专业的教材，也可作为 Linux 培训及自学用书，还可作为广大 Linux 爱好者的实用参考书。

本书配有微课视频，读者扫描书中二维码即可观看；还有授课电子课件、电子教案、授课计划、习题答案、上机实训源代码及实验指导书等教学资源，需要的教师可登录 www.cmpedu.com 免费注册、审核通过后下载，或联系编辑索取（微信：15910938545，电话：010-88379739）。

图书在版编目（CIP）数据

Linux 操作系统案例教程 / 彭英慧主编．—3 版．—北京：机械工业出版社，2022.1（2023.9 重印）

高等院校系列教材

ISBN 978-7-111-69892-0

Ⅰ．①L…　Ⅱ．①彭…　Ⅲ．①Linux 操作系统-高等学校-教材

Ⅳ．①TP316.85

中国版本图书馆 CIP 数据核字（2021）第 261224 号

机械工业出版社（北京市百万庄大街 22 号　邮政编码 100037）

策划编辑：王海霞　　责任编辑：王海霞

责任校对：张艳霞　　责任印制：常天培

北京机工印刷厂有限公司印刷

2023 年 9 月第 3 版・第 4 次印刷

184mm×260mm・15.5 印张・382 千字

标准书号：ISBN 978-7-111-69892-0

定价：65.00 元

电话服务

客服电话：010-88361066

010-88379833

010-68326294

封底无防伪标均为盗版

网络服务

机　工　官　网：www.cmpbook.com

机　工　官　博：weibo.com/cmp1952

金　　书　　网：www.golden-book.com

机工教育服务网：www.cmpedu.com

前　言

党的二十大报告指出，科技是第一生产力、人才是第一资源、创新是第一动力。大国工匠和高技能人才作为人才强国战略的重要组成部分，在现代化国家建设中起着越来越重要的作用。高等教育肩负着培养大国工匠和高技能人才的使命，近几年得到了迅速发展和普及。Linux 操作系统是高等院校计算机科学与技术、软件工程、网络工程、大数据技术、云计算技术等计算机类专业的专业课。本书的编写目的是帮助学生掌握 Linux 相关知识，提高实际操作技能，特别是利用 Linux 实现系统管理和网络应用的能力。

为了满足 Linux 操作系统教学方面的需求，本书在第 2 版的基础上删除了冗余陈旧的知识，补充了新的知识和操作技能，是广大读者学习 Linux 不可或缺的一本指导书，可为读者深入学习 Linux 打下坚实的基础。本书以 Red Hat Enterprise Linux 8.2 为例，对 Linux 进行全面详细的介绍。本书根据初学者的学习规律，首先介绍 Linux 基础知识、基本操作，在读者掌握这些基础知识和基本操作的基础上，对网络服务进行全面的介绍。本书具有如下特点：

1）结构严谨，内容丰富。本书对 Linux 内容的选取非常严谨，知识点的过渡顺畅自然。全书内容非常丰富，从 Linux 的系统管理、桌面使用到网络服务的构建和应用，甚至对 Linux 下编程方面的知识，都进行了相应的介绍。

2）讲解通俗，步骤详细。本书每个知识点以及实例的讲解都通俗易懂、步骤详细，并添加了相应的注释，读者只要按步骤操作就可以很快上手。

3）案例讲解，贯穿始终。本书的每一章中都有案例，然后是对案例相关知识的讲解，中间穿插【案例分解】对案例进行分步解析，非常有助于读者对知识的理解和掌握。

4）理论和应用相结合。本书在讲解基本操作的前提下，从理论上对每个知识点的原理和应用背景都进行了详细的阐述，从而让读者在实践中举一反三，能够解决实际中遇到的问题。

5）配套资源丰富。全书的上机实训都配有微课视频讲解，扫描书中二维码即可观看。还配有电子课件、电子教案、授课计划、习题参考答案、上机实训源代码及实验指导书等教学资源，方便教学。

本书共 14 章，内容包括 Linux 简介、系统安装、文件管理、文本编辑器、用户和组管理、软件包的管理、进程管理、外存管理、网络基础、Samba 服务器、FTP 服务器、DNS 服务器、WWW 服务器以及 Linux 下的编程。为了更好地为读者服务，本书遵循以下注释原则：

1）如果案例比较复杂，在案例开始加一段功能行说明。该说明注释的位置独立成行，以“//”开始。其他简单的案例则在需要注释的部分进行说明。

2）案例当中需要说明的注释部分位于该行的右部，以“//”开始。

3）对于特别需要读者注意的地方，文中会通过“提示”来说明。

由于编者水平所限，疏漏之处在所难免，恳请广大读者批评指正。

编　者

目　　录

第 1 章　Linux 简介

Linux 是一个日益成熟的操作系统，现在已经拥有大量的用户。由于其安全、高效、功能强大，Linux 已经被越来越多的人了解和使用。Linux 是由芬兰人 Linus Torvalds 开发的，任何人都可以自由复制、修改、套装发行、销售（但是不可以在发行时加入任何限制）的操作系统，而且所有源代码必须是公开的，以保证任何人都可以无偿取得所有可执行文件及其源代码。

1.1　Linux 的性质

Linux 是一种自由软件，同时也是一种真正多任务和多用户的网络操作系统。Linux 是运行于多种平台（PC、工作站等）之上、源代码公开、免费、遵循 GPL（General Public License，通用公共授权）精神、遵守 POSIX（Portable Operating System Interface for UNIX，面向 UNIX 的可移植操作系统）标准、类似于 UNIX 的网络操作系统。人们通常所说的 Linux 是指包含 Kernel（内核）、Utilities（系统工具程序）以及 Application（应用软件）的一个完整的操作系统，它实际上是 Linux 的一个发行版本，是某些公司或组织将 Linux 内核、源代码以及相关的应用程序组织在一起发行的。Linux 是微机版的 UNIX。

Linux 是通用公共许可软件。此类软件的开发不是为了经济目的，而是为了不断开发并传播新的软件，并让每个人都能获得、拥有。该类软件遵循下列规则。

1）传播者不能限制购买软件的用户自由权，即如果用户买了一套 GPL 软件，就可以免费复制和传播或自己出售。

2）传播者必须清楚告诉用户该软件属于 GPL 软件。

3）传播者必须免费提供软件的完整源代码。

4）允许个人或组织为盈利而传播，获得利润。

1.2　Linux 的特点

Linux 之所以能在短短的几十年间得到迅猛发展，与其所具有的良好特性是分不开的。Linux 继承了 UNIX 的优秀设计思想，几乎拥有 UNIX 的全部功能。简单而言，Linux 具有以下特点。

1. 真正的多用户多任务操作系统

Linux 是真正的多用户多任务操作系统。Linux 支持多个用户从相同或不同的终端上同时使用同一台计算机，而没有商业软件许可证的限制；在同一时间段中，Linux 能响应多个用户的不同请求。Linux 系统中的每个用户对自己的资源有特定的使用权限，不会相互影响。

例如，系统可以打印文档、复制文件、拨号到 Internet。与此同时，用户还可以自如地在字处理程序中输入文本，尽管某些后台任务正在进行，但前台的字处理程序并不会停止或者无法使用。这就是多任务的妙处所在，计算机只有一个处理器，却好像能同时进行多项任务。当然，一个 CPU 一次只能发送一个指令，一次只能执行一个动作，多任务通过在进程所要求的任务间来回快速切换而表现出同时可以执行多项任务的样子。

2. 良好的兼容性，开发功能强

Linux 完全符合 IEEE 的 POSIX 标准，和现今的 UNIX、System V、BSD 三大主流的 UNIX 系统几乎完全兼容。在 UNIX 系统下可以运行的程序，也几乎完全可以在 Linux 上运行。这就为应用系统从 UNIX 系统向 Linux 的转移提供了可能。在 UNIX 下可以运行的程序，几乎全都可以移植到 Linux 上来。以程序设计的观点来看，Linux 几乎涵盖了所有重要且热门的系统开发软件，包括 C、C++、Python、Java、PHP、C#等。

3．可移植性强

Linux 是一种可移植性很强的操作系统，无论是掌上计算机、个人计算机、小型机，还是中型机甚至大型机都可以运行 Linux。Linux 是迄今为止支持硬件平台最多的操作系统。因为有许多人为 Linux 开发软件，而且都是免费的，越来越多的商业软件也纷纷被移植到 Linux 上来。

4．高度的稳定性

Linux 继承了 UNIX 良好的特性，可以连续运行数月、数年而无须重新启动，Linux 拥有由相互无关的层组成的健壮的基础架构，采取了许多安全技术措施，其中有对读、写进行权限控制、审计跟踪、核心授权等技术，从而保证最大限度的稳定运行。

5．丰富的图形化用户界面

Linux 提供两种用户界面：字符界面和图形化用户界面，分别如图 1-1 和图 1-2 所示。字符界面是传统的 UNIX 界面，用户需要输入命令才能完成相应的操作。字符界面下的操作方式不太方便，但效率高，目前仍广泛应用。

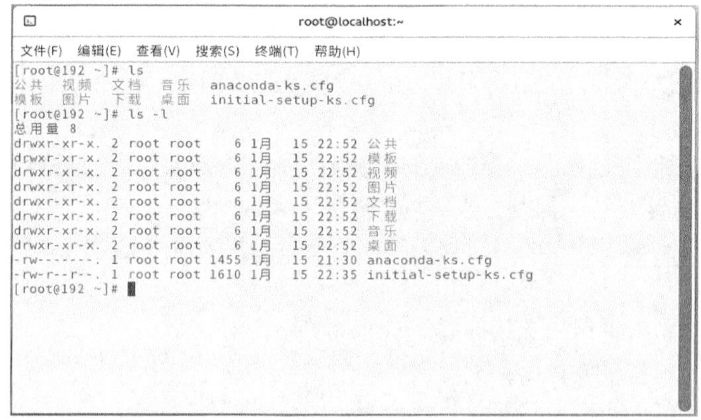

图 1-1　Linux 字符界面

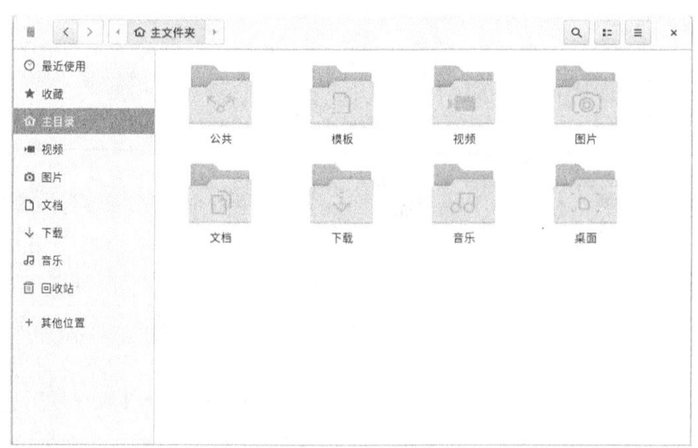

图 1-2　Linux 图形化用户界面

窗口化的图形化用户界面并非微软公司的专利，Linux 也拥有方便好用的图形化用户界面。Linux 图形化用户界面整合了大量的应用程序和系统管理工具，通过使用鼠标，用户在图形化用户界面下能方便地使用各种资源，完成各项工作。

1.3　Linux 发展

1.3.1　Linux 发展的要素

1）UNIX 操作系统。UNIX 于 1969 年诞生在贝尔（Bell）实验室。Linux 就是 UNIX 的一种克隆系统。

2）MINIX 操作系统。MINIX 操作系统也是 UNIX 的一种克隆系统，它于 1987 年由著名计算机教授 Andrew S. Tanenbaum 开发完成。由于 MINIX 系统的出现并且提供源代码（只能免费用于大学内），曾在全世界的大学中刮起了学习 UNIX 系统的旋风。Linux 刚开始就是参照 MINIX 系统于 1991 年开始开发的。

3）GNU 计划。开发 Linux 操作系统，以及 Linux 上所用的大多数软件基本上都出自 GNU 计划。该计划的目标是创建一套完全自由的操作系统。Linux 只是操作系统的一个内核，没有 GNU 软件环境（如 bash shell），Linux 将寸步难行。GNU 的标志如图 1-3 所示。

图 1-3　GNU 的标志

4）POSIX 标准。该标准在推动 Linux 操作系统向正规道路发展方面起着重要的作用，是为 Linux 指明前进方向的灯塔。

5）Internet。如果没有 Internet，没有遍布全世界的无数计算机爱好者的无私奉献，那么 Linux 最多只能发展到 0.13（0.95）版的水平。

1.3.2　内核发展史

1969 年，贝尔实验室的 Ken Thompson 在一台被丢弃的 PDP-7 小型机上开发了一种多用户多任务操作系统。后来，在 Ken Thompson 和 Dennis Ritchie 的共同努力下，诞生了最早的 UNIX。早期的 UNIX 是用汇编语言编写的，但其第三个版本是用当时来说崭新的编程语言 C 重新设计的。通过这次重新编写，UNIX 得以移植到更为强大的 DEC、PDP-11、PDP-45 计算机上运行。从此，UNIX 从实验室中走出来并成为操作系统的主流。现在几乎每个主要的计算机厂商都有其自由版本的 UNIX，现在比较流行的 UNIX 版本有：AT&T 发布的 SYS V 和美国加州大学伯克利分校发布的 BSD UNIX。这些形态各异的 UNIX 版本，共同遵守一个 POSIX 标准以及基本的共同特征：树形的文件结构、设备文件、shell 用户界面、以 ls 为代表的命令。这些特征在后来的 Linux 中也都继承下来了。

Linux 起源于一个学生的业余爱好，他就是芬兰赫尔辛基大学的 Linus Torvalds——Linux 的创始人和主要维护者。他在上大学时开始学习 MINIX——一个功能简单的 PC 平台上的类 UNIX 操作系统。Linus 对 MINIX 不是很满意，于是决定自己编写一个保护模式下的操作系统软件。他以学生时代熟悉的 UNIX 为原型，在一台 Intel PC 上开始了他的工作，很快得到了一个虽然不那么完善却已经可以工作的系统。大约在 1991 年 8 月下旬，他完成了 0.01 版本，受到工作成绩的鼓舞，他将这项成果通过互联网与其他同学共享。Linus Torvalds 将这个操作系统命名为 Linux，即 Linus's UNIX 的意思，并以可爱的胖企鹅作为其标志，如图 1-4 所示。1991 年 10 月，Linux 首次放到 FTP 服务器上供自由下载，有人看到这个软件并开始分发。每当出现新问题时立刻会有人找到解决方法并加入其中。最初的几个月知道 Linux 的人还很少，主要是一些黑客，但正是这些人修补了系统中的错误，完善了 Linux 系统，为 Linux 后来风靡全球奠定了良好的基础。

图 1-4　Linux 的标志

1994 年，Linux 1.0 版内核发布。

1998 年 7 月是 Linux 发展史上的重大转折点，Linux 赢得了包括许多大型数据库公司如 Oracle、Informix、Ingres 的支持，从而促进 Linux 进入大中型企业的信息系统。

2000 年，最新的内核稳定版本是 2.2.10，由 150 万行代码组成，估计拥有 1000 万用户。

2003 年，Linux 内核发展到 2.6.x，2.6.x 版本的内核核心部分变动不大。每个小版本之间，都是在不停地添加新驱动、解决一些小 bug、对现有系统进行完善。

2012 年 1 月 4 日发布了 Linux 3.2 的内核版本，这个版本的内核改进了 Ext4 和 Btrfs 文件系统，提供自动精简配置功能，新的架构和 CPU 带宽控制。

2015 年 11 月，Linux 4.3 内核问世，主要升级了网络，修复了 x86 vm86 模式里的一个漏洞，其他就是一些小修小补的集合。

2016 年 12 月 12 日，Linus Torvalds 发布了 Linux 内核 4.9，也是迄今为止开发的最大的发布版本。

2017 年 11 月，Linux 内核 4.14 LTS 版本的主要功能特性是把异构内存管理合并到主线中。开发该功能是为了让进程地址空间可以被镜像，并确保系统内存被任何设备透明地使用。

2018 年 8 月 12 日，Linus Torvalds 正式公布了Linux内核的第四个重要里程碑版本——Linux Kernel 4.18 稳定版。

2019 年 11 月，Linux 5.4 内核的正式版本带来了大量新功能，强化了安全，更新了硬件驱动，最大亮点就是支持微软 exFAT 文件格式，可以更好地使用 U 盘、移动硬盘等便携存储设备。而且 Linux 系统内核首次加入锁定功能，新的“锁定”功能将限制 Linux 某些内核功能，即使对于 root 用户也是如此，这使得受到破坏的 root 账户更难以破坏其余的系统内核。

2020 年 12 月，Linus Torvalds 公布了 Linux 5.10，这是一个重要的里程碑。该版本至少要维护五年的长期支持（LTS）内核，在功能上也是大范围的内核更新，并且还有很多的改进。

2021 年 1 月 6 日，Linux 5.10.5 内核正式发布，所有 5.10 内核系列的用户都必须升级，禁用 FBCON 加速滚动。

1.4　Linux 内核版本和发行版本

1.4.1　内核版本

内核是系统的心脏，是运行程序和管理像磁盘和打印机等硬件设备的核心程序，它提供了一个在裸设备与应用程序间的抽象层。例如，程序本身不需要了解用户的主板芯片集或磁盘控制器的细节就能在高层次上读写磁盘。

Linux 内核的版本号命名是有一定规则的，由 3 个数字组成，一般表示为 X.Y.Z 的形式，各个数字的含义如下。

- X：表示主版本号，通常在一段时间内比较稳定。
- Y：表示次版本号。如果是偶数，代表这个内核版本是正式版本，可以公开发行；如果是奇数，则代表这个版本是测试版本，还不太稳定仅供测试。
- Z：表示修改号，这个数字越大，表示修改的次数越多，版本相对更完善。

Linux 的正式版本和测试版本是相互关联的。正式版本只针对上个版本的特定缺陷进行修改，而测试版本则在正式版本的基础上继续增加新功能，当测试版本被证明稳定后就成为正式版本。正式版本和测试版本不断循环，从而不断完善内核的功能。

例如，2.6.20 各数字的含义如下。

- 第 1 个数字 2 表示第二大版本。
- 第 2 个数字 6 有两个含义：大版本的第 6 个小版本；偶数表示生产版/发行版/稳定版；奇数表示测试版。
- 第 3 个数字 20 表示指定小版本的第 20 个补丁包。

Red Hat Linux 内核的版本稍有不同，如 2.6.20-10，可以发现多了一组数字 10，该数字是建立（build）号。每个建立可以增加少量新的驱动程序或缺陷修复。

截至 2021 年 1 月，Linux 内核最新版本号为 5.10.5，Linux 内核版本的发展历程如表 1-1 所示。

表 1-1 Linux 内核版本的发展历程

内核版本	发布日期
0.10	1991 年 11 月
1.0	1994 年 3 月
2.0	1996 年 2 月
2.2	1999 年 1 月
2.4	2001 年 1 月
2.6	2003 年 12 月
2.6.24	2008 年 1 月
2.6.30	2009 年 6 月
2.6.36	2010 年 10 月
3.0	2011 年 7 月
3.2	2012 年 1 月
3.12	2013 年 11 月
3.18	2014 年 12 月
4.3	2015 年 11 月
4.9	2016 年 12 月
4.14	2017 年 11 月
4.18.5	2018 年 8 月
5.4.6	2019 年 12 月
5.10	2020 年 12 月
5.10.5	2021 年 1 月

1.4.2 发行版本

仅有内核而没有应用软件的操作系统是无法使用的，所以许多公司或社团将内核、源代码及相关的应用程序组织构成一个完整的操作系统，让用户可以简便地安装和使用 Linux，这就是所谓的发行版本（distribution），一般谈论的 Linux 系统便是针对这些发行版本的。目前各种发行版本有数十种，它们的发行版本号各不相同，使用的内核版本号也可能不一样。Linux 发行版本如图 1-5 所示，目前主流和常用的 Linux 发行版本有如下几种。

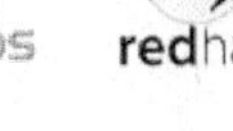

图 1-5 Linux 发行版本

1）Red Hat：Red Hat 是最成功的 Linux 发行版本之一，是全球主流的 Linux，Red Hat Enterprise Linux 8.0（简称 RHEL8）基于 Linux 内核 4.18 版本，为用户提供了混合云和数据中心部署的安全，稳定和一致的基础，以及支持所有级别工作负载所需的工具。RHEL 默认桌面环境是 GNOME，GNOME 项目由 GNOME Foundation 支持，RHEL 8 中提供的 Gnome 版本是 3.28 版本。RHEL 8 的 YUM 软件包管理器基于 DNF 技术，它是新一代的 RPM 软件包管理器，提供对模块化内容的支持，提高的性能以及与工具集成的精心设计的稳定 API，RPM 的版本是 4.14.2，它在开始安装之前需要验证整个包的内容。RHEL 8 中提供的 YUM 版本是 v4.0.4。

2）Debian 版本 10.4：Debian 可以算是迄今为止最遵循 GNU 规范的 Linux 系统，2020 年 5 月 9 日，Debian 项目宣布对 Debian 10 稳定版的第四次更新，社区版的 Linux 比较好，文档和资料较多，尤其是英文的。问题是上手难，但在所有的 Linux 发行版本中，这个版本是最自由的。Debian 10.4 附带了各种稳定的软件包更新，重点放在安全修复程序和其他常规错误修复程序上。

3）OpenSUSE 版本 15：SUSE 是德国最著名的 Linux 发行版，它的特点是使用了自主开发的软件包管理系统 YaST，被誉为最华丽的 Linux 发行版。OpenSUSE Leap 15.1 版本具有改进的安装程序，更新的内核和图形堆栈，改进了对 AMD Vega GPU 的支持，NetworkManager 开源网络连接管理器是笔记本计算机和台式计算机的默认设置，而 Wicked 仍用于服务器系统，并改进了 YaST 功能。

4）Ubuntu 版本 20.04.1：Ubuntu 是目前较为领先的开源操作系统，对硬件的支持非常全面，非常容易上手。如今 Ubuntu 20.04.1 已经正式上线，强项就是其桌面版，应用非常广泛。由于 Ubuntu 显著的特性，尤其是快速安装进程以及桌面体验，即使不喜欢 Ubuntu 的人也能从其 Linux 桌面系统中受益，这些特性也在 Ubuntu 的影响下惠及更广阔的 Linux 世界。

5）CentOS 版本 8：CentOS 是红帽企业级 Linux 发行版之一，这个发行版主要是 Red Hat 企业版的社区版，基本上跟 Red Hat 是兼容的，由于稳定性值得信赖、免费且局限性较少，因此人气相当高。

6）银河麒麟（Kylin）是由国防科技大学研发的开源服务器操作系统。此操作系统是“国家高技术研究发展计划”（简称 863 计划）重大攻关科研项目，目标是研发一套中国自主知识产权的服务器操作系统。银河麒麟 2.0 操作系统完全版共包括实时版、安全版、服务器版三个版本，简化版是由服务器版简化而成的。银河麒麟安全操作系统主要分为三层：最底层主要为保证安全性、实时性等方面的任务，可自由替换加载；中间层是 FreeBSD 的 Linux 内核；最高层是 Linux 兼容库。完全版的银河麒麟是内核态多线程的。

7）中标麒麟操作系统采用强化的Linux 内核，分成桌面版、通用版、高级版和安全版等。中标麒麟增强安全操作系统采用银河麒麟KACF强制访问控制框架和 RBA 角色权限管理机制，支持以模块化方式实现安全策略，提供多种访问控制策略的统一平台，包括管理员分权、最小特权、结合角色的基于类型的访问控制、细粒度的自主访问控制、多级安全等多项安全功能，从内核到应用提供全方位的安全保护。中标麒麟安全操作系统符合 Posix 系列标准，兼容联想、浪潮、曙光等公司的服务器硬件产品，兼容达梦、人大金仓数据库、湖南上容数据库（SRDB）、Oracle 9i/10g/11g 数据库、IBM Websphere、DB2 UDB 数据备份软件等系统软件。

1.5　Linux 的优势

Linux 从一个人开发的操作系统雏形经过几十年的时间发展成为当今举足轻重的操作系统，与 Windows、UNIX 一起形成操作系统领域三足鼎立的局势，必定有其原因，Linux 自身的特点就是其获得成功的原因。Linux 具有以下优势。

1）源代码公开。作为程序员，通过阅读 Linux 内核和 Linux 下的其他程序源代码，可以学到很多编程经验和其他知识。作为最终用户也避免了使用盗版操作系统的尴尬，节省了购买正版操作系统的费用。

2）系统稳定可靠。Linux 采用了 UNIX 的设计体系，汲取了 UNIX 系统的发展经验。Linux 操作系统体现了现代操作系统的设计理念和经得住时间考验的设计方案。在服务器操作系统市场上，Linux 已经超过 Windows 成为服务器首选操作系统。

3）总体性能突出。德国某机构公布的 Windows 和 Linux 的最新测试结果表明，两种操作系统在各种应用情况下，尤其是在网络应用环境中，Linux 的总体性能更好。

4）安全性强，病毒危害小。各种病毒的频繁出现使得微软公司几乎每隔几天就要为 Windows 发布补丁。而现在针对 Linux 系统的病毒非常少，而且它公布源代码的开发方式使得各种漏洞在 Linux 上能尽早发现、弥补。

5）跨平台，可移植性好。Windows 只可以运行在 Intel 构架上，但 Linux 还可以运行在 Motorola 公司的 68K 系列 CPU，IBM、Apple 等公司的 PowerPC CPU，Compaq 和 Digital 公司的 Alpha CPU，原

Sun 公司（后被 Oracle 收购）的 SPARC UltraSparc CPU，Intel 公司的 StrongARM CPU 等处理器系统。

6）具有强大的网络服务功能。Linux 诞生于因特网，它具有 UNIX 的特性，保证了其支持所有标准因特网协议，而且内置了 TCP/IP。事实上 Linux 是第一个支持 IPv6 的操作系统。

1.6　课后习题

一、选择题

1．Linux 最早是由一位名叫（　　）的计算机爱好者开发的。

A．Linus Torvalds　　B．Bill Ball　　C．Ken Thompson　　D．Dennis Ritchie

2．以下关于 Linux 内核版本的说法，错误的是哪个？（　　）

A．依次表示为主版本号、次版本号、修正次数的形式

B．1.2.2 表示稳定的发行版

C．2.2.6 表示对内核 2.2 的第 6 次修正

D．1.3.2 表示稳定的发行版

3．以下对 Linux 内核说法不正确的是哪个？（　　）

A．Linux 内核是 Linux 系统的核心部分

B．Linux 内核就是 Linux 系统，一个内核就可以构成 Linux 系统

C．如今 Linux 内核已发展到 5.10.x 版本

D．Linux 内核主要由内存管理程序、进程调度程序、虚拟文件系统构成

4．以下 linux 内核版本中，属于稳定版本是（　　）。

A．2.1.23　　B．2.6.36　　C．2.5.0　　D．2.3.11

5．Linux 是一个（　　）的操作系统。

A．单用户、单任务　　B．单用户、多任务

C．多用户、单任务　　D．多用户、多任务

6．Linux 内核管理系统不包括的子系统是（　　）。

A．进程管理子系统　　B．内存管理子系统

C．文件管理子系统　　D．硬件管理子系统

7．下列选项中，哪个不是 Linux 支持的？（　　）。

A．多用户　　B．超进程　　C．可移植　　D．多进程

8．Linux 是所谓的“Free software”，这里 free 的含义是（　　）。

A．Linux 不需要付费　　B．Linux 发行商不能向用户收费

C．Linux 可自由修改和发布　　D．只有 Linux 作者才能向用户收费

9．Linux 系统的各组成部分中，（　　）是基础。

A．内核　　B．X Window　　C．shell　　D．Gnome

10．下面关于 shell 的说法，不正确的是（　　）。

A．操作系统的外壳　　B．用户与 Linux 内核之间的接口程序

C．一个命令语言解释器　　D．一种和 C 语言类似的程序语言

二、简答题

1．Linux 主要特点有哪些？

2．简述 Linux 的构成与版本识别。

3．Linux 的发行版本主要有哪些？

第2章　系统安装

由于 Linux 在 Internet 上是免费提供的，所以用户获得 Linux 比较容易，一般来说，获得 Linux 主要有两种途径：一种是通过 Internet 下载，另一种是购买 Linux 光盘。Linux 的安装方式有很多种，可以通过网络、硬盘和 CD-ROM 安装。本章首先介绍了 Linux 概况，然后重点以 Red Hat Enterprise Linux Server 8.2 为例，介绍了 Linux 的安装过程，最后说明了 Linux 的启动及关闭。

2.1　Red Hat Enterprise Linux 8.2 简介

Red Hat 公司推出的各种 Linux 发行版本是目前世界上应用最为广泛的 Linux 发行版本。2019 年 11 月，Red Hat 公司宣布发布 Red Hat Enterprise Linux 8.x 系列的第一个更新，即 Red Hat Enterprise Linux（以下简称为 RHEL）8.1 发布，系统增加了新的开发人员工具和安全认证，并扩展了自动化功能，增强了支持开放式混合云的操作系统的可管理性、安全性和性能。Red Hat Enterprise Linux 8.2 增加了对实时内核补丁的全面支持，以帮助 IT 运营团队跟上不断变化的安全态势，而不会导致过多的系统停机时间，现在可以应用内核更新，在修复关键或重要的常见漏洞和通用漏洞披露（CVE）的同时，减少了系统的重新启动，有助于使关键工作负载更安全地运行。

2020 年 4 月，RHEL8.2 发布，包括如下几个方面的改进：

- 改进了对 IT 安全性、合规性状况和运营效率的可见性，有助于消除手动方法并提高管理大型复杂环境的效率，同时增强这些部署的安全性和合规性。
- 新的策略和补丁程序服务可帮助组织定义和监视重要的内部策略，并确定哪些 Red Hat 产品咨询适用于 Red Hat Enterprise Linux 实例以及补救指南。
- Drift service 可帮助 IT 团队将系统与基准进行比较，并提供基准和指导战略以降低复杂性并加快故障排除速度。

Red Hat Enterprise Linux 8 有两种内容分发模式，只需要启用两个存储库。

- BaseOS 存储库：BaseOS 存储库以传统 RPM 包的形式提供底层核心 OS 内容，BaseOS 组件的生命周期与之前的 Red Hat Enterprise Linux 版本中的内容相同。
- AppStream 存储库：Application Stream 存储库提供在给定用户空间中运行的所有应用程序，而具有特殊许可的其他软件可在 Supplemental 存储库中获得。

☞注意：

下载地址为https://developers.redhat.com/rhel8。不能同时将两个流安装到同一用户空间中。

2.2　安装前的准备

2.2.1　硬件基本需求

图形界面安装可以使用鼠标进行操作，安装速度较慢，文字字符界面安装只使用键盘操作，安装速度快。为使初学者能够尽快适应 Linux 的操作，建议采用中文图形界面方式安装。

Linux 内核运行对硬件要求很低，目前的计算机配置都能安装当下流行的 Linux 发行版本，很多嵌入式系统中使用的 Linux 内核大多不到 100KB。当然，本书使用的 Linux 服务器版或桌面版比较庞大，因此系统至少需要内存 500MB 以上，才能保证系统正常运行。一般来说 5GB 以上的空间可以基本满足桌面用户和服务器管理的需求，为了方便用户安装更多应用程序，建议硬盘剩余空间设置为 20GB 以上。

2.2.2　硬盘分区

任何硬盘使用前都要进行分区。硬盘的分区有两种类型：主分区和扩展分区。一个硬盘上最多只能有 4 个主分区，其中一个主分区可以用一个扩展分区来替换，即主分区可以有 1~4 个，扩展分区可以有 0~1 个，而扩展分区中可以划分若干个逻辑分区。

目前常用的硬盘主要有两大类：IDE 接口硬盘和 SCSI 接口硬盘。IDE 接口的硬盘读写速度比较慢，但价格相对便宜，是家庭用 PC 常用的硬盘类型。SCSI 接口的硬盘读写速度比较快，但价格相对较贵。通常，要求较高的服务器会采用 SCSI 接口硬盘。一台计算机上一般有两个 IDE 接口（IDE0 和 IDE1），在每个 IDE 接口上可连接两个硬盘设备（主盘和从盘）。采用 SCSI 接口的计算机也遵循这一规律。

Linux 的所有设备均表示为/dev 目录中的一个文件，如下所示。

- IDE 接口上的主盘称为/dev/hda，IDE 接口的从盘称为/dev/hdb。
- SCSI 接口上的主盘称为/dev/sda，SCSI 接口的从盘称为/dev/sdb。

Linux 磁盘分区文件命名格式如图 2-1 所示。

由此可知，/dev 目录下“hd”打头的设备是 IDE 硬盘，“sd”打头的设备是 SCSI 硬盘。设备名称中第三个字母为 a，表示为第一个硬盘，而 b 表示为第二个硬盘，并以此类推。分区使用数字表示，数字 1~4 用于表示主分区和扩展分区，逻辑分区的编号从 5 开始。IDE 接口上主盘的第一个主分区称为/dev/hda1，IDE 接口上主盘的第一个逻辑分区称为/dev/hda5。

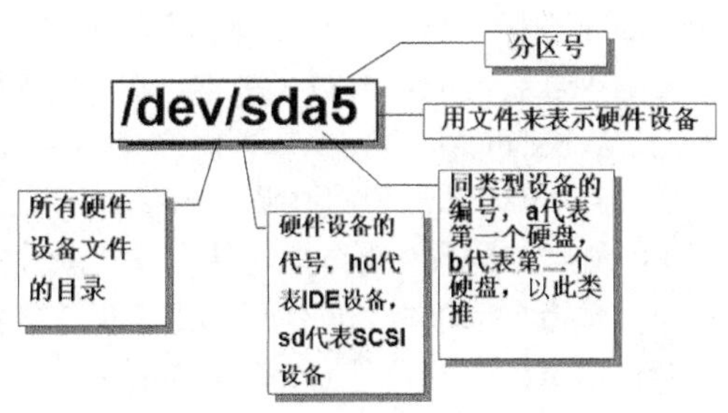

图 2-1　磁盘分区文件命名格式

安装 Linux 操作系至少要有两个分区：根分区和 swap 分区，根分区又称为“/”，两个分区是必要的。建议分为三个分区即根分区、/boot 分区和 swap 分区。

- 交换分区的大小取决于系统内存和硬盘驱动器上的可用空间的数量。例如，有 128MB 内存，那么创建的交换区可以是 128~256MB（内存的两倍），即依据用户的可用磁盘空间而定。
- 挂载为/boot 的分区，大小为 1024MB，其中驻留着 Linux 内核和相关的文件。
- 挂载为“/”的根分区，其中存储着所有其他文件，分区的确切大小要依可用磁盘空间而定。

☞注意：

未分区的磁盘空间意味着在要安装的硬盘驱动器上的可用磁盘空间还没有将数据划分成块。当为一个磁盘分区时，每个分区都如同一个独立的磁盘驱动器。

2.3　案例：RHEL 8.2 安装过程

【案例目的】掌握 Red Hat Enterprise Linux Server 8.2 的安装过程。

【案例内容】

1）安装虚拟机软件 VMware Workstation 16 PRO。

2）安装一台 Linux 服务器系统，要求创建两个分区：根分区 18GB（/）、swap 分区 2048MB。

3）选择 GNOME 桌面；选择 DNS、FTP 服务选项；其他自定义。

4）设置 root 用户密码 123456。

5）创建普通用户并设置密码。

6）IP 地址、网关、DNS 等按默认配置。

7）从图形化界面进行登录。

【核心知识】掌握安装 Linux 时磁盘的分区方法。

安装 Linux 操作系统有很多方法，可以在硬盘上单独安装，也可以和 Windows 并存，如果要在一台计算机上同时安装 Windows 和 Linux，建议先安装 Windows，然后安装 Linux，这样启动时就不需要手工配置，可以使用引导装载程序 GRUB2 来选择启动哪个操作系统了。

在虚拟机下安装 Linux 实际上是在现实的 Windows 系统中（宿主计算机）再虚拟出一台计算机（虚拟机），并在上面安装 Linux 系统，这样用户就可以放心大胆地进行各种 Linux 练习，而无须担心操作不当导致宿主机系统崩溃了。运行虚拟机软件的操作系统叫 Host OS，而在虚拟机里运行的操作系统叫 Guest OS。

下面以 Red Hat Enterprise Linux Server 8.2 镜像文件安装为例，详细讲述 Linux 的安装步骤。

1）首先在相应网站上下载虚拟机软件 VMware，找到合适的版本，像其他应用软件一样进行安装，安装完成后，能够看到 VMware Workstation 图标。安装 RHEL 8 以上版本时需要 VMware Workstation 15.5 以上版本，本实例安装 VMware Workstation16 PRO（以下简称 VMware）。

2）启动 VMware，运行主界面如图 2-2 所示。

3）在其主界面中选择“文件”→“新建虚拟机”菜单命令或单击“创建新的虚拟机”按钮打开新建虚拟机向导界面，如图 2-3 所示。

图 2-2　虚拟机运行主界面

这里有两个选择：一是“典型”方式，它根据虚拟机的用途自动调整配置；二是“自定义”方式，它允许用户自行设置虚拟机的主要参数。“典型”方式要比“自定义”方式简单，但缺少一定的灵活性。为了创建 SCSI 控制器类型，这里选择“自定义”方式。两次单击“下一步”，出现如图 2-4 所示的界面。

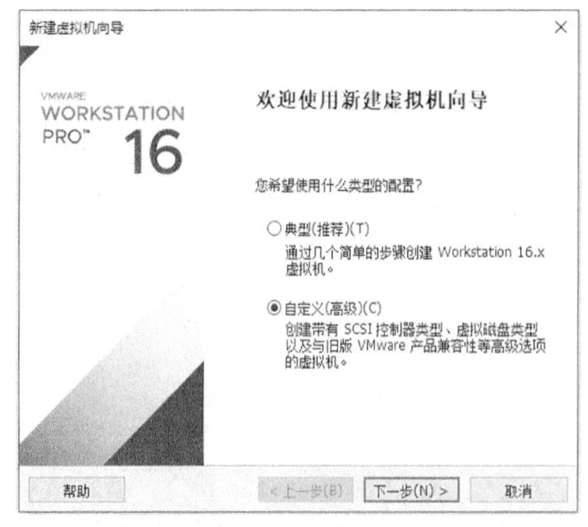

图 2-3　新建虚拟机向导界面

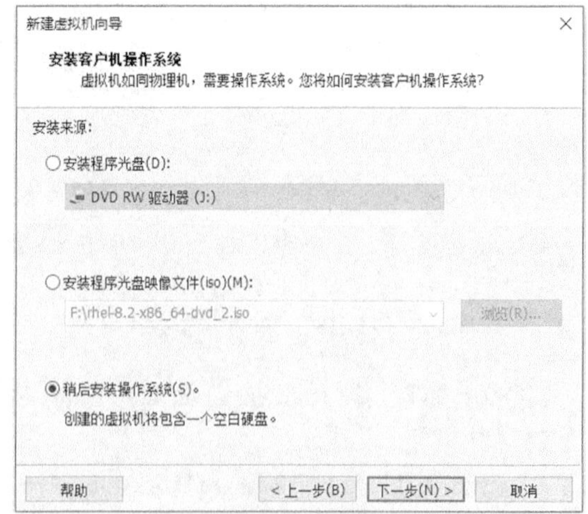

图 2-4　虚拟机安装选择安装来源界面

4）选择“稍后安装操作系统”单选按钮，然后单击“下一步”按钮进入选择客户机操作系统界面，如图 2-5 所示。选择安装 Linux，在版本下拉列表框中选择“Red Hat Enterprise Linux 8 64 位”。

5）单击“下一步”按钮，出现命名虚拟机界面，如图 2-6 所示。在接下来的界面中，可以为这个新的虚拟机取一个名称（本例为“Red Hat Enterprise Linux 8 64 位”），并在“位置”文本框中通过浏览选择虚拟机的保存位置。默认是 C 盘，每个虚拟机都会产生多个特别格式的文件，所以最好为每个虚拟机创建一个单独的文件夹，如 Linux 就放到“Linux”文件夹、Windows 2003 就放到“Win2003”文件夹中，这样便于以后备份和恢复虚拟机。由于虚拟机文件较大，尽量不要安装在 C 盘，这里选择安装在 F:\VMWARE。

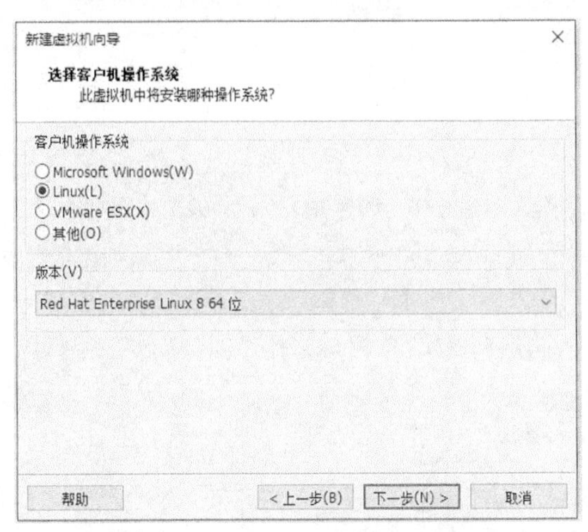

图 2-5　选择客户机操作系统界面

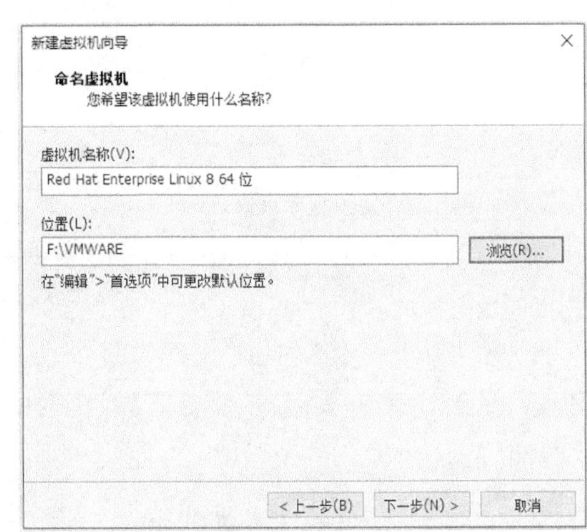

图 2-6　命名虚拟机界面

6）单击“下一步”按钮，出现如图 2-7 所示的处理器设置界面，选择默认值。

7）单击“下一步”按钮，出现如图 2-8 所示的虚拟机内存设置界面，可以根据需要调整内存大小，这里选择默认值。

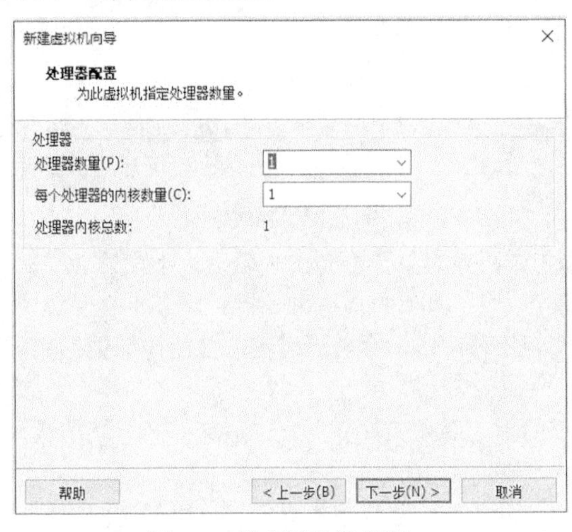

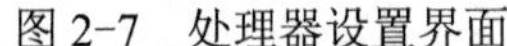
图 2-7　处理器设置界面

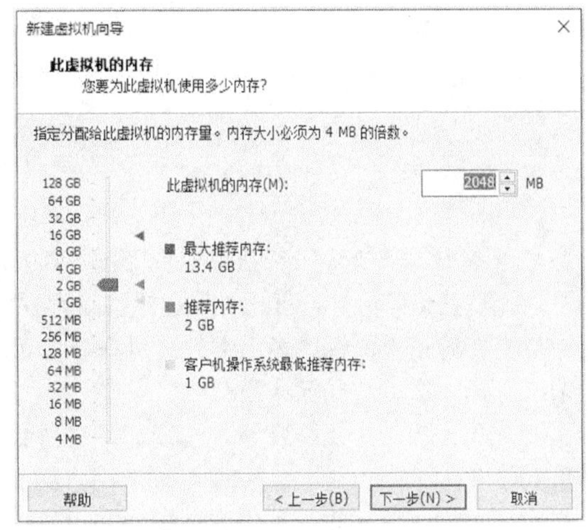

图 2-8　虚拟机内存设置界面

8）单击“下一步”按钮，出现如图 2-9 所示的网络类型设置界面，这个网络类型安装完成后可以修改，这里选择默认值。

9）单击“下一步”按钮，出现如图 2-10 所示的选择 I/O 控制器类型界面，采用推荐的类型“LSI Logic(L)”。

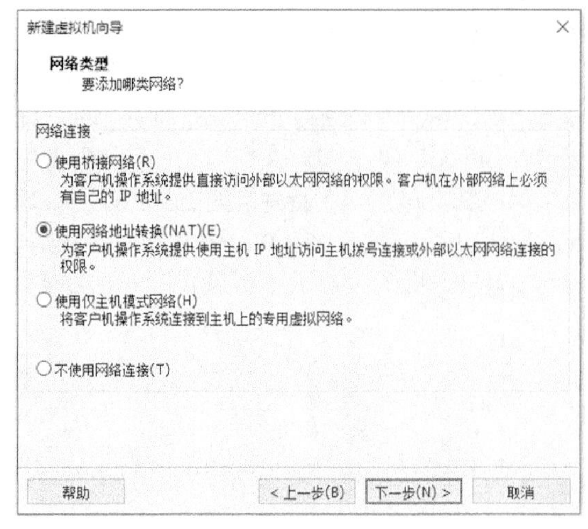

图 2-9　网络类型设置界面

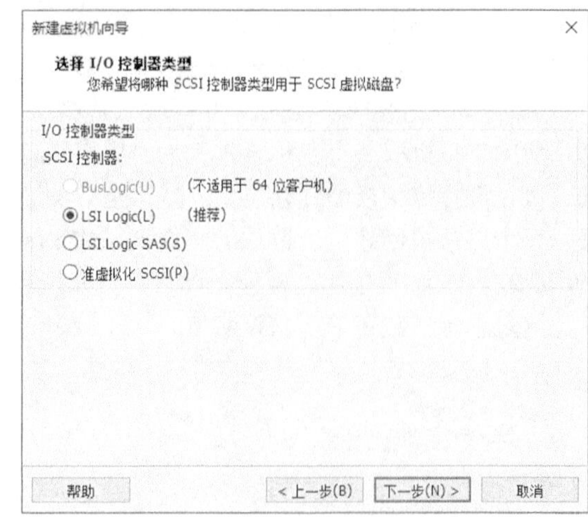

图 2-10　选择 I/O 控制器类型界面

10）单击“下一步”按钮，出现如图 2-11 所示的选择磁盘类型界面，为了便于操作磁盘，这里选择 SCSI 类型。

11）单击“下一步”按钮，出现如图 2-12 所示的选择磁盘界面，选择“创建新虚拟磁盘”。

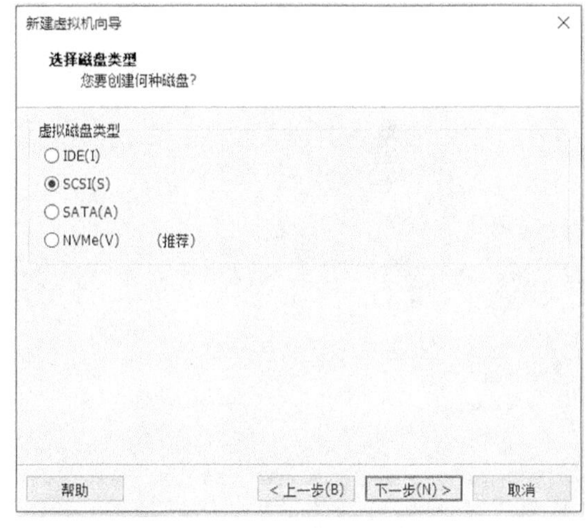

图 2-11　选择磁盘类型界面

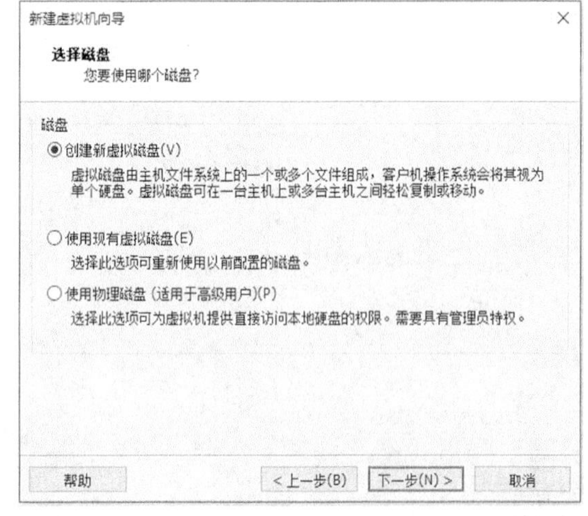

图 2-12　选择磁盘界面

12）单击“下一步”按钮，出现如图 2-13 所示指定磁盘容量界面。最大磁盘大小默认 20GB，这里选择默认值。另外，可选“将虚拟磁盘存储为单个文件”和“将虚拟磁盘拆分成多个文件”，由于虚拟机文件较大，拆成多个文件可以在计算机之间轻松移动，但会降低磁盘的性能，请根据实际的情况选择，这里选择默认项。

13）单击“下一步”按钮，出现如图 2-14 所示的指定磁盘文件界面，磁盘文件名系统默认，不需要修改。

14）单击“下一步”按钮，出现如图 2-15 所示已准备好创建虚拟机界面。这里创建的虚拟机名称、位置、操作系统、硬盘、内存、网络适配器及其他设备都已准备就绪，网络适配器选择默认 NAT。

15）单击“完成”按钮，返回 VMware 主界面，如图 2-16 所示。看到主界面上多了一个“Red Hat Linux Enterprise 8 64 位”标签页，其中显示了这台新建虚拟机的各种配置。

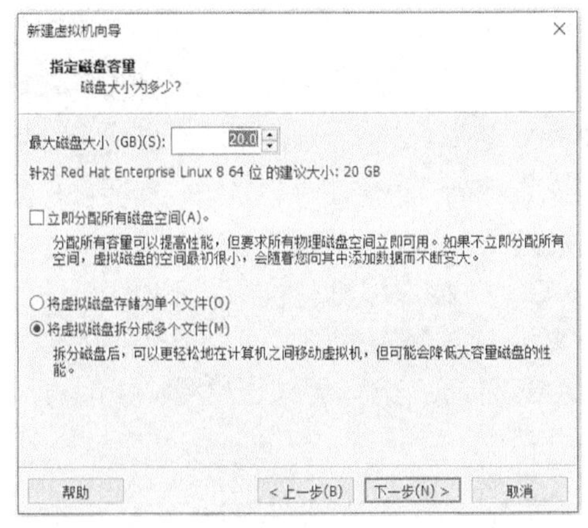

图 2-13　指定磁盘容量界面

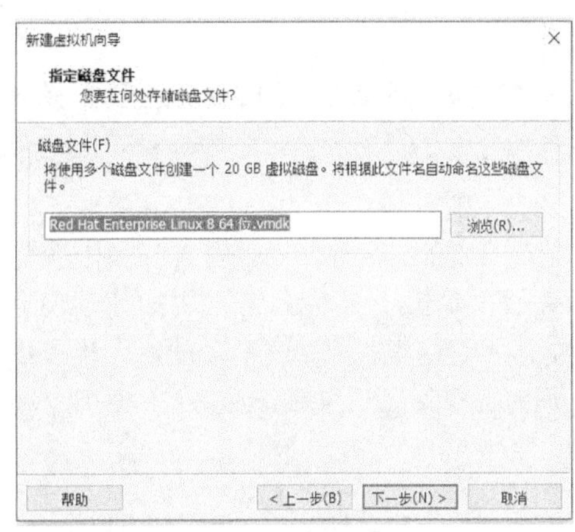

图 2-14　指定磁盘文件界面

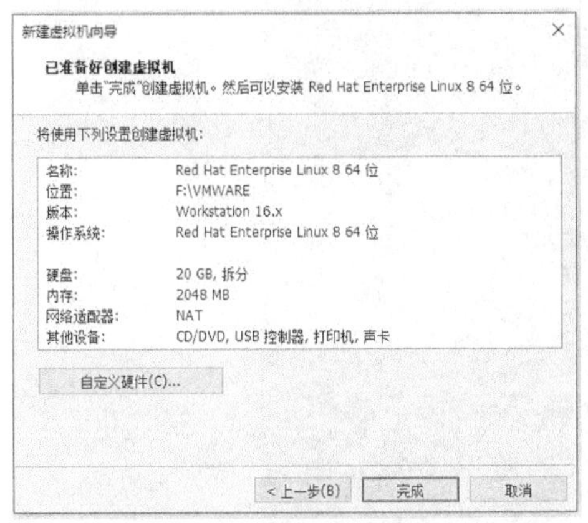

图 2-15　已准备好创建虚拟机界面

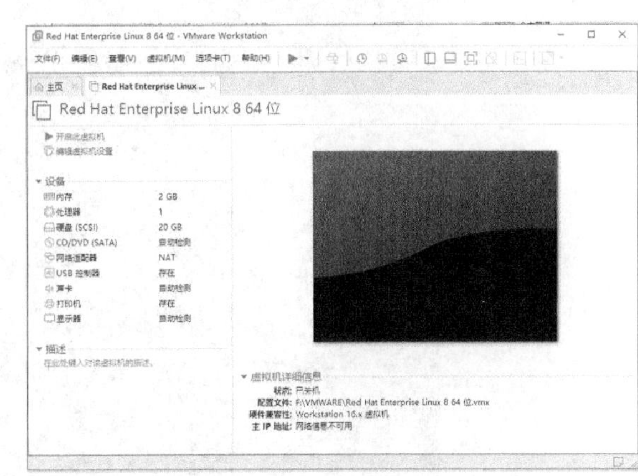

图 2-16　虚拟机创建完成界面

16）在完成界面单击“CD/DVD(SATA)”选项，出现虚拟机设置界面，如图 2-17 所示。在该界面中，选择“使用 ISO 映像文件”，通过浏览找到提前下载的 Linux 安装镜像文件。单击“确定”按钮，又返回到如图 2-16 所示的 VMware 主界面。

17）单击如图 2-16 所示 VMware 主界面中的“开启此虚拟机”选项，或直接单击工具栏上的绿色三角形按钮 ▷，这就好像打开了真实计算机的电源开关一样，启动虚拟机，如图 2-18 所示。

图 2-17　虚拟机设置界面

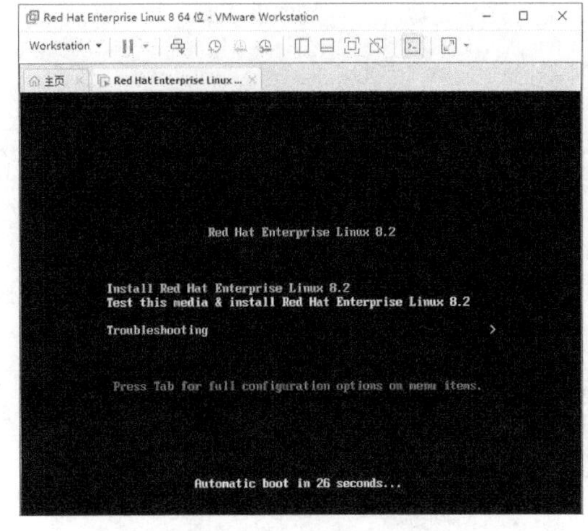

图 2-18　启动虚拟机

☞注意：

如果物理内存紧张，则会弹出一个提示框，提示虚拟机会占用大量内存，单击“确定”按钮即可。如果勾选了“不再显示”项，则下次这个提示就不会再出现了。

虚拟机的重新启动、关机等对于宿主计算机来说都是虚拟的，但对于虚拟机中安装的操作系统来说则是真实的。因此，对于安装好操作系统的虚拟机来说，一样也要先通过“开始”菜单进行关机，最后再单击工具栏上的方块按钮（左起第一个图标）关掉虚拟机的电源。不能强制关闭虚拟机电源，否则虚拟机下次启动的时候也会像真实的计算机一样检测磁盘的。

18）选择第二个选项开始安装，如图 2-19 所示，这时不需要干预，系统会检测安装。

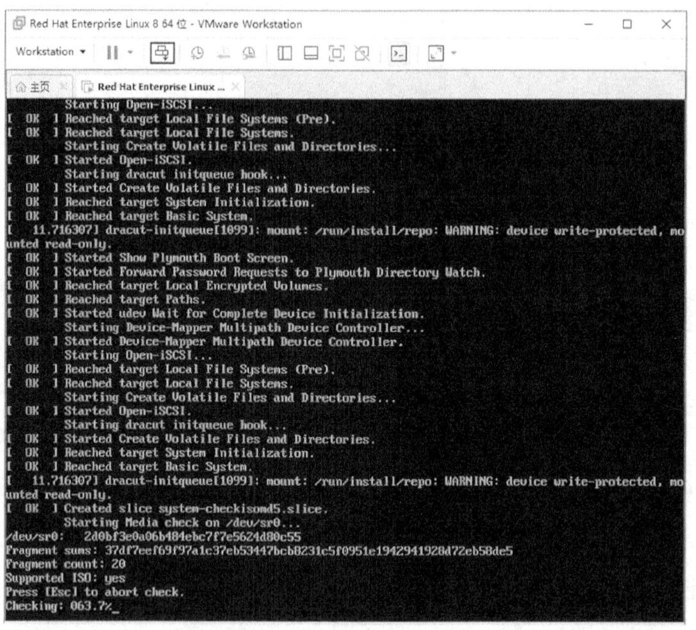

图 2-19　安装界面

19）选择语言界面，这里选择简体中文，如图 2-20 所示。

20）单击“继续”按钮，出现安装信息摘要界面，如图 2-21 所示。在这里可以进行安装软件的选择，如果这里不选，以后也可以重新安装，还可以通过“安装目的地(D)”等选项进行设置。

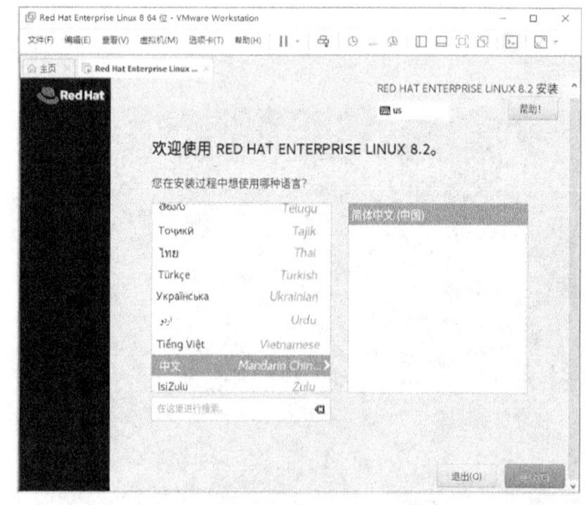

图 2-20　选择语言界面

图 2-21　安装信息摘要界面

21）单击系统下的“安装目的地(D)”选项出现如图 2-22 所示界面。在“存储位置”有两个选项，“自动”就是安装时进行自动分区，对硬盘要求不高的情况下可以选择。为了验证一下手动分区，这里选择“自定义”选项。

22）单击左上角的“完成”按钮，出现手动分区页面，如图 2-23 所示。在分区方案中有“LVM”“简单 LVM”“标准分区”可以选择，这里选择“标准分区”，否则后面会提示错误信息。

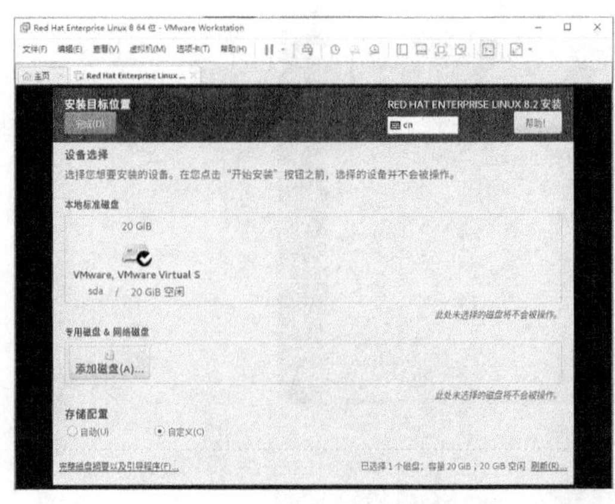

图 2-22　安装目标位置界面

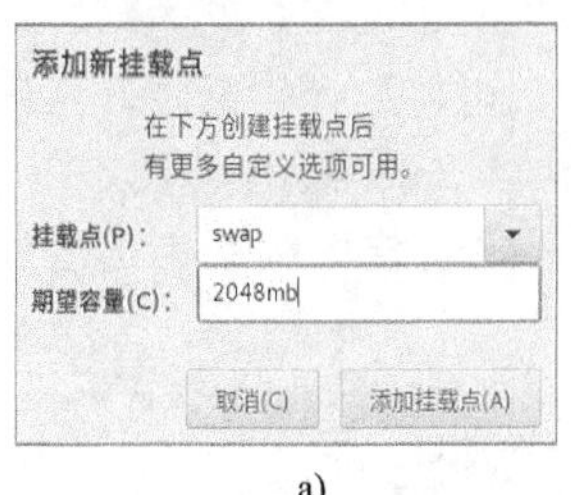

图 2-23　手动分区界面

23）在该界面中单击左下角的“+”号添加一个分区，出现添加新挂载点界面，一共创建两个分区：交换分区和根分区；如图 2-24a 创建交换分区，为 2GB，图 2-24b 是创建根分区，根分区没有输入大小，即为硬盘剩余的全部空间。

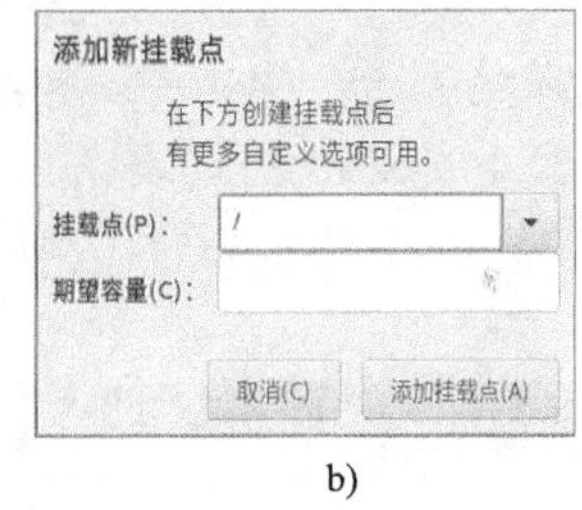

a)

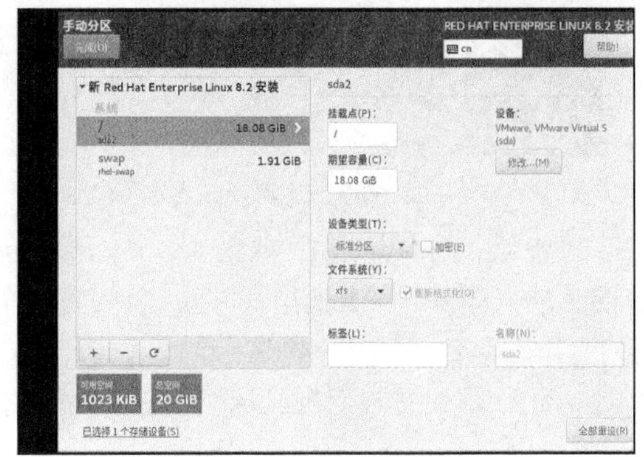

b)

图 2-24　创建分区

24）分区创建后的界面如图 2-25 所示。在这里可以修改和删除分区，也可以修改分区的容量、设备类型和文件系统等信息。RHEL 8.2 的文件系统类型默认是 xfs。

25）单击左上角的“完成”按钮，出现如图 2-26 所示的界面，直接单击“接受更改”按钮。

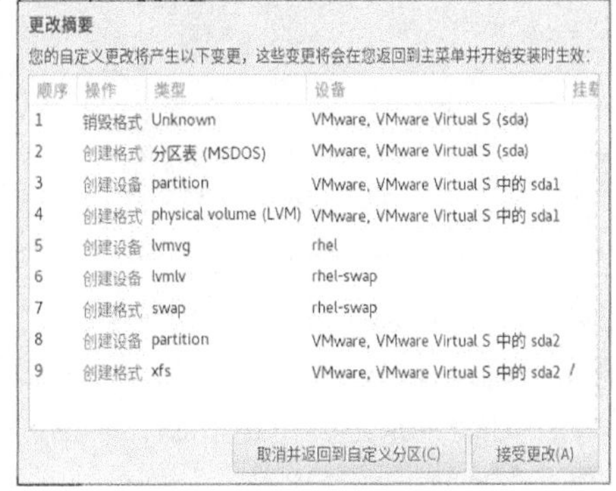

图 2-25　创建两个分区

更改摘要

您的自定义更改将产生以下变更，这些变更将会在您返回到主菜单并开始安装时生效：

顺序	操作	类型	设备	挂载
1	销毁格式	Unknown	VMware, VMware Virtual S (sda)	
2	创建格式	分区表 (MSDOS)	VMware, VMware Virtual S (sda)	
3	创建设备	partition	VMware, VMware Virtual S 中的 sda1	
4	创建格式	physical volume (LVM)	VMware, VMware Virtual S 中的 sda1	
5	创建设备	lvmvg	rhel	
6	创建设备	lvmlv	rhel-swap	
7	创建格式	swap	rhel-swap	
8	创建设备	partition	VMware, VMware Virtual S 中的 sda2	
9	创建格式	xfs	VMware, VMware Virtual S 中的 sda2	/

取消并返回到自定义分区(C)　接受更改(A)

图 2-26　更改警告界面

此时回到如图 2-27 所示界面，选择键盘：任何一种都可以。选择时区“中国上海”，一般没有北京时区可选，如图 2-28 所示。

图 2-27　安装信息摘要界面

图 2-28　选择时区界面

26）单击图 2-27 中的“软件选择”，出现如图 2-29 所示界面，安装时有多个选择，根据应用需要去选择，这里选择默认“带 GUI 的服务器”，在右侧可以选择一些附件软件，当然这些软件以后都可以随时安装，最小安装是没有图形界面的，单击“完成”按钮。

此时，又回到如图 2-27 所示界面。最后单击“开始安装”按钮，出现如图 2-30 所示的安装界面。

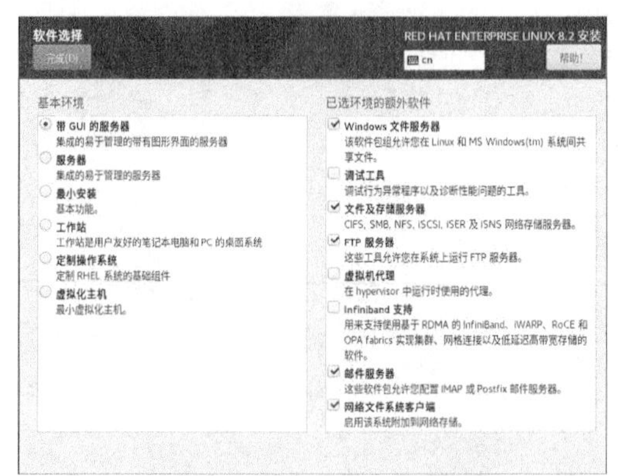

图 2-29　选择安装的软件界面

图 2-30　开始安装界面

27）单击“根密码”，出现如图 2-31 所示的界面，设置 root 用户的密码，然后单击“完成”按钮。

28）单击“创建用户”，显示如图 2-32 所示界面。然后创建一个普通用户 pyh，并设置密码，在设置用户密码时，对密码安全性要求较高，需要有数字、字母、特殊字符等。

两次单击“完成”按钮，然后单击右下角的“完成配置”，配置过后则显示如图 2-33 所示软件安装界面。

29）在如图 2-34 所示软件安装完成界面中单击“重启”按钮，即可重新启动系统。重启完成后出现如图 2-35 所示的初始设置界面 1。

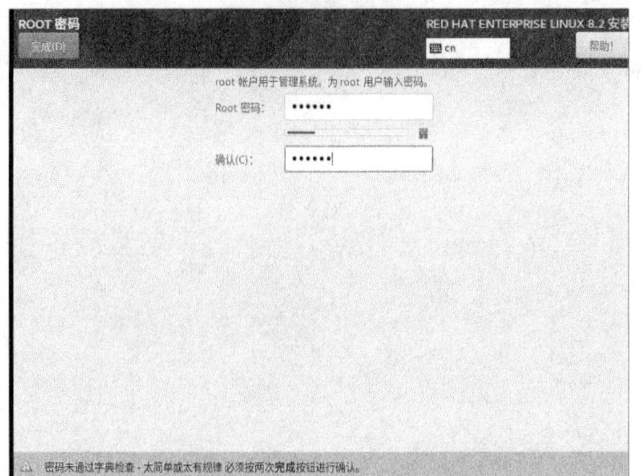

图 2-31 设置 root 用户密码

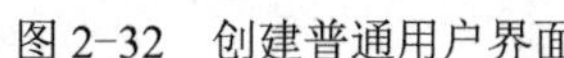

图 2-32 创建普通用户界面

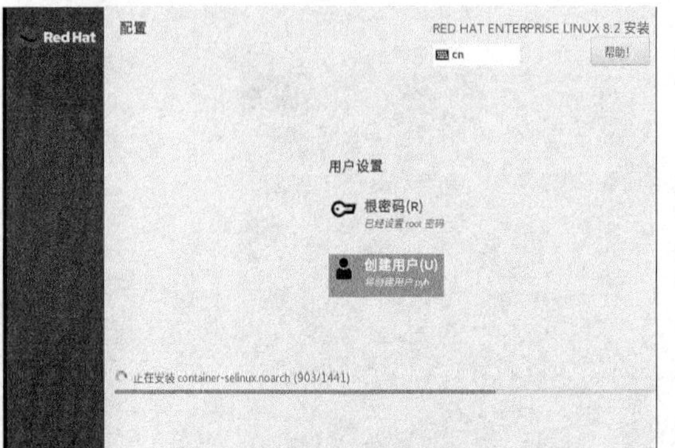

图 2-33 软件安装界面

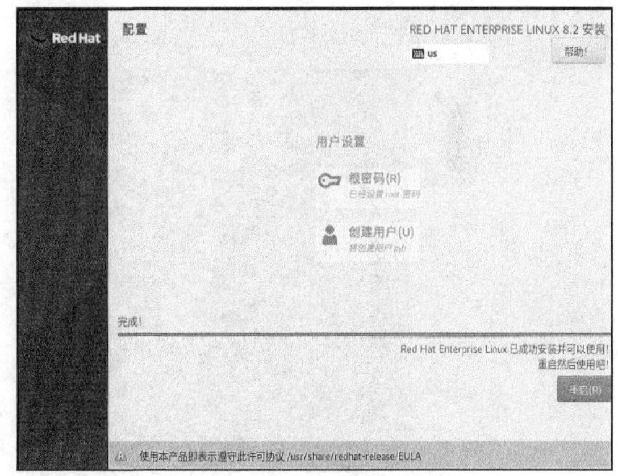

图 2-34 软件安装完成界面

图 2-35 初始设置界面 1

30）单击“License Information”，然后出现如图 2-36 的许可信息界面，接受许可信息，单击“完成”按钮，然后回到图 2-37 所示的初始设置界面 2，再单击“结束配置”按钮。然后出现如图 2-38 所示的登录界面，到此 Red Hat 8.2 安装完毕。

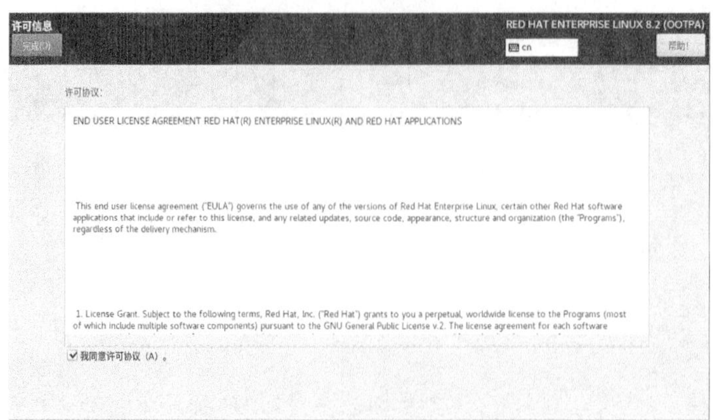

图 2-36　许可信息界面

如果用户想要以超级用户的身份登录，单击图 2-37 中的“未列出？”，在“用户名”后面输入“root”，然后按〈Enter〉键，系统提示“口令”，提示用户输入在安装时设置的系统管理员密码并按〈Enter〉键，如果密码正确，系统将完成登录。

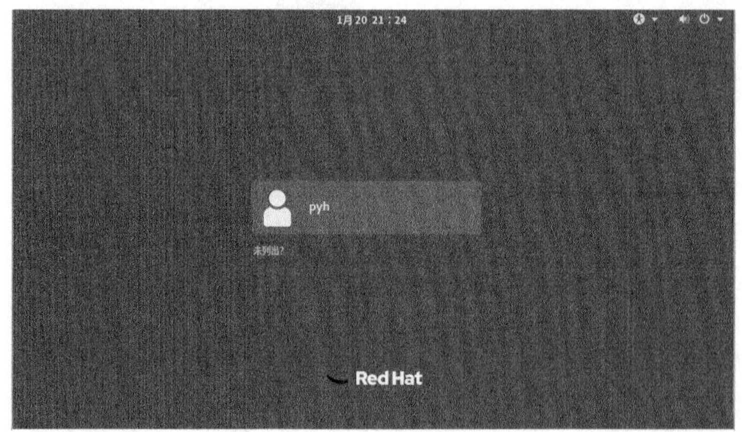

图 2-37　系统登录界面

一般情况下，出于系统安全考虑，不推荐使用 root 账号，因为 root 账号权限太大，很容易由于误操作导致系统不正常，所以一般以普通用户账号登录系统。

普通用户登录和超级用户登录的操作相同，只是登录后使用系统的权限有些区别。单击图 2-37 中的普通用户用户名，出现输入口令界面，如图 2-38 所示。验证成功后出现如图 2-39 所示的登录成功界面。

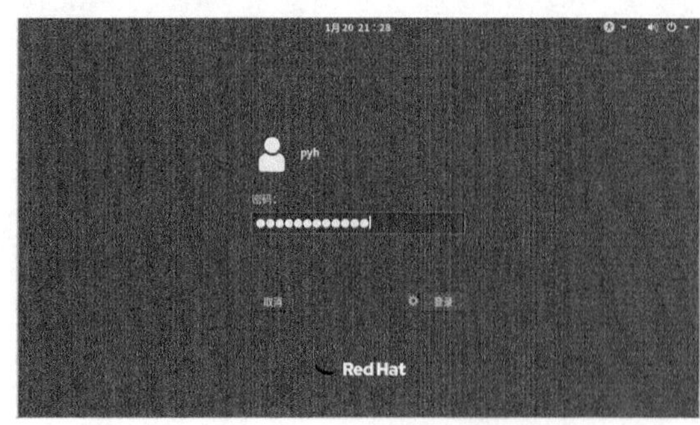

图 2-38　输入口令界面

图 2-39　系统登录成功图形化界面

在 RHEL 8.2 系统中的操作和 RHEL 7 之前的版本不同，在图形化用户界面中没有直接显示图标，而是单击“活动”后才会出现菜单，然后用鼠标单击相应的选项即可显示相应的操作结果。选择“活动”中的“应用程序”后的显示结果如图 2-40 所示。

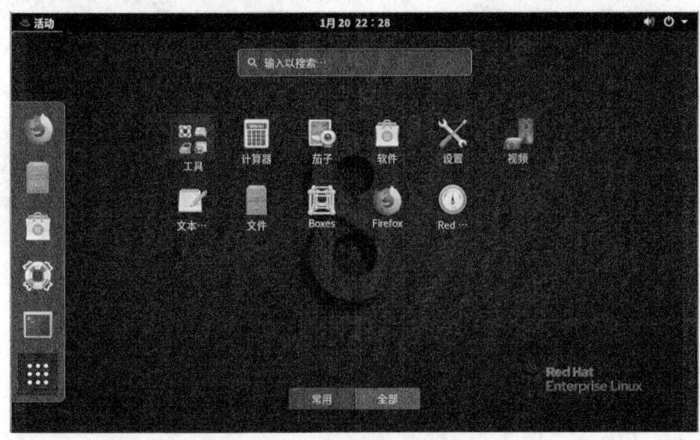

图 2-40　系统图形化界面

2.4　退出 Linux

Linux 提供了三种退出系统的命令：shutdown、halt 和 reboot，这三个命令在一般情况下只有系统的超级用户（root）才可以执行。输入没有参数的 shutdown 命令，两分钟后即可关闭系统。在这段时间，Linux 将提示所有已经登录的用户系统将要关闭。

该命令格式为：shutdown [选项] [时间][警告信息]。

其中，各选项的含义如下。

- k：并不真正关机，只是发出警告信息给所有用户。
- r：关机后立即重新启动。
- h：关机后不重新启动。
- f：快速关机，重新启动时跳过 fsck。
- n：快速关机，不经过 init 程序。
- c：取消一个已经运行的 shutdown。

如果要设置等待时间，可以使用时间选项。各时间选项如下。

- now：立即退出系统
- O mins：在指定的分钟之后退出系统。
- O hh:ss：在指定的时间退出系统。

halt 命令相当于 shutdown -h now，表示立即关机。

reboot 命令相当于 shutdown -r now，表示立即启动。

例如：

```
shutdown -h 10        //10 分钟后立即关机
shutdown -r 10        //10 分钟后立即重新启动
shutdown -h +4        //4 分钟内立即关机
```

也可以通过图形用户界面方式关机和注销，操作如图 2-41 所示。直接在界面下单击“注销”即可，关机界面如图 2-42 所示，单击关机⏻即可。

图 2-40　注销界面

图 2-41　关机界面

2.5　上机实训

1．实训目的

1）掌握虚拟机方式下安装 RHEL 8.2 的基本步骤。

2）理解磁盘分区知识，能手工建立分区。

2．实训内容

在安装有 Windows 操作系统的计算机上采用虚拟机安装 Linux 操作系统。要求如下。

1）虚拟机安装 VMware Workstation 16 PRO。

2）安装一台 Linux 服务器系统，采用手动分区，分两个分区，即 swap（大小 2048MB）和根分区。

3）设置 root 用户密码 123456。

4）其余均按默认选项。

5）通过图形化界面进行登录。

3．实训总结

通过本次实训，掌握 RHEL 8.2 的安装方法，为后面的学习打下良好的基础。

2.6　课后习题

一、选择题

1．Linux 中充当虚拟内存的分区是（　　）。

A．swap　　B．/　　C．/boot　　D．/home

2．Linux 中第二个 SCSI 接口硬盘可以表示为（　　）。

A．/dev/hda　　B．/dev/hdb　　C．/dev/sdb　　D．/dev/sdc

3．RHEL 8 支持的默认硬盘接口是（　　）。

A．IDE　　B．SCSI　　C．COM　　D．PS/2

4．RHEL 8 默认使用的 x-windows 软件有（　　）。

A．qmail　　B．Gnome　　C．X-Free86　　D．KDE

5．RHEL 8 默认的引导装载软件是（　　）。

A．LILO　　B．GRUB2　　C．Load　　D．Bootinit

6．Linux 根分区类型有（　　）。

A．vfat　　B．ext3/ext4/xfs　　C．swap　　D．NTFS

7．安装 RHEL 8 一般需要准备三个分区，它们是（　　）。

A．/分区　　B．/boot 分区　　C．/home 分区　　D．swap 分区

8．RHEL 8 采用的安装方式有（　　）。

A．光盘　　B．硬盘　　C．FTP 服务器

D．邮件服务器　　E．NFS 服务器

9．一般说来，RHEL 8 内核的源程序可以在（　　）目录下找到。

A．/usr/local　　B．/usr/src　　C．/lib　　D．/usr/share

10．可以重启计算机的命令是（　　）。

A．halt　　B．reboot　　C．shutdown -h　　D．init 0

二、问答题

1．管理员想在每天 22:00 让 Linux 自动关机，请给出相应的命令。

2．哪些命令可以实现重启或关闭？

第3章 文件管理

文件管理是 Linux 的重要模块，Linux 文件系统是 Linux 系统的核心模块，通过使用文件系统，用户可以很好地管理各项文件及目录资源。本章将对 Linux 文件系统、文件的基本概念及目录的基本概念和操作进行系统、全面的介绍。

3.1 Linux 文件系统

3.1.1 Linux 常用文件系统介绍

随着 Linux 的不断发展，其所能支持的文件系统格式也在迅速扩充。特别是 Linux 2.4 内核正式推出以后，出现了大量新的文件系统，如日志文件系统 ext3、XFS 和其他文件系统。Linux 系统核心可支持十多种文件系统类型：ext、ext2、ext3、ext4、Minix、ISO9660、NFS、MSDOS、NTFS、smb、SysV 等。其中较为普遍的为如下几种。

1）Minux 是 Linux 支持的第一个文件系统，对用户有很多限制，性能低下，有些没有时间标记，文件名最长为 14 个字符。其最大缺点是只能使用 64MB 的硬盘分区，所以目前已经没有人使用这个文件系统。

2）ISO 9660 标准 CDROM 文件系统，允许长文件名。

3）NFS（Network File System）是原 Sun 公司推出的网络文件系统，允许在多台计算机之间共享同一文件系统，易于从所有计算机上存取文件。

4）SysV 是 System V 在 Linux 平台上的文件系统。

5）ext（Extended File System，扩展文件系统）是随着 Linux 的不断成熟而引入的，它包含了几个重要的扩展，但提供的性能不令人满意。1994 年引入了第二扩展文件系统（Second Extended File System，ext2）。

6）ext3（Third Extended File System）是从 Red Hat Linux 7.2 开始才支持的文件系统，同时也是目前 Red Hat Linux 默认的文件系统，是 ext2 的加强版本，在原 ext2 文件系统的基础上加上了日志功能，它具有以下优点。

- 有效性。在系统不正常关机时，早期的 ext2 文件系统必须先运行 ext2fsck 程序，才能重新安装文件系统。而 ext3 文件系统遇到不正常关机时，并不需要运行文件系统检测，这是因为数据在写入 ext3 文件系统时使用日志功能来维护数据的一致性。
- 数据存取速度快。ext3 文件系统的数据存取速度高于 ext2 的主要原因是 ext3 具有的日志功能可使硬盘读写端的移动达到最佳化。
- 易于转移。原有的 ext2 文件系统可以轻易转移到 ext3 来获得日志功能，而不需要重新格式化文件系统。

7）ext4 是对 Linux 文件系统的一次革命，ext4 相对于 ext3 的进步远远超过 ext3 相对于 ext2 的进步。ext3 相对于 ext2 的改进主要在于日志方面，而 ext4 相对于 ext3 的改进是文件系统数据结构方面的优化。它是高效的、优秀的、可靠的文件系统，具有如下特点。

- 兼容性强：任何 ext3 文件系统都可以轻松地迁移到 ext4 文件系统，可以不格式化硬盘、不重装操作系统、不重装软件环境，只需要几个命令就能够升级到 ext4 文件系统。
- 更大的文件系统：ext3 支持最大 16TB 的文件系统、2TB 的文件大小；ext4 支持最大 1EB 的文件系统、16TB 的文件大小。

- 子目录可扩展性：在目前的 ext3 中，单个目录下的子目录数目的上限是 32000 个；而在 ext4 中则打破了这种限制，可以创建无限多个子目录。
- 多块分配：在 ext4 中，使用了“多块分配器”，即一次调用可以分配多个数据块，不仅提高了系统的性能，而且使得分配器有了充足的优化空间。
- 更快速的 FSCK：ext4 不同于 ext3，它维护一个未使用的“i 节点”表，在进行 fsck 操作时，会跳过表中节点，只检查正在使用中的 i 节点。这种机制使得 fsck 的效率大大提高。
- 日志校验：ext4 提供校验日志数据的功能，可以查看其潜在错误。而且，ext4 还会将 ext3 日志机制中的“两阶段提交”动作合并为一个步骤，这种改进使 ext4 在日志机制方面的可靠度和性能得到双重提升。
- 在线磁盘整理：ext4 将支持在线磁盘整理，e4defrag 工具也被用来支持更智能的磁盘碎片整理功能。

8）NTFS 是由 Windows 2000/XP/2003 操作系统支持，特别针对网络和磁盘配额、文件加密等安全特性而设计的一种磁盘格式。

9）XFS（全称 eXtensions for Financial Services）是一种非常优秀的日志文件系统，它是 SGI 公司设计的，被称为业界最先进的、最具可升级性的文件系统技术，极具伸缩性，非常健壮。从 CentOS 7 开始，预设的文件系统由原来的 ext4 变成了 XFS 文件系统。XFS 具备几乎所有的 ext4 文件系统具有的功能。XFS 具有如下特点。

- 数据完整性：XFS 文件系统可以根据所记录的日志在很短的时间内迅速恢复磁盘文件内容，相比 ext4 更能保证数据完整。
- 可扩展性：XFS 是一个全 64 位文件系统，它可以支持上百万 T 字节的存储空间。最大支持 8EB 减 1 字节的单个文件系统，实际部署时取决于宿主操作系统的最大块限制。对于一个 32 位的 Linux 系统，文件和文件系统的大小会被限制在 16TB。XFS 使用高的表结构（B+树），保证了文件系统可以快速搜索与快速空间分配。XFS 能够持续提供高速操作，文件系统的性能不受目录中目录及文件数量的限制。
- 传输特性：XFS 文件系统采用优化算法，XFS 查询与分配存储空间非常快并能连续提供快速反应时间。
- 传输带宽：XFS 能以接近裸设备 I/O 的性能存储数据。在单个文件系统的测试中，其吞吐量最高可达 7GB/s，对单个文件的读写操作，其吞吐量可达 4GB/s。

3.1.2 Linux 文件介绍

本节详细介绍了 Linux 文件系统中文件的定义、文件名的规定以及文件的类型。

1. 文件和文件名

文件指具有符号名和在逻辑上具有完整意义的信息集合； 文件名是文件的标识，是由字母、数字、下画线和圆点组成的字符串。用户应该选择有意义的文件名，以方便识别和记忆。Linux 要求文件名的长度限制在 255 个字符之内。

为了便于管理和识别，用户可以把扩展名作为文件名的一部分。圆点用于区分文件名和扩展名。以下例子给出一些有效的 Linux 文件名：

```
Test                    //不带扩展名的文件
Readme.txt              //文本文件
Auto.bat                //批处理文件
Test1.c                 //C 源文件
Test1.cc                //C++源文件
```

2．文件的类型

Linux 系统中有 3 种基本的文件类型：普通文件、目录文件和设备文件。

（1）普通文件

普通文件是用户最经常使用和熟悉的文件，它又分为文本文件和二进制文件两种。

1）文本文件：这类文件以文本的 ASCII 码形式存储在计算机中，是以“行”为基本结构的一种信息组织和存储方式。可以编辑也可以修改。

2）二进制文件：这类文件以文本二进制形式存储在计算机中。用户一般不能直接查看它们，只有通过相应的软件才能将其显示出来。二进制文件一般是可执行程序、图形、图像、声音等。

（2）目录文件

目录文件的主要作用是管理和组织系统中大量的文件，它存储一组相关文件的位置、大小和与文件有关的信息。目录文件一般简称为目录，存放的内容是目录中的文件名和子目录名。

（3）设备文件

Linux 系统把每一个 I/O 设备都看成一个文件，即 Linux 把对设备的 I/O 作为普通文件的读取/写入操作，内核提供了对设备处理和对文件处理的统一接口。与处理普通文件一样，可以使文件和设备的操作尽可能统一。从用户的角度来看，对 I/O 设备的使用和一般文件的使用一样，不必了解 I/O 设备的细节。设备文件又分为块设备文件和字符设备文件，对应于块设备和字符设备。前者是以字符块为单位存取的，后者是以单个字符为单位存取。每一种 I/O 设备对应一个设备文件，存放在/dev 目录中。常用的字符设备有键盘、鼠标；块设备有硬盘、光驱。

（4）链接文件

1）软链接文件：符号链接，仅仅是符号；相当于 Windows 下的快捷方式图标，源文件与链接文件可以跨越索引点。

2）硬链接文件：符号和内容；链接同一索引点中的文件。

（5）管道文件

前一个命令的输出作为后一个命令的输入。

3．Linux 系统中文件颜色的区别

- 白色或黑色：普通文件。
- 红色：压缩文件。
- 蓝色：目录文件。
- 浅蓝色：链接文件（软）。
- 黄色：设备文件盘（/dev）。
- 青绿色：可执行文件（/bin，/sbin）。
- 粉红色：图片文件。

3.1.3　Linux 目录结构

本节详细介绍 Linux 系统中树形目录结构、工作目录、用户主目录等主要概念。

1．树形目录结构

计算机中存有大量的文件，有效地组织和管理它们，并为用户提供一个使用方便的接口是文件系统的主要任务。Linux 系统是以文件目录的方式来组织和管理系统中的所有文件。所谓文件目录就是将所有文件的说明信息采用树结构组织起来。整个文件系统有一个“根”（Root），然后在根上分“杈”（Directory），任何一个分杈上都可以再分杈，杈上也可以长出“叶子”。“根”或“杈”在 Linux 中被称为“目录”或“文件夹”，而“叶子”则是文件。

实际上，每个目录结点之下都会有一些文件和目录，并且系统在建立每一个目录时，都会自动

为它设定两个目录文件，一个是“.”，代表该目录自己；另一个则是“..”，代表该目录的父目录。

☞提示：

对于根目录，“.”和“..”都代表其自身。

Linux 目录提供管理文件的一条方便途径。每个目录中都包含文件。用户可以为自己的文件创建自己的目录，也可以把一个目录下的文件移动或复制到另一个目录下，而且能移动整个目录，与系统中的其他用户共享目录和文件。图 3-1 所示为 Linux 的树形目录结构。

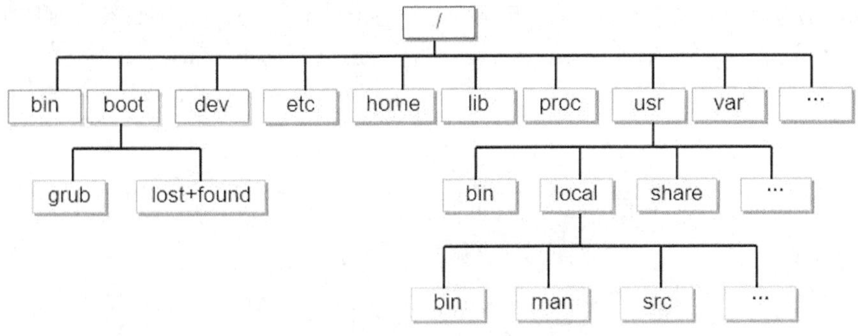

图 3-1 Linux 树形目录结构

- /：根目录。Linux 系统把所有文件都放在一个目录树里面，/是唯一的根目录。
- /bin：存放普通用户可执行文件，系统中的任何用户都可以执行该目录中的命令。
- /boot：存放内核和系统启动程序。
- /dev：保存着所有的设备文件。里面有一些是由 Linux 内核创建的用来控制硬件设备的特殊文件。
- /etc：保存着绝大部分的系统配置文件和管理文件，这些文件都是文本文件。
- /home：保存普通用户的主目录，每个用户在该目录下都有一个与用户名同时的目录。在 Linux 下，可以通过 cd ~来进入用户自己的主目录。
- /lib：启动所需要的库文件都放在这个目录下。那些非启动用的库文件都会放在/usr/ lib 下。
- /proc：虚拟的目录，是系统内存的映射。可直接访问这个目录来获取系统信息。
- /usr：这是一个很复杂的、庞大的目录。除了上述目录之外，几乎所有的文件都放在这个目录下面。表 3-1 中列举了一些重要的子目录。

表 3-1 /usr 中一些需要的子目录

目　录	功　能
/usr/bin	二进制可执行文件存放目录，存放绝大多数的应用程序
/usr/sbin	存放绝大部分的系统程序
/usr/games	存放游戏程序和相应的数据
/usr/include	保存 C 和 C++的头文件
/usr/src	存放源代码文件
/usr/doc	存放各种文档文件
/usr/share	保存各种共享文件

- /var：用于存放大系统中经常变化的文件，如日志文件、用户邮件等。
- /sbin：存放系统的管理命令，普通用户不能执行该目录中的命令。

● /tmp：公用的临时文件存储点。

2．路径

路径是指从树形目录中的某个目录层次到某个文件的一条道路。路径的主要构成是目录名称。Linux 使用两种方法来表示文件或目录的位置：绝对路径和相对路径。

绝对路径是从根目录开始依次指出各层目录的名称，它们之间用“/”分隔，如/home/faculty/sarwar/courses/ee446 就是一个绝对路径。

相对路径是从当前目录开始（或者用户主目录开始），指定其下层各个文件及目录的方法。如图 3-2 所示，当 sarwar 登录时，首先进入到它的主目录/home/faculty/sarwar 下。在主目录下，用户可以用相对路径./courses/ee446/exams/mid1 或者 courses/ee446/exams/mid1 表示文件 mid1。

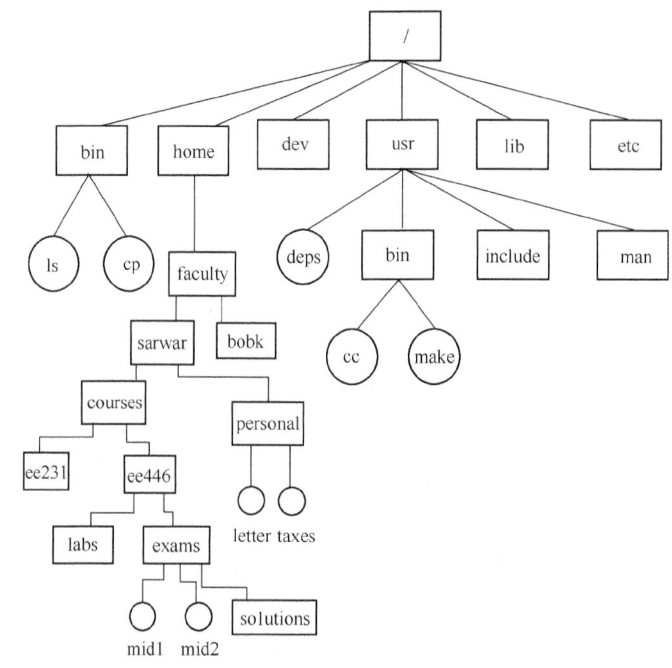

图 3-2　Linux 树形目录结构

在树形目录结构中，到某一确定文件的绝对路径和相对路径均只有一条。绝对路径是确定不变的，而相对路径则随着用户工作目录的变化而变化。

3.2　案例 1：文件与目录的基本操作

【案例目的】通过学习本章内容，能够掌握 Linux 下文件的创建、复制以及删除等基本操作，熟练掌握目录的创建、删除以及目录树中目录之间文件的移动。

【案例内容】

1）在根目录（/）下新建一目录 test。

2）改变当前目录至 /test，在该目录下，以自己名字的英文缩写建一个空的文件，再建两个子目录（xh）与（ah）。

3）进入到（xh）子目录中，新建一个空文件 text1。

4）进入到（ah）子目录中，再新建一个子目录（abc），同时建立空文件 text2。

5）把刚建的 text1 文件移动到刚建立的 abc 子目录下，并改名为 text3，同时把 text2 文件复制到（xh）子目录中。

6）删除 text3 文件与（xh）子目录及目录中的文件，并删除 abc 子目录。

7）清屏。建成的目录树如图 3-1 所示。

【核心知识】学习目录操作的 4 个命令、文件操作的 6 个命令，以及文件内容操作的命令。

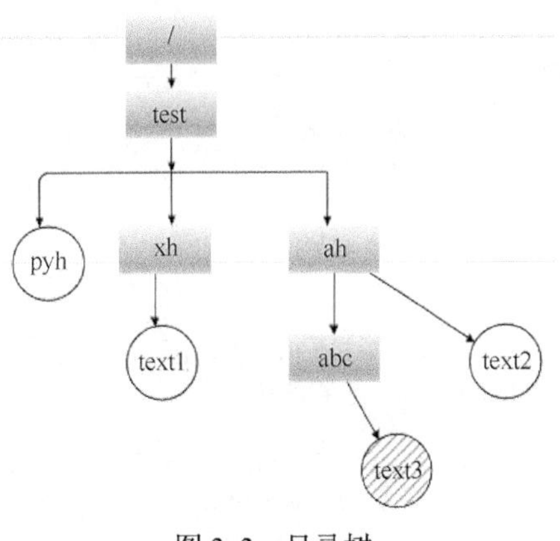

图 3-3　目录树

3.2.1　目录操作命令

1. pwd 命令

该命令的功能是显示用户当前处于哪个目录中。

该命令的格式为：

```
pwd
```

例如，用户的当前目录在/home/working 下，可以使用该命令显示当前路径。

```
[root@localhost working]# pwd
/home/working
```

☞提示：

此命令显示当前工作目录的绝对路径而不是相对路径。

2. cd 命令

该命令的功能是改变当前路径，使其改变到路径名所指定的目录。

该命令的格式为：

```
cd  < 相对路径名/ 绝对路径名>
```

其中，“.”代表当前目录；“..”代表当前目录的父目录；“/”代表根目录；“~”表示当前用户的主目录。

例如：

```
[root@localhost~]# cd  /usr/sbin/         //改变到/usr/sbin 目录中
[root@localhost~]# cd ../u1/              //改变到兄弟目录/u1/中
[root@localhost~]# cd ..                  //改变到父目录
[root@localhost~]# cd ~                   //改变到用户主目录
```

3. mkdir 命令

该命令的功能是建立目录。

该命令的格式为：

```
mkdir  [参数] <目录名>
```

参数-p：循环建立目录。

例如：

```
[root@localhost~]# mkdir   /d1/                     //在根目录下创建目录 d1
[root@localhost~]# mkdir   /d1/d2/                  //在目录 d1 下创建目录 d2
[root@localhost~]# mkdir   -p  /d3/d4/
//在目录 d3 下创建目录 d4，如果 d3 不存在，首先创建 d3 然后创建 d4
```

案例分解 1

1）在根目录（/）下新建一目录 test。

```
[root@localhost~]#cd /
```

```
[root@localhost/]#mkdir test
```

4. rmdir 命令

该命令的功能是删除目录（为空目录）。

该命令的格式为：

```
rmdir  [ 参数]  < 目录名>
```

参数-p：循环删除空目录，如果父目录为空则删除。

例如：

```
[root@localhost~]# rmdir  ./a1/                    //删除当前目录下的 a1 目录
[root@localhost~]# rmdir  /etc/a2/                 //删除 etc 目录下的 a2 目录
[root@localhost~]# rmdir  -p  /d1/d2/
      //删除 d1 目录下的 d2 目录，如果 d1 目录为空，则删除 d1 目录
```

3.2.2 文件操作命令

1. ls 命令

该命令是文件显示命令，其功能是显示目录中的文件。

该命令的格式为：

```
ls  [参数] 目录名
```

该命令的参数是可选的，各参数含义如下。

- -a：显示目录下所有文件。
- -l：以长格式显示目录下的内容，每行列出的信息顺序为“文件类型与权限　链接数　文件属主　文件大小　建立或最近修改的时间　名字”。对于符号链接文件，显示的文件名之后有“->”和引用文件路径；对于设备文件，其“文件大小”字段显示主、次设备号，而不是文件大小。目录的总块数显示在长格式列表的开头，其中包含间接块。
- -f：显示文件名同时显示类型（*表示可执行的普通文件，/表示目录，@表示链接文件，| 表示管道文件）。
- -r：递归显示。
- -t：按照修改时间排列显示。使用 ls l 命令显示信息开头 10 个字符的说明，其中第 1 个字符为文件类型。
- 一：普通文件。
- d：目录。
- l：符号链接。
- b：块设备文件。
- c：字符设备文件。

在长格式显示中，第 2~10 位表示文件的访问权限，分为 3 组，每组 3 位，依次表示为：

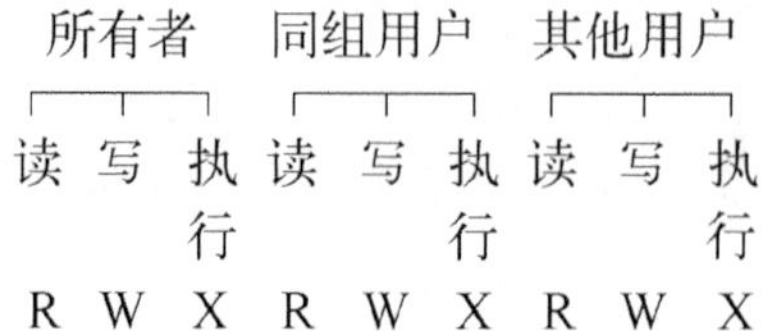

第一组表示文件属主的权限，第二组表示同组用户的权限，第三组表示其他用户的权限。每一组的三个字符分别表示对文件读、写和执行的权限。

请注意，对于目录的执行表示进入权限。

例如：

```
[root@localhost~]# ls                   //显示当前目录下所有文件
[root@localhost~]# ls  /bin/            //显示/bin/目录下所有文件
[root@localhost~]# ls  -l          //以长格式形式显示当前目录下的文件
[root@localhost~]# ls -l /home/         //以长格式形式显示/home/目录下的文件
```

2. touch 命令

该命令的功能是改变文件的时间记录、创建空文件。

该命令的格式为：

```
touch  [参数]   文件列表
```

参数-t：用给定时间（[[CC]YY]MMDDhhmm[.ss]）更改文件的时间记录。

例如：

```
[root@localhost root]#touch  -t  2109121025  file1
//将 file1 的时间记录改为 2021 年 9 月 12 号 10 点 25 分
```

☞说明：

若文件不存在，系统会建立一个文件。默认情况下，将文件的时间记录改为当前时间。

又如：

```
[root@localhost~]#touch  file2     //在当前目录下创建空文件 file2
```

案例分解 2

2）改变当前目录至/test，在该目录下，以自己名字的英文缩写建一个空的文件，再建两个子目录（xh）与（ah）。

```
[root@localhost~]#cd /test
[root@localhost test]# touch pyh
[root@localhost test]# mkdir xh;mkdir ah
```

3）进入到（xh）子目录中，新建一个空文件 text1。

```
[root@localhost test]#cd xh
[root@localhost xh]# touch text1
```

4）进入到（ah）子目录中，再新建一个子目录（abc），同时建立空文件 text2。

```
[root@localhost xh]#cd ..
[root@localhost test]#cd ah  //或者 #cd /test/ah
[root@localhost ah]#mkdir abc
[root@localhost ah]# touch text2
```

3. cp 命令

该命令的功能是将给出的文件或目录复制到另一个文件或目录中，其功能非常强大。

该命令的格式：

```
cp [参数] 源文件或目录  目标路径文件或目录
```

该命令的参数是可选的，各参数含义如下。

- -a：该参数通常在复制目录时使用。它保留链接、文件属性并递归地复制目录。
- -f：若文件在目标路径中存在，则强制覆盖。
- -i：当文件在目标路径中存在时会提示并要求用户确认是否覆盖。回答 y 时目标文件将被覆盖，是交互式覆盖。

- -r：若给出的源文件是一个目录文件，此时 cp 将递归复制该目录下所有的子目录和文件。
- -p：除复制源文件的内容外，还将把其修改时间和访问权限也复制到新文件中。

例如：

```
[root@localhost~]#cp -i exam1.c /usr/wang/
// 将文件 exam1.c 复制到/usr/wang 目录下，提示用户确认是否覆盖
[root@localhost~]#cp -i exam1.c /usr/wang/shiyan1.c
// 将文件 exam1.c 复制到/usr/wang 目录下并改名为 shiyan1.c，提示用户确认是否覆盖
[root@localhost~]#cp -r /usr/xu/    /usr/wang/
// 将/usr/xu/目录下的所有文件复制到/usr/wang 目录下
[root@localhost~]#cp -p /file.txt ~
// 复制 file.txt 至 root 目录
```

4. mv 命令

该命令的功能是将文件或目录改名，或者把文件由一个目录移动到另一个目录中去。

该命令的格式为：

```
mv [参数] 源文件或目录  目标文件或目录
```

参数含义如下。

- -f：忽略存在的文件，从不给出提示，强制移动。
- -i：进行交互式移动。
- -r：指示 rm 将参数中列出全部目录和子目录递归移动。
- -v：显示命令执行过程。

例如：

```
[root@localhost~]#mv  -i  /usr/xu/*.*  ./
//将/usr/xu/ 中的所有文件移到当前目录。如果文件存在，提示用户确认是否移动
[root@localhost~]#mv  wch.txt  wjz.doc
//将文件 wch.txt 重命名为 wjz.doc
[root@localhost~]#mv  /m1/f1   /m2/
//将 m1 目录下的文件 f1 移动到 m2 目录下
[root@localhost~]#mv  -f  /d1/* /d2/
//将目录 d1 下的所有文件移动到 d2 目录下，如果文件存在，不给出任何提示
```

案例分解 3

5）把刚建的 text1 文件移动到刚建立的 abc 子目录下，并改名为 text3，同时把 text2 文件复制到 xh 子目录中。

```
[root@localhost abc]# mv  -i  /test/xh/text1  text3
```

或者：

```
[root@localhost~]# mv -i  /test/xh/text1  /test/ah/abc/text3
[root@localhost ah]# cp  -p  text2  /test/xh
```

---

5. rm 命令

该命令的功能是删除目录中的一个或多个文件，也可以将某个目录及其下的所有文件及子目录均删除。对于链接文件，只是删除了链接，所有文件均保持不变。

该命令的格式为：

```
rm  [参数]  文件名
```

该命令中参数很多，各参数的含义如下。

- -f：忽略不存在的文件，从不给出提示，强制删除。
- -i：进行交互式删除。
- -r：指示 rm 将参数中列出的全部目录和子目录递归删除，如果没有使用-r 选项，则 rm 不会删除。
- -v：显示命令执行过程。

例如：

```
[root@localhost root]#rm  -i  wch.txt wjz.doc
//将文件 wch.txt wjz.doc 删除，用户会对每个文件进行删除确认
[root@localhost~]# rm  /m1/f1           //将 m1 目录下的 f1 删除
[root@localhost~]# rm  -f  /m1/*        //强制删除 m1 目录下的所有文件
[root@localhost~]# rm  -rf  /m1/        //递归强制删除 m1 目录下的所有文件
```

6. clear 命令

该命令的功能是清除屏幕上的信息，它类似于 DOS 中的 cls 命令。清屏后，提示符移动到屏幕左上角。

该命令的格式为：

```
clear
```

案例分解 4

6）删除 text3 文件与 xh 子目录及目录中的文件，并删除 abc 子目录。

```
[root@localhost abc]# rm  text3
[root@localhost abc]# rmdir -p  /test/xh
[root@localhost ah]# rmdir  /test/ah/abc
```

7）清屏。

```
[root@localhost~]# clear
```

3.2.3 文件链接命令

文件链接命令的功能是在文件之间创建链接，即给系统中已有的某个文件指定另一个可用于访问它的名称。对于这个新的文件名，可以为其指定不同的访问权限，以控制对信息的共享的安全性问题。如果链接指向目录，用户就可以利用该链接直接进入被链接的目录而不是使用较长的路径名。而且即使删除这个链接，也不会破坏原来的目录。

该命令的格式为：

```
ln [参数] 目标  链接名
```

参数的含义如下：

- -f：链接时直接覆盖已存在的链接名。
- -d：允许系统管理者硬链接自己的目录。
- -i：在删除与链接文件同名的文件时先进行询问。
- -n：在进行软链接时，将链接文件视为一般的文件。
- -s：进行软链接。
- -b：将在链接时对会被覆盖或删除的文件进行备份。

例如：

```
[root@localhost~]# ln  /etc/abc /abc.hard
//给文件/etc/abc 建立一个硬链接到/abc.hard
```

```
[root@localhost~]# ln  -s  /usr/local/qq  /qq.soft
//给文件/usr/local/qq 创建一个软链接，链接名为/qq.soft
```

链接分为硬链接和软链接，软链接又叫符号链接。符号链接可以理解为“指针”，硬链接指向另一个文件体，软链接指向另一个文件名，如图 3-4 所示。对于同一个文件，例如/etc/abc，可以创建多个指向它的符号链接，还可以创建多个指向它的硬链接。对于符号链接，当删除被链接文件后，文件内容也会被一并删除，此时链接文件将是空文件；对于硬链接，不管是删除被链接文件还是链接文件，都不会删除文件内容，只有当全部链接文件和被链接文件都被删除后，被链接文件内容才会被删除。

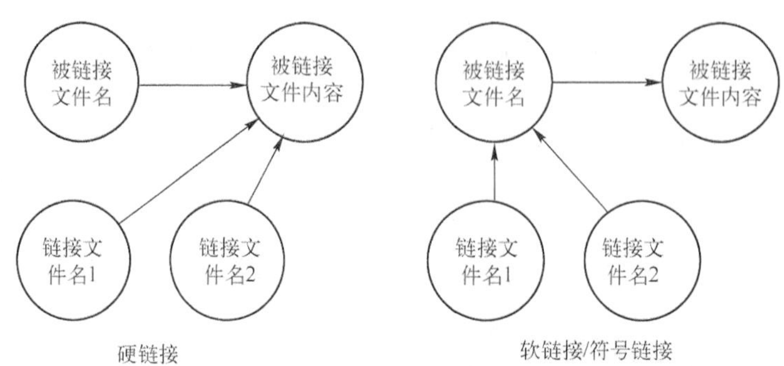

图 3-4 链接文件类型

建立硬链接时，链接文件和被链接文件必须位于同一文件系统中，并且不能建立指向目录的硬链接。对于符号链接，如果链接已经存在但不是目录则不链接，符号链接不仅可以建立文件的链接，也可以建立目录的链接，并且可以跨文件系统。如果链接名是一个已经存在的目录，系统将在该目录下建立一个或多个与目标同名的文件。

☞提示：

使用链接文件时，方法跟普通文件的使用方法完全相同。

3.3 案例 2：文件内容操作命令

【案例目的】掌握文件内容的查看命令并熟练掌握各个命令的特点及使用方法。

【案例内容】

1）在根目录（/）下新建目录 test 和 test1，把/etc/passwd 分别复制到/test1 与/test 下，并分别改名为 file1 与 file。

2）查看 file1 文件的前两行与最后两行，并记录。

3）查看/etc/目录下的文件，并记录前两个文件的文件名。

4）查看/etc/目录下所有包含有 sys 字母的文件并记录。

5）对/test/file 文件建一个软链接文件 file.soft 到/test1 中，并查看。

6）在/etc/passwd 中查找包含 user 的用户。

【核心知识】学习查看文本文件内容的 6 个命令、查找文件的命令，以及文件内容查询命令。

3.3.1 显示文本文件内容命令

1. cat 命令

该命令的主要功能是用来显示文件，依次读取其所指的文件内容并将其输出到标准输出设备上。还可以用来连接多个文件，形成新的文件。

该命令的格式为：

```
cat [选项] 文件名
```

常用选项含义如下。

- -n：由 1 开始对所有输出的行数编号。
- -b：与-n 相似，所不同的是对空白行不编号。
- -s：当遇到有连续两行以上的空白行时，就代换为一行空白行。
- -v：用一种特殊形式显示控制字符，LFD 与 TAB 除外。
- -E：在每行的末尾显示一个$符。该选项要与-v 选项一起使用。

例如：

```
[root@localhost~]#cat Readme.txt
//在屏幕上显示出 Readme.txt 文件的内容
[root@localhost~]#cat text1 text2 >text3
//把文件 text1 和文件 text2 的内容合并起来，放入 text3 中
[root@localhost~]#cat text3
//查看 text3 的内容
[root@localhost~]#cat -n text1 > text2
//把文件 text1 的内容加上行号后输入到文件 text2 中
[root@localhost~]#cat -b text2 text3 >> text4
//把文件 text2 和 text3 的内容加上行号后（空白行不加行号）再附加到文件 text4 中
```

2. more 命令

该命令的功能是分页显示文件内容。适合显示长文件清单或文本清单，可以一次一屏或一个窗口地显示，基本指令就是按空格键往下一页显示（或按〈Enter〉键显示下一行），按〈Q〉键退出 more，不能回翻。

该命令的格式为：

```
more [选项] 文件名
```

- -num：一次显示的行数。
- -d：提示使用者，在画面下方显示［press space to continue，q to quit］。
- -f：计算行数时，以实际上的行数，而非自动换行后的行数。
- -p：不以卷动的方式显示每一页，而是先清屏，再显示内容。
- -c：与-p 类似，不同的是先显示内容，再清除其他旧资料。
- -s：当遇到有两行以上的连续空白行时，就代换为一行空白行。
- +num：从第 num 行开始显示。

例如：

```
[root@localhost~]#more -s testfile
//显示 testfile，如遇到两行以上空白行则以一行显示
[root@localhost~]#more +20 testfile
//从第 20 行开始显示 testfile 的内容
[root@localhost ~]# ls|more
//分页显示当前目录下的文件
```

3. less 命令

该命令的功能与 more 基本相同，不同之处是 less 允许往回卷动已经浏览过的部分，同时 less 并未在一开始就读入整个文件，因此，打开大文件的时候，它会比一般的文本编辑器快。可使用〈Page Up〉键和〈Page Down〉键向前或向后翻阅文件，按〈Q〉键退出。

该命令的格式为：

```
less  [选项]  文件名
```

例如：

```
[root@localhost~]# less  /etc/rc.d/init.d/network
//显示网络配置文件的内容
```

4. head 命令

该命令的功能是只显示文件或者标准输入的头几行内容。默认值是 10 行。可以通过指定一个数字选项来改变要显示的行数。

该命令的格式为：

```
head -n 文件名
```

例如：

```
[root@localhost~]#head  /etc/passwd
//显示文件/etc/passwd 的前 10 行
[root@localhost~]#head  -20   a.txt
//显示 a.txt 中的前 20 行
```

5. tail 命令

该命令的功能和 head 命令的功能正好相反。使用 tail 命令可以查看文件的后 10 行。这有助于查看日志文件的最后 10 行以便阅读重要的系统信息。还可以使用 tail 命令来观察日志文件被更新的过程，使用-f 选项，tail 命令就会自动实时地打开文件中的新消息并显示到屏幕上。

该命令的格式为：

```
tail [选项] 文件名
```

选项的含义如下。

- +num：从第 num 行以后开始显示。
- –num：从距文件尾 num 行处开始显示。若省略，系统默认为 10。

例如：

```
[root@localhost~]# tail  /etc/passwd
//显示文件后 10 行的内容
[root@localhost~]# tail  -20   a.txt
//显示 a.txt 后 20 行中的内容
[root@localhost~]# more /etc/passwd|tail -10
//显示/etc/passwd 文件的后 10 行内容
```

6. cut 命令

该命令用于显示每行从 num1 到 num2 之间的字符（num1 必须大于 1）。其使用格式为：

```
cut [选项] -c num1-num2 文件名
```

- -c：显示 num1 到 num2 个字符。
- -b：显示 num1 到 num2 个字节。

例如：

```
[root@localhost ~]#cat a3.txt        // 显示 a3.txt 中的内容
abcdefg
1234567
[root@localhost~]#cut-c 1-3 a3.txt  //显示从 1 开始算起的前 3 个字符
abc
123
```

```
[root@localhost ~]#cut -c 3 a.txt    //显示从 1 开始算起的第 3 个字符
c
3
```

案例分解 1

1）在根目录（/）下新建目录 test、test1，把/etc/passwd 分别复制到/test1 与/test 下，并分别改名为 file1 与 file。

```
[root@localhost~]# mkdir /test
[root@localhost~]# mkdir /test1
[root@localhost~]# cp /etc/passwd  /test1/file1
[root@localhost~]# cp /etc/passwd  /test/file
```

2）查看 file1 文件的前两行与最后两行，并记录。

```
[root@localhost ~]# head -2     /test1/file1
[root@localhost ~]# tail -2     /test1/file1
```

3）查看/etc/目录下的文件，并记录前两个文件的文件名。

```
[root@localhost ~]# ls  /etc|more  或  # ls  /etc|head -2
```

3.3.2　查找文件命令

查找文件使用 find 命令。该命令的功能是从指定的目录开始，递归地搜索各个子目录，查询满足条件的文件并对应采取相关的操作。此命令提供了非常多的查询条件，功能非常强大。

find 命令提供的寻找条件可以使用一个由逻辑运算符 not、and、or 组成的复合条件，逻辑运算符 not、and、or 的含义如下。

- and：逻辑与，在命令中用“-a”表示，是系统默认的选项，表示只有当所给的条件都满足时，寻找条件才满足。
- or：逻辑或，命令中用“-o”表示，该运算符表示只要当所给的条件有一个满足时，寻找条件就满足。
- not：逻辑非，命令中用“!”表示，该运算符表示查找不满足所给条件的文件。

该命令的格式为：

```
find  [ 路径]  [ 参数]  [ 文件名]
```

参数含义如下。

- -name：文件名，表示查找指定名称文件。
- -lname：文件名，查找指定文件所有的链接文件。
- -user：用户名，查找指定用户拥有的文件。
- -group：组名，查找指定组拥有的文件。

例如：

```
[root@localhost~]#find -name practice -print
//在登录目录的所有目录中使用 find 来定位每一个名为 practice 的文件并输出其路径名
[root@localhost~]#find . -name 'main*'
//查找当前目录中所有以“main”开头的文件
[root@localhost~]#find . -name 'tmp' -xtype c -user 'inin'
//查找当前目录中文件名为 tmp 文件类型为 c 用户名为 inin 的文件
[root@localhost~]#find  /  -name 'tmp' -o  -name 'mina*'
//查找根目录下文件名为 tmp 或匹配 mina*的所有文件
[root@localhost~]#find ! -name 'tmp'
//查询登录目录中文件名不是 tmp 的所有文件
```

☞提示：

通配符“*”表示一个字符串，“？”只代表一个字符。它们只能通配文件名或扩展名，不能全部都表示。

案例分解 2

4）查看/etc/目录中所有的文件中包含有 sys 字母的文件。

```
[root@localhost~]# find /etc/ -name '*sys*'
```

5）为/test/file 文件建一个软链接文件 file.soft 到/test1 中，并查看。

```
[root@localhost~]# ln -s /test/file /test1/file.soft
[root@localhost~]# cat /test1/file.soft
```

3.3.3　文件内容查询命令

该组命令以指定的查找模式搜索文件，通知用户在什么文件中搜索与指定的模式匹配的字符串，并且打印出所有包含该字符串的文本行。在该文本行的最前面是该行所在的文件名。

1．grep 命令

grep 命令的功能是以指定的查找模式搜索文件，通知用户在什么文件中搜索与指定的模式匹配的字符串，并且打印出所有包含该字符串的文本行。该文本行的最前面是该行所在的文件名。

该命令的格式为：

```
grep [选项]  文件名 1,文件名 2,…,文件名 n
```

常用选项有如下几个。

- -i：查找时忽略字母的大小写。
- -l：仅输出包含该目标字符串文件的文件名。
- -v：输出不包含目标字符串的行。
- -n：输出每个含有目标字符串的行及其行号。

不带选项表示查找并输出所有包含目标字符串的行。

例如：

```
[root@localhost~]#grep 'Lyle Strand' test-g
//单引号指示 shell 不解释引号内的任何字符。在 test-g 中查找人名 Lyle Strand
[root@localhost~]#grep 'text file' stdio.h   //在 stdio.h 中搜索字符串 text file
[root@localhost~]#grep Lyle Strand test-g
//在文件 Strand 和 test-g 中查找 Lyle
[root@localhost~]#grep -n 'ab' test-g
//在 test-g 中查找 ab 并输出相应的行号和该行内容
[root@localhost~]#grep '^a' test-g
//选中所有以字母 a 开始的行。文件 test-g 中的以^a 开头的行是不会被选中的
[root@localhost~]#grep '\^a' test-g          //以^a 开头的行被选中输出
[root@localhost~]#grep 't$' test-g           //以 t 结尾的行被选中并输出
[root@localhost~]#grep -n ' ^…$' test-g
//输出从行的开始到行的结尾只有 3 个任意字符的行及其行号
[root@localhost~]#grep -n '^$'               //输出所有带行号的空行
```

案例分解 3

6）在/etc/passwd 中查找名称为 user 的用户：

```
[root@localhost~]# grep 'user' /etc/passwd
```

2. egrep 命令

egrep 命令的功能是检索扩展的正则表达式。

该命令的格式为：

```
egrep [选项]  文件名 1,文件名 2,…,文件 n
```

常用选项有如下几个。

- -i：查找时忽略字母的大小写。
- -l：仅输出包含该目标字符串文件的文件名。
- -v：输出不包含目标字符串的行。
- -n：输出每个含有目标字符串的行及其行号。

不带选项表示查找并输出所有包含目标字符串的行。

例如：

```
[root@localhost~]#egrep 'hello*' testg
//在 testg 中搜索包含 hello 的字符串
```

3. fgrep 命令

fgrep 命令用于检索固定字符串，它并不识别正则表达式，而是一种更为快速的搜索命令。

该命令的格式为：

```
fgrep [选项]  文件名 1,文件名 2,…,文件名 n
```

常用选项有如下几个。

- -i：查找时忽略字母的大小写。
- -l：仅输出包含该目标字符串文件的文件名。
- -v：输出不包含目标字符串的行。
- -n：输出每个含有目标字符串的行及其行号。

不带选项表示查找并输出所有包含目标字符串的行。

```
[root@localhost~]#fgrep  hello  test
//在 test 中搜索固定的字符串 hello
```

☞提示：

fgrep 命令不支持正则表达式，如果用该命令查找“hello*”，则不会有输出结果。

3.4　文件处理命令

sort 命令的功能是逐行对文件中的内容进行排序，如果两行的首字符相同，该命令将继续比较这两行的下一个字符。sort 命令是根据输入行抽取一个或多个关键字进行比较来完成的，默认情况下，以整行为关键字按 ASCII 码字符顺序进行排序。

该命令的格式为：

```
sort  [选项] 文件名
```

常用选项有如下几个。

- -d：可以使 sort 忽略标点符号和一些其他特殊字符，而对字母、数字和空格进行排序，即按字典顺序排序。
- -f：不区分大小写进行排序。
- -n：按数值排序，不按 ASCII 码排序。
- -r：反向排序。

- +n1 –n2：第 n1 个分隔符之后第 n2 个分隔符之前的字段，默认的分隔符为空格，分隔符从 1 开始算起。
- -k n：按第 n 字段排序。
- -tx：以任意字符 x 作为定界符。
- -o arg：输出置于文件 arg 中。

例如：

```
[root@localhost~]#sort test-sor              //对文件 test-sor 进行排序
```

test-sor

```
abc
1234
mary
75
About town

+abc
9
 92
38
_Abc
abc
+777
ZZ
#ZZ

zz
my files
?453
?mary
  abc
  96
Mary
^Mary
```

文件排序前

```


1234
38
?453
75
+777
9
 92
 96
 abc
+abc
abc
abc
_Abc
About town
?mary
mary
^Mary
Mary
my files
zz
#ZZ
ZZ
```

文件排序后

```
[root@localhost~]#sort -d test-sor
//对文件 test-sor 排序（仅比较字母数字空格制表符）
[root@localhost~]#sort -f test-sor          //将大写字母和小写字母同等对待
[root@localhost~]#sort +1 -2 myfile         //以第 2 字段为关键字对文件排序
[root@localhost~]#sort -n mynumber          //对文件按数值排序
[root@localhost~]#sort -k 4 respected       //从第 4 个字段开始排序
[root@localhost~]#sort sp3 -o sortedsp3     //将排序结果输出到指定文件
[root@localhost~]#cat veglist fruitlist | sort > mylist
//当前目录中的文件合并后送给 sort 排序，并把排序后的文件保存为 mylist
```

3.5　文件统计命令

wc 命令的功能是统计文件中的行数、字数及字节数。

该命令的格式为：

```
wc  [选项]    文件名
```

常用选项有如下几个。

- -c：统计字节数。
- -w：统计字数。
- -l：统计行数。

例如：

```
[root@localhost~]#wc -lcw /etc/passwd
//统计/etc/passwd 文件中的行数、字节数和字数
//40   61   1823  /etc/passwd
```

这些选项可以任意组合，但输出结果始终按行数、字数、字节数、文件名的顺序显示，并且每项最多一列。

3.6　文件帮助命令

参考手册是一个功能完整的系统不可或缺的一部分。它包括了大量立即可用的详尽文档资料，如所有标准实用程序的用法和功能，大量的应用程序和库文件的用法，以及系统文件和系统程序库的资料。同时，还包括了和每个条目相关的特殊命令以及文件的补充信息。另外，它通常还提供范例和错误情况说明。

获取帮助最重要的命令是 man。man 命令的功能是显示命令及相关配置文件的用户帮助手册，其内容包括命令语法、各选项的意义。

该命令的格式为：

```
man  命令名称
```

每个手册标题的左右侧是命令名和手册页所属的章节号。标题的中间是章节的名称。最后一行通常是上次的更改日期。手册页分为 10 部分，如表 3-2 所示。

手册页包含 8 节，如表 3-3 所示。

表 3-2　帮助手册

部　　分	内　　容
NAME	命令的名称和简短描述
SYNOPSIS	语法的描述
DESCRIPTION	命令的详细描述
OPTIONS	提供的所有可用选项的描述
COMMANDS	在程序运行时可以分配给该程序的说明
FILES	使用某种方法连接到命令的文件
SEE ALSO	相关命令的提示
DIAGNOSTICS	程序可能出现的错误消息
EXAMPLES	调用命令的示例
BUGS	命令的已知错误和问题

表 3-3　手册页中各节内容说明

节	内　　容
1	可执行程序和 shell 命令(用户命令)
2	系统调用
3	功能和库例程 (语言函数库调用)
4	设备文件和网络界面
5	配置文件和文件格式
6	游戏
7	宏软件包和文件格式
8	系统管理命令

常用 man 命令的用法如下。

1）显示有关 crontab 命令的一般信息，格式如下：

```
man 1 crontab
```

2）显示有关 crontab 命令的配置文件，格式如下：

```
man 5 crontab
```

当某个命令有多个手册页时，使用这种方法查找该命令所属的章节特别有效。

3）显示有关用户命令的信息，格式如下：

```
man 1 uname
```

4）显示有关系统调用的信息，格式如下：

```
man 2 uname
```

5）显示某个命令或实用程序的所有可用手册页的简短描述，格式如下：

```
whatis man
```

也可以通过在 whatis 命令的命令行上同时输入多个参数来得到多个命令的简短描述。这些参数之间用空格隔开：

```
whatis login set setenv
```

6）“man - keyword-list”用来在所有的帮助手册中查找 keyword-list 中的关键词的概述，这个过程很慢，可以指定一小部分来缩小查找范围，如：

```
man -k printf
```

7）打印手册页信息：

```
man man | colcrt>man.manpage
```

或者

```
man man | col-bx>man.manpage
```

实用程序 colcrt 和 col-bx 能去掉终端控制字符。

3.7　上机实训

2

1. 实训目的

熟练掌握 shell 特性和文件管理命令的使用方法。

2. 实训内容

1）在根目录下创建一个目录 test3。

2）在 test3 目录下创建两个目录分别为 AA、BB。

3）在 AA 目录下创建一空文件 file.txt。

4）把/etc/inittab 文件复制到/test3/AA 目录下。

5）把/test3/AA 目录中的文件 inittab 移动到/test3/BB 目录下，同时改名为 tab。

6）查看 tab 文件内容。

7）在 tab 文件中查找字符串 init。

8）在/etc 目录下查找包含 sys 的文件，并显示出前 5 个文件。

9）把创建的目录 AA 删除。

10）最后把创建的目录 BB 及其下的文件删除。

3. 实训总结

通过本次实训，熟练掌握 shell 相关命令，并能进行基本的文件操作。

3.8　课后习题

一、选择题

1. RHEL 8 中配置文件放在系统的（　　）。

   A. /lib　　B. /dev　　C. /etc　　D. /usr

2. RHEL 8 中图像文件属于（　　）。

A．文本文件　　B．连接文件　　C．特殊文件　　D．二进制文件

3．在默认情况下，使用 ls -color 命令显示当前目录下的所有文件时，对于可执行文件一般显示为（　　）。

A．红　　B．绿　　C．黄　　D．蓝

4．在使用 ln 建立文件符号链接时，为了跨越不同的文件系统，需要使用（　　）。

A．普通链接　　B．硬链接　　C．软链接　　D．特殊链接

5．系统管理常用的二进制文件，一般放置在（　　）目录下。

A．/sbin　　B．/root　　C．/usr/sbin　　D．/boot

6．ls [abc]*表示（　　）。

A．显示 a 开头的文件　　B．显示 b 开头的文件

C．显示 c 开头的文件　　D．不显示 abc 开头的文件

7．用来显示文件内容的命令有（　　）。

A．cat　　B．more　　C．less　　D．head

8．使用$cd ~命令后，用户会进入（　　）目录。

A．用户的主目录　　B．/　　C．~　　D．/root

9．建立一个新文件可以使用的命令为（　　）。

A．chmod　　B．more　　C．cp　　D．touch

10．删除文件的命令为（　　）。

A．mkdir　　B．rmdir　　C．mv　　D．rm

11．在给定文件中查找与设定条件相符字符串的命令为（　　）。

A．grep　　B．gzip　　C．find　　D．sort

12．下列命令中，不能显示文本文件内容的命令是（　　）。

A．more　　B．less　　C．tail　　D．join

13．ls *.*命令返回文件的列表。列表中文件包括（　　）。

A．当前工作目录中所有文件列表

B．当前工作目录中所有非隐藏文件列表

C．当前工作目录中所有名称中有“.”的文件列表，但是不包括“.”是起始字符的文件

D．当前工作目录中所有名称中有“.”的文件列表，包括“.”是起始字符的文件

14．当用户输入“cd”命令并按〈Enter〉键后，则（　　）。

A．当前目录改为根目录　　B．目录不变，继续显示当前目录

C．当前目录改为用户主目录　　D．当前目录改为上级一目录

15．假设目录中有 5 个文件，文件名为 xq.c、xq1.c、xq2.c、xq3.cpp、xq10.c，执行命令“ls xq?.*”后显示的文件有（　　）。

A．xq1.c、xq2.c、xq3.cpp　　B．xq.c、xq1.c、xq2.c、xq10.c

C．xq1.c、xq2.c、xq10.c　　D．xq1.c、xq2.c、xq3.cpp、xq10.c

二、判断题

1．在 grep 命令中，有“*”这个通配符。（　　）

2．有两个文件 test1 和 test2，test2 有内容，现在执行 cat test1>>test2，则 test2 文件内容全部删除。（　　）

3．Linux 中的红色文件一般是压缩文件。（　　）

4．Linux 中的目录文件用 ls 显示是绿色的。（　　）

第 4 章　文本编辑器

Linux 是一种文本驱动的操作系统。用户在使用 Linux 过程中经常需要编辑文本，如编写脚本文件来执行几条命令行，写电子邮件，创建 C 语言源程序等。因此，必须至少熟悉一种文本编辑器以便高效地输入和修改文本文件。此外，文本编辑器还可以方便地查看文件的内容，以便识别其关键特征。

4.1　案例 1：文本编辑器 vi/vim 操作模式

【案例目的】掌握 Linux 下 vim 编辑器的工作模式、模式之间的切换以及保存退出等操作。

【案例内容】

1）使用 vim 新建一文件，文件名为 file1.txt。

2）编辑 file1 文件内容为“hello world！”。

3）保存并退出。

4）查看文件内容。

【核心知识】vim 编辑器三种工作模式以及模式之间的转换。

Linux 提供了一个完整的编辑器家族系列，如 Ed、Ex、vim 和 Emacs 等，按功能可以将其分为两大类：行编辑器（Ed、Ex）和全屏幕编辑器（vim、Emacs）。行编辑器每次只能对一行进行操作，使用起来很不方便。而全屏幕编辑器可以对整个屏幕进行编辑，用户编辑的文件直接显示在屏幕上，修改的结果可以立即显示出来，克服了行编辑器那种不直观的操作方式，便于用户学习和使用，具有强大的功能。本章推荐介绍 vim 编辑器。

文本编辑器 vim 是 Linux 系统的第一个全屏幕交互编辑程序，从诞生至今，该编辑器一直得到广大用户的青睐。vim 是 visual interface 的简称，它是在 vi 基础上改进和增加了很多特性，是所有计算机系统中最常用的一种工具。用户在使用计算机的时候，往往需要建立自己的文件，无论是一般的文本文件、数据文件还是编写的源文件，这些工作都离不开文本编辑器。其可执行输出、删除、查找、替换、块操作等众多文本操作，而且用户可以根据自己的需要对其进行定制，这是其他编辑程序所没有的。vim 不是一个排版程序，不像 Word 或 WPS 那样可以对字体、格式、段落等其他属性进行编排，它只是一个文本编辑程序。它没有菜单，只有命令。vim 有三种工作模式：命令模式（command mode）、插入模式（insert mode）和末行模式（last line mode）

4.1.1　命令模式

在终端命令行运行 vim 命令，首先进入的就是命令模式，不带文件名启动 vim 的命令模式界面如图 4-1 所示。该界面中显示了 vim 版本号、作者姓名等信息，其中“q”表示退出 vim，“help”用于获取 vim 的在线帮助。

在命令模式下，从键盘上输入的任何字符都会被当作编辑命令来解释，而不会在屏幕上显示。如果输入的字符是合法的 vim 命令，则 vim 完成相应的动作；否则 vim 会发出响铃警告。任何时候，不管用户处于何种模式，只要按一下〈Esc〉键，即可使 vim 进入命令行模式；用户在 shell 环境下启动 vim 命令，进入编辑器时，也是处于该模式下。

4.1.2　插入模式

插入模式又叫文本编辑模式，在命令模式下输入 i、I、a、A、o、O 中的任何一个字符就能进入插入模式，如图 4-2 所示。注意左下角的“--插入--”字样，表示当前是插入模式，在这种模式下输入的任何文本都将作为文件内容显示在屏幕上。按〈Esc〉键可以从插入模式返回到命令模式。

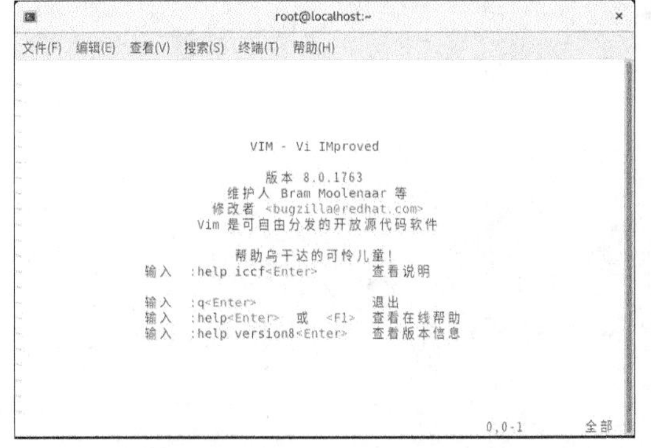

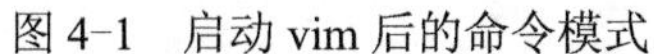

图 4-1　启动 vim 后的命令模式

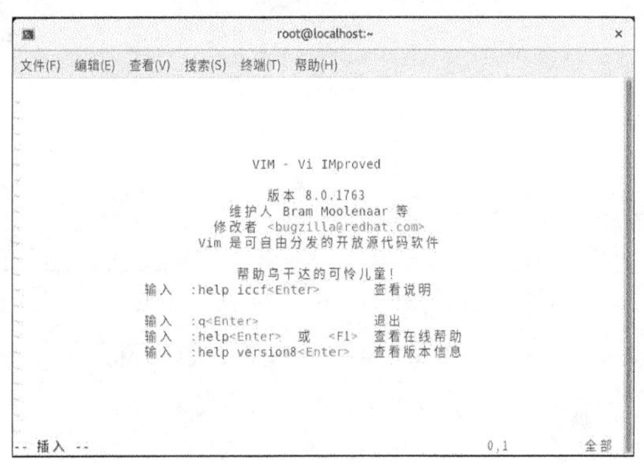

图 4-2　vim 插入模式

4.1.3　末行模式

在命令模式下输入“:（冒号）”进入末行模式，如图 4-3 所示，此时屏幕底部显示“:”作为末行模式的提示符，此时用户输入末行命令，按〈Enter〉键开始执行末行命令，命令执行完毕后自动回到命令模式。如果末行命令输入 w 表示存盘、x 或 wq 表示存盘并推出 vim 等。

三种模式之间的相互转换如图 4-4 所示。

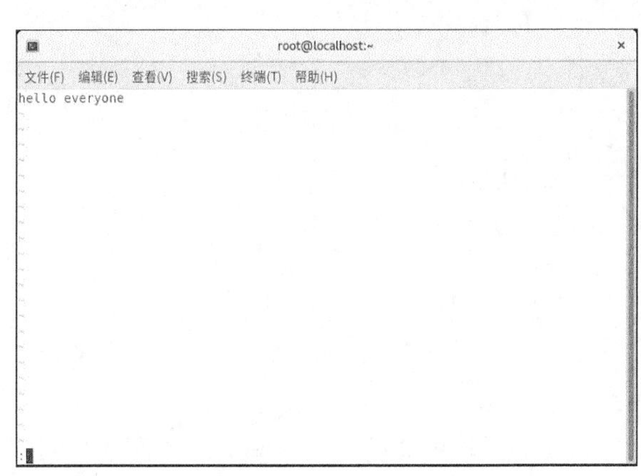

图 4-3　vim　末行模式

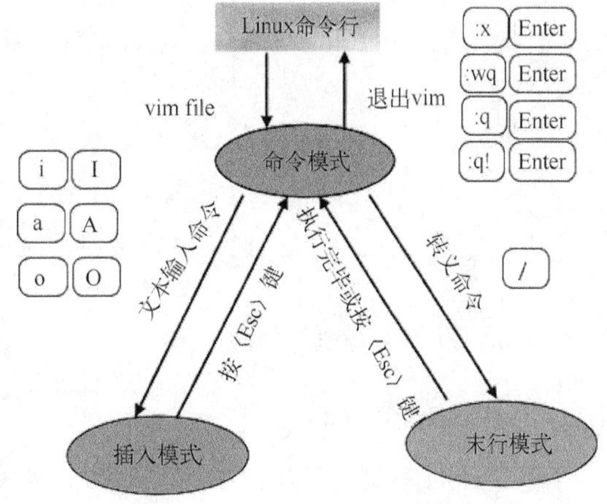

图 4-4　vim 编辑器工作模式及转换

案例分解 1

1）使用 vim 新建一文件，文件名 file1.txt。

```
[root@localhost ~]#vim  file1.txt
```

// 新建文件 file1.txt，如果 file1.txt 存在，则打开 file1.txt，进入命令模式如下图所示

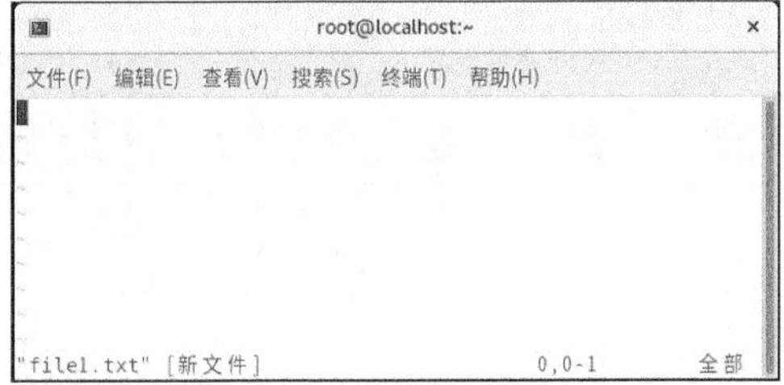

2）编辑 file1 文件内容为“hello world！”。

在命令模式下，输入“i”进入插入模式，在插入模式下输入“hello world！”如下图所示。

3）保存并退出。

按〈Esc〉键返回到命令模式，这时插入提示不见了，然后输入“：”进入到末行模式，输入“：wq”后按〈Enter〉键存盘退出，如下图所示。

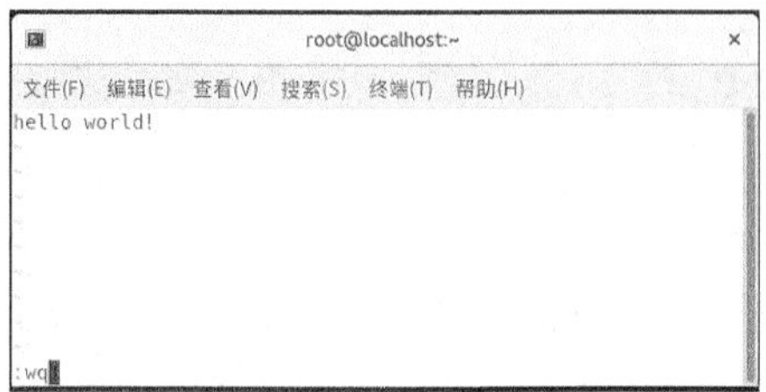

4）查看文件内容

按〈Enter〉键后退出 vim，返回到终端命令行，执行 cat file1.txt 查看编辑结果。

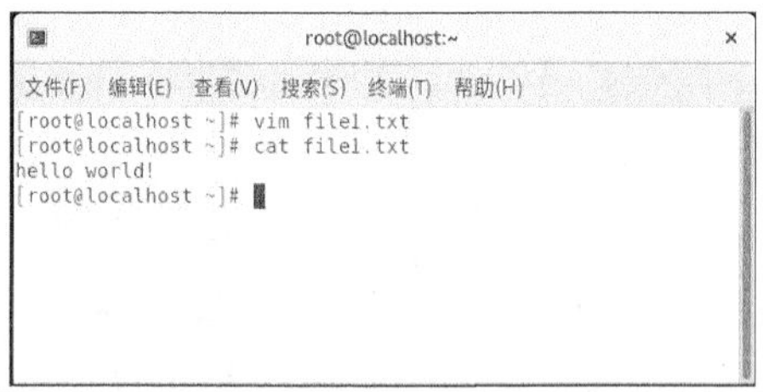

4.2　启动 vim 编辑器

4.2.1　启动单个文件

使用 vim 编辑器工作的第一步是进入该编辑界面，Linux 提供的进入 vim 编辑器界面的命令，如表 4-1 所示。

表 4-1　进入 vim 命令

命　　令	说　　明
vim　filename	打开或新建文件，并将光标置于第一行行首
vim　+n filename	打开文件，将光标置于第 n 行首
vim　+ filename	打开文件，将光标置于最后一行行首
vim　+/pattern　filename	打开文件，将光标置于第一个与 pattern 匹配的串处
vim　-r　filename	在上次使用 vim 编辑时发生崩溃，恢复 filename

☞提示：

如果 vim 命令中的 filename 所对应的磁盘文件不存在，那么系统将生成一个名为 filename 的新文件以供编辑。

例如：

```
[root@localhost root]#vim  test.c                // 编辑文件名为 test.c 的文件
//输入以下几行
# include <stdio.h>     // 文件内容为一段 C 程序
# include <string.h>
int main()
{
  printf("this is a test\n");
  return 0;
}

[root@localhost ~]# vim  +5  test.c
    // 编辑文件 test.c，打开时光标定位到第 5 行行首
[root@localhost ~]# vim  +/int  test.c
   // 编辑文件 test.c，打开时光标定位与 init 字符串匹配
```

4.2.2　启动多个文件

vim 编辑器不仅可以启动单个文件进行编辑，还可以同时启动多个文件。

```
[root@localhost ~]# vim  test.c job.cc
     // 同时依次打开两个文件 test.c 和 job.cc
[root@localhost ~]# vim  a b c
   // 同时打开三个文件 a,b,c, :n 跳至下一个文件，:e# 回到刚才编辑的文件。比如当前编辑
文件为 a，:n 跳至 b,再:n 跳至 c,:e#回到 b,想回到 a 的话用:e a

[root@localhost ~]# vim  -o  a  b
  // 分窗口打开两个文件 a 和 b，第一个窗口打开 a 文件，第二个窗口打开 b 文件，同时按住
〈Ctrl+W〉，然后松手再按〈W〉键，在两个窗口之间切换。如图 4-5 所示。
```

一个物理屏可以分成多个编辑页，一个编辑页又可以分成多个编辑窗口，每个窗口中可以编辑独立的文件。

```
[root@localhost ~]# vim  -o  file1.txt  file2.txt
 //在两个窗口打开 file1.txt 和 file2.txt
```

使用分页命令在末行模式下：tabedit file3.txt；tabedit file4 又增加两个页面，这样 4 个文件处于编辑状态，可以使用 gt 或 gT 切换不同的页，同时按住〈Ctrl+W〉，然后松手再按〈W〉键，在同一页的不同窗口之间切换。如图 4-6 所示。最后使用"：xall"全部存盘退出。

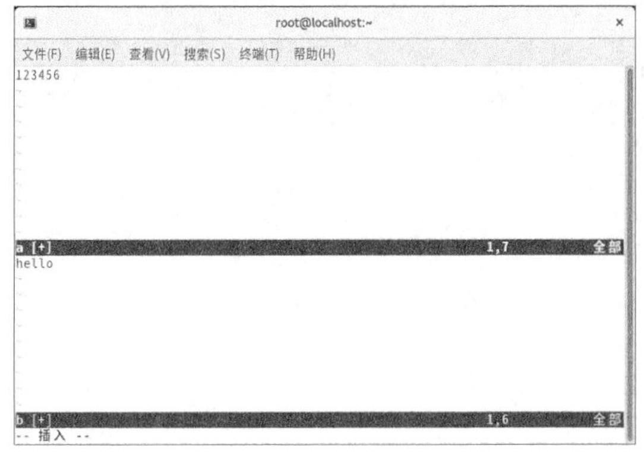

图 4-5　分两个窗口打开文件

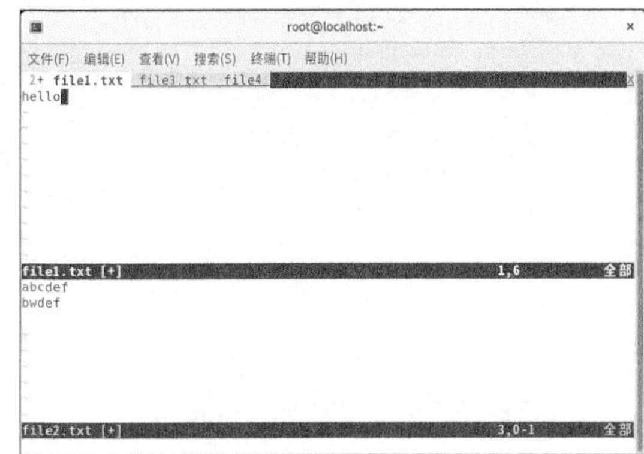

图 4-6　分页分屏编辑多个文件

命令模式下的多文件编辑命令如表 4-2 所示。

表 4-2　命令模式下多文件编辑命令

vim 命令	功　　能
vim file1 file2 file3	同时编辑三个文件
vim -o file1 file2	把整个屏幕分成两个编辑窗口，每一个窗口编辑一个文件
：10split file2	水平分屏，新屏幕 10 行，在其中编辑 file2 文件
：split file2	平均分屏，新屏幕编辑 file2
：vsplit file3	纵向分屏，在新屏幕中编辑 file3
：tabedit file4	新建一个分页，然后在新页中编辑文件 file4
：close	关闭当前页或当前窗口
：only	关闭其他所有窗口，只留下当前窗口
Ctrl+WW	（同时按住〈Ctrl+W〉，然后松手再按一次〈W〉）在窗口之间切换
Ctrl+W +	（同时按住〈Ctrl+W〉，然后松手再按一次〈+〉）增大水平窗口行数
Ctrl+W -	（同时按住〈Ctrl+W〉，然后松手再按一次〈-〉）减少水平窗口行数
10Ctrl+W	当前窗口调整到 10 行
：qall !	强行退出所有窗口和页
：xall	全部存盘并退出
：wall	全部存盘，但不退出
gT	跳到上一个页
gt	调到下一个页

4.3　显示 vim 的行号

vim 中的许多命令都要用到行号及行数等数值。若编辑的文件较大时，人工去数是非常不方便的。为此 vim 提供了给文本加行号的功能。这些行号显示在屏幕的左边，而相应的内容则显示在相应的行号之后。

在末行模式下输入命令：set　nu　（即 set number 的缩写）。

在一个较大的文件中，用户可能需了解光标当前行是哪一行，在文件中处于什么位置，可在命令模式下用组合键，此时 vim 会在显示窗口的最后一行显示出相应的信息。该命令可以在任何时候使用。

例如：使用 vim 命令打开文件 test.c。

```
[root@localhost ~]#vim  test.c
```

在末行模式下输入命令：set number(set nu)显示结果如下：

```
1  # include <stdio.h>
2  # include <string.h>
3  int main()
4  {
5  printf("this is a test\n");
6  return 0;
7  }
```

指示编辑器关掉行号：set　nonumber。

☞提示：

这里加的行号只是显示给用户看的，它们并不是文件内容的一部分。

具体操作界面如图 4-7 所示。图 4-7a 为添加行号前显示的界面，图 4-7b 为添加行号后显示的界面。

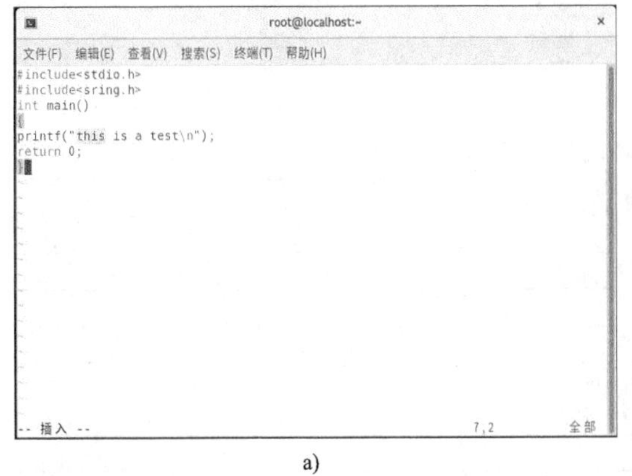

a)

b)

图 4-7　添加行号界面

a) 添加行号前的界面　b) 添加行号后的界面

4.4　案例 2：文本编辑器 vim 基本操作

【案例目的】 通过使用文本编辑工具 vim，熟练掌握文本编辑器的使用方法。

【案例内容】

1）把/etc/inittab 文件复制到/test 目录并改名为 tab。

2）查看 tab 文件共有多少行，第 10 行内容。

3）把第 10 行分别复制到第 14 行下面与文件内容最后。

4）命令行模式下，在第 10 行前后分别添加一空行。

5）再删除该修改后内容的第 15 行、18 行。

6）在文件第 2、4、6 行的行尾添加“hello”。

7）复制文件中前 5 行到文件尾部。

8）复制 5~10 行内容到 15 行。

9）替换所有的“hello”为“HELLO”。

10）查找多少行中出现了单词“HELLO”。

11）删除第 2 行的内容。

12）删除 3~5 行之间的内容。

13）移动 1~5 行之间的内容到 10 行。

14）把文件中的 5~10 行的内容另存为 newfile。

15）保存并退出。

16）在末行模式下命令 q 与 q!分别在什么情况下使用？

【核心知识】 vim 编辑器基本操作。

4.4.1　命令模式操作

在命令模式下，可以使用的命令非常多，要完全掌握绝非一朝一夕的事情，重要的光标移动命令如表 4-3 所示。

表 4-3　命令模式下光标移动命令表

vim 命令	功　　能
Ctrl+d	前翻半屏
Ctrl+u	后翻半屏
Ctrl+b	后翻一屏
Ctrl+f	前翻一屏
^	将光标移到当前行的行首或按〈Shift+6〉组合键
$	将光标移到当前行的行尾或按〈Shift+4〉组合键
nnG	将光标移到第 nn 行，nn 为行号
G(:$)	将光标移到文件的最后一行的行尾
-	将光标移到上一行行首
+	将光标移到下一行行首
nn|	将光标移到当前行的第 nn 列，nn 为列号
/abc	将光标移到文本中字符串 abc 下次出现的位置
L	将光标移到屏幕的尾部
M	将光标移到屏幕的中间一行
H	将光标移到屏幕的顶部
fx	在当前行中将光标移到下一个 x，这里 x 是一个指定字符
n	将光标移到前面发出的/word 或？word 命令中列出模式的下一个实例
‘’	将光标返回到原来位置
b	将光标移到上一个单词的开头
w	将光标移到下一个单词的开头
e	将光标移到下一个单词的词尾
h	将光标左移一个字符
j	将光标下移一行
k	将光标上移一行
l	将光标右移一个字符

在命令模式下可以转换到插入模式，进入插入模式命令如表 4-4 所示。

在命令模式下有很多文本编辑的命令，如复制、粘贴和删除操作的命令如表 4-5 所示。

表 4-4　在命令模式下进入插入模式命令表

vim 命令	功　　能
i	光标左边插入文本
I	在行首插入文本
a	在光标右边插入文本
A	在一行的结尾处添加文本
o	在光标所在行的下一行插入新行
O	在光标所在行的上一行插入新行

表 4-5　在命令模式下复制、粘贴与删除

vim 命令	功　　能
yy	复制一行内容
nyy	复制光标所在行的行及以下的 n-1 行
$y	复制从光标到行尾的字符
p	把复制的内容或删除的内容粘贴到光标所在行的下面
dd	删除光标所在的一行，并做复制，又叫剪切
ndd	删除光标所在的 n-1 行，并做复制
x	删除一个字符
dw	删除一个单词

命令模式下的编辑命令如表 4-6 所示。

表 4-6　命令模式下的编辑命令

vim 命令	功　　能
r	替换一个字符。如 rD 把当前位置的字符替换为 D
J	合并两行
CC 或 S	替换一行
CW	替换一个单词
U	撤销对一行的更改
u	撤销前一个命令
>>	右移一个 tab
<<	左移一个 tab

案例分解 1

1）把/etc/inittab 文件复制到/test 目录并改名为 tab。

```
[root@localhost ~]# mkdir  /test
[root@localhost ~]# cp  /etc/inittab  /test/tab
```

2）查看 tab 文件共有多少行。

```
[root@localhost  ~]#vim  /test/tab        //打开文件/rest/tab
: set nu                                   //在末行模式下输入 set  nu
```

3）把第 10 行分别复制到第 14 行下面与文件内容最后。

在命令模式下把光标定位到第 10 行任意位置，使用 yy 命令复制，光标移到相应第 14 行位置，用 p 命令粘贴。

4）命令行模式下，在第 10 行前后分别添加一空行。

将光标移到第 10 行，输入 O 命令在上面添加一空行，使用 o 命令在下面添加一空行。

5）再删除该修改后内容的第 15 行、18 行。

将光标定位到第 15 行，使用 dd 命令删除第 15 行，同理删除第 18 行。

4.4.2 插入模式操作

在命令模式下用户输入的任何字符都会被 vim 当作命令加以解释和执行，如果用户要想将输入的字符当作是文本内容时，则首先要将 vim 的工作模式从命令模式切换到文本插入模式。在插入模式下，可以输入任意内容，也可以直接使用键盘上的四个方向键来移动光标。

案例分解 2

6）在文件第 2、4、6 行的行尾添加“hello”。

按〈i〉键从命令模式转到插入模式，在第 2、4、6 行分别输入“hello”，如下图所示。

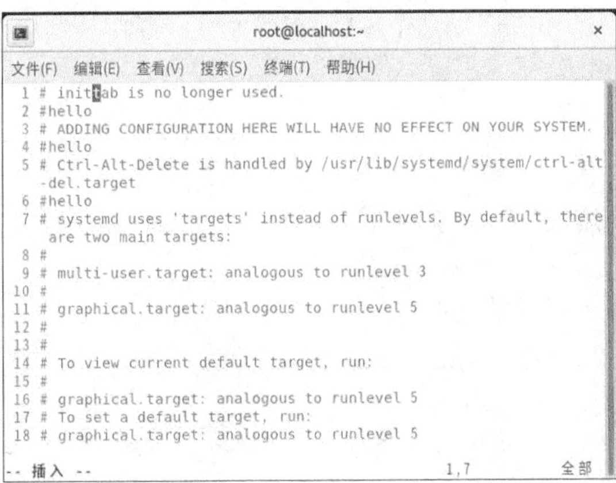

4.4.3 末行模式操作

在末行模式下，可以整块操作文本。

（1）复制文本块

用行号标识的文本块可以作为一个单位移动。

1）若屏幕上没有显示行号，则输入:set number

2）在末行模式下输入下列命令，并按〈Enter〉键

```
:2 copy 4     // 文件第 2 行被复制到第 4 行的后面。
:1,4 copy 7   // 将第 1 至 4 行之间的文本复制到第 7 行之后。
```

以冒号开头的编辑命令(:1,4 copy 9)对用户开始行号和结束行号标识的文本块进行操作，文本块的开始行号和结束行号用逗号隔开。注意要确保先输入小行号，再输入大行号，编辑器不能解释诸如“62，57”或“9，2”之类的行号。copy 命令可以缩写为 co，例如：

```
:10,14 co 0   // 表示将 10~14 行的内容复制到文件首行（0 表示首行）
:10,14 co $   // 表示将 10~14 行的内容复制到文件尾部 （$表示尾行）
:.,65 co 80   // 表示将光标所在行到 65 行的内容复制到 80 行处(..表示当前行)
```

（2）移动文本块

```
:1,8 move 17    // 把 1~8 行的内容移动到 17 行之后
```

（3）另存文本块（假设在 myfile1 中执行如下命令）

```
:1,8  w  myfile2  // 把 myfile1 中 1 到 8 行的内容重新保存为 myfile2
```

（4）覆盖文本块

```
:1,8  w>myfile2  // 把 myfile1 中 1 到 8 行的内容写在 myfile2 中
```

（5）向文件中追加文本

```
:5,8  w>>myfile2  // 把 myfile1 中 5 到 8 行的内容追加到 myfile2 中
```

当编辑完文件，准备退出 vim 返回 shell 时，可以使用下列几种方法之一。

- 在命令模式中，连按两次大写字母 Z，若当前编辑的文件曾被修改过，则 vim 保存该文件后退出，返回到 shell；若当前文件没有被修改过，则 vim 直接退出，返回到 shell。
- 在末行模式下，输入“：w”，vim 保存当前编辑的文件，但并不退出，而是继续等待用户输入命令。在使用“：w”时，可以再给编辑的文件起一个新名字。如下所示。

```
: w  newfile
```

此时 vim 将把当前文件的内容保存到指定的 newfile 中，而原文件内容则保持不变，若 newfile 是一个已存在的文件，则 vim 会在显示窗口的状态行给出提示信息。

```
File exists (use ! o override)
```

此时，若用户真的希望用文件的当前内容替换 newfile 中原有的内容，可使用命令“:w! newfile”，否则可选择另外的文件名来保存当前文件。

- 在末行模式下输入“：wq”。vim 将先保存文件，然后退出 vim 返回到 shell。

在末行模式下存盘和退出命令如表 4-7 所示，在末行模式下查找和替换命令如表 4-8 所示。

表 4-7　在末行模式下存盘与退出命令

vim 命令	功　能
：x	存盘并退出
：w	存盘不退出
：w　newfile	另存文件为 newfile
：wq	存盘并退出
：q	如果文件没有改动系统退出，如果有改动提示保存文件
：q!	不存盘强行退出

表 4-8　在末行模式下查找和替换命令

vim 命令	功　能
/xxx	往屏幕下方查找字符串 xxx，按 n 跳到下一个出现处,按 N 跳到上一个出现处
?xxx	往屏幕上方查找字符串 xxx，按 n 跳到下一个出现处
:g/old/s//new/g	文件中所有的 old 替换为 new
:g/old/s//new/gc	文件中所有的 old 替换为 new，替换前要确认
:10,30g/old1/s//new1/g	10 行到 30 行的内容 old1 替换为 new1

案例分解 3

7）复制文件中前 5 行到文件尾部。

将光标移动文件头部，在命令模式下按键 5yy，然后移动光标到文件尾部，按 p 键。

8）复制 5~10 行内容到 15 行。

在末行模式下输入“：5,10 co 15”，然后按〈Enter〉键

9）替换所有的“hello”为“HELLO”。

在末行模式下输入“：g/hello/s//HELLO/g”然后按〈Enter〉键

10）查找多少行中出现了单词“HELLO”。

在末行模式下输入“：/HELLO”，然后按〈Enter〉键，显示结果如下图所示。通过按 n 或 N 反复查看。

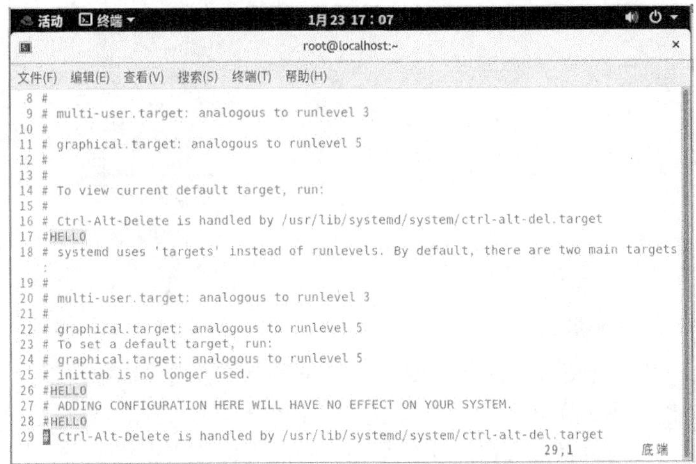

11）删除第 2 行的内容。

在末行模式下输入“：2d”后按〈Enter〉键。

12）删除 3~5 行之间的内容。

在末行模式下输入“：3,5d”后按〈Enter〉键。

13）移动 1~5 之间的内容到 10 行。

在末行模式下输入“：1,5 move 10”后按〈Enter〉键。

14）把文件中的 5~10 行的内容另存为 newfile。

在末行模式下输入“：5,10 w newfile”后按〈Enter〉键。

15）保存并退出。

在末行模式下输入“：wq”或“：x”后按〈Enter〉键即可保存退出。

16）在末行模式下，命令 q 与 q!分别在什么情况下使用？

“：q!”是直接退出命令，文件不保存，强制退出。

“：q”是直接退出命令，如果文件内容修改过会提示用户保存。

4.5　图形用户界面下的文本编辑工具

gedit 是一个图形化文本编辑器。它可以打开、编辑并保存纯文本文件。还可以从其他图形化桌面程序中剪切和粘贴文本，创建新的文本文件，以及打印文件。

gedit 有一个清晰而又通俗易懂的界面，它使用活页标签，因此不必打开多个 gedit 窗口就可

以同时打开多个文件。

要启动 gedit，依次单击“活动”→“显示应用程序”→“文本编辑器”。还可以在 shell 提示下输入“gedit”来启动 gedit。一旦 gedit 运行，就会看到一个空的 gedit 窗口，如图 4-8 所示。

也可单击“打开”按钮来定位想编辑的纯文本文件。这个文件会被载入到如图 4-9 所示的主编辑区域，如打开/test/tab。可以单击并按住窗口右侧的滚动条，并上下移动鼠标来前后查看文件。或者使用箭头键一行一行地滚动文本文件。按〈Page Up〉和〈Page Down〉键会一页一页地滚动文件。

图 4-8　空的 gedit 窗口

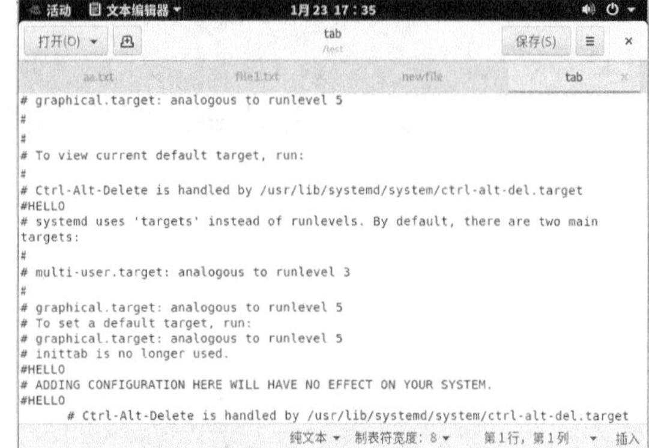

图 4-9　打开/test/tab 文件

gedit 允许使用分开的活页标签在一个窗口中打开多个文本文件。如果已经打开了一个文件，想从另一个文件中复制文本，单击“打开”按钮，选择想打开的文件，然后这个文件就会在 gedit 窗口的新活页中被打开。可以通过单击和文件名相关的活页标签来浏览每个文件。如图 4-10 所示，同时打开四个文件。

图 4-10　同时打开四个文件

一旦已经修改或写入了文本文件，可以通过单击工具栏上的“保存”按钮来保存文件，或者从文件菜单中选择“保存”。如果编辑的是一个新的文本文件，会弹出一个窗口来提示给新的文件命名，并保存在想要保存的目录中。如果编辑的是一个已存的文件，在下次打开这个文件时，所做的改变就会自动出现在文件中。还可以选择“保存”按钮旁边的“另存为”按钮来把某个已存文件保存到另一个位置或重新命名。

4.6　上机实训

3

1．实训目的

熟练掌握 vim 编辑器的使用方法

2．实训内容

1）在根目录下创建一个目录 test4。

2）在 test4 目录下创建一新文件 file。任意输入字符“this is a test”。

3）存盘保存并退出。

4）把/etc/passwd 文件复制到/test4 目录下，同时改名为 ahxh.txt。

5）利用 vim 编辑 ahxh.txt 文件，并把第 20 行复制到该文件的第 10 行。

6）把前 5 行数据复制到第 15 行处，然后删除第 10 行数据。

7）把 5~10 行的内容复制到 20 行处。

8）替换所有的 bash 为 ksh。

9）查找 ksh 字符串。

10）把修改后文件的 50~60 行的内容保存为 file2.txt，并退出 vim 编辑器。

3．实训总结

通过本次实训，能够熟练掌握 vim 编辑器的使用，为以后的服务配置打下坚实的基础。

4.7　课后习题

一、选择题

1．以下哪一项不属于 vim 的工作模式？（　　）

A．末行模式　　B．插入模式　　C．命令模式　　D．检查模式

2．vim 的三种模式之间不能直接转换的是（　　）。

A．命令模式—文本编辑模式　　B．命令模式—末行模式

C．文本编辑模式—末行模式　　D．任何模式之间都能直接转换

3．在 vim 的命令模式中，输入（　　）能进入到末行模式？

A．i　　B．:　　C．?　　D．/

4．在 vim 编辑器中需要删除 4~7 行之间的内容，应在末行模式下使用（　　）命令。

A．4,7m　　B．4,7co　　C．4,7d　　D．4,7s/*//g

5．使用 vim 编辑器时，在命令模式下，以下（　　）命令的结果是删除 4 个单词。

A．4xw　　B．wwwww　　C．4dw　　D．d4l

6．存盘并退出 vim 编辑器时可用命令“：wq”，还可以用以下（　　）命令。

A．：q!　　B．：x　　C．exit　　D．：s

7．下面的（　　）不是通配符。

A．*　　B．!　　C．?　　D．[]

8．假设目前处于 vim 的插入模式，若要切换到末行模式，以下（　　）操作方法是正确的。

A．按〈Esc〉键　　B．按〈Esc〉键，然后按“：”

C．直接按“：”　　D．直接按〈Ctrl+C〉键

9．假设当前处于 vim 的命令模式，如果想进入插入模式，无法实现的是（　　）。

A．O　　B．I　　C．A　　D．1

10．使用 vim 编辑文件时，强制存盘并退出的命令是（　　）。

A.：w!　　B．q!　　C．wq!　　D．e!

二、填空题（用相应命令实现如下功能）

1．仅仅把第 20~59 行之间的内容存盘成文件/tmp/1。（　　）

2．将当前结果追加到/tmp/2 文件。（　　）

3．将 1~5 行之间的内容复制到第 10 行下。（　　）

4．同时打开两个文件，在两个文件之间来回切换。（　　）

5．将 1~15 行之间的内容删除。（　　）

6．将 1~3 行之间的内容移到第 5 行下。（　　）

7．删除包括 root 的行。（　　）

8．替换所有的“hello”为“HELLO”。（　　）

第5章 用户和组管理

Linux 是一个多用户、多任务系统，可以允许多个用户同时登录 Linux 系统，用户账号和用户组是进行身份鉴别和权限控制的基础。

Linux 系统中的每一个文件和程序都归属于一个特定的用户。每个用户都有一个身份证号，这个号叫作用户 ID（UID）。系统中每个用户至少属于一个用户组，每个组都会有一个组号来标识分组，叫作分组 ID（GID）。

系统中的用户分为根用户、系统用户和普通用户，根用户 root 又叫超级用户，其权限是系统中最大的，可以执行任何操作。根用户不论是否是这些文件和程序的所有者都能够访问系统全部的文件和程序，而系统用户和普通用户只能访问其拥有的或者有权限执行的文件。

5.1 案例1：用户账号管理

【案例目的】 通过本节的学习能够熟练掌握创建用户、修改用户信息和删除用户的命令并理解命令中各选项含义。

【案例内容】

1）新建一个用户 user1，UID、GID、主目录均按默认。

2）新建一个用户 user2，UID=1200，其余按默认。

3）新建一个用户 user3，默认主目录为/abc，其余默认。观察这 3 个用户的信息有什么不同。

4）分别为以上 3 个用户设置密码“12345678”。

5）把 user1 用户改名为 u1，UID 改为 1700，主目录为/test，密码改为“12345678”。

6）将用户 user3 的主目录改为/ab，并修改其附加组为 group2。

7）锁定账号 user1，查看有什么变化，并解锁账号。

8）连同主目录一并删除账号 user3 用户。

【核心知识】 创建、修改用户的信息，以及删除用户及用户的桌面应用。

5.1.1 用户账号文件

Linux 继承了 UNIX 传统的方法，把全部用户信息保存为普通的文本文件。用户可以通过对这些文件的修改来管理用户和组。

1. 用户账号文件——/etc/passwd

/etc/passwd 是一个简单的文本文件，添加新用户的时候，在/etc/passwd 文件里就会产生一个对应的设置项。这个文件就是通常所说的“口令文件”，该文件用于用户登录时校验用户的登录名、加密的口令、用户 ID、默认的用户分组 ID、GECOS（General Electric Comprehensive Operating System）字段、用户登录子目录以及登录后使用的 shell。该文件中每一行保存一个用户的资料，而用户资料的每一个数据项之间采用冒号“:”分隔，格式如下。

```
jl:x:1000:0:Jim Lane,ECT8-3, ,:/staff/ji:/bin/sh
```

1）登录名：注意它的唯一性，其长度一般不超过 32 个字符，它们可以包括冒号和换行之外的任何字符。登录名要区分大小写。放在/etc/passwd 文件的开头部分的用户是系统定义的虚拟用户 bin、daemon。

2）加密的口令：当编辑/etc/passwd 文件来创建一个新账号时，在加密口令字段的位置要放一个星号（*）。主要用于身份鉴别，不设置密码系统不允许登录。

3）UID：是 32 位无符号整数，它能表示从 0~4294967296 的值。因为和旧系统之间的互操作性问题，建议在可能的情况下将站点上的最大 UID 号限制在 32767。root 的 UID 为 0。虚拟登录名的 UID 号比较小。为了能够给将来可能添加的任何非真实用户提供足够的空间，一般从 100 或更高开始分配真实用户 UID。UID 在整个机构中是唯一的。

4）GID：组的 ID 是一个 32 位整数。GID 0 是给 root 的组保留的。GID 1 通常指的是名为“bin”的组，GID2 指的是“daemon”组。

5）GECOS 字段：通常用来定义每个用户的个人信息。

6）用户的登录子目录：每个用户都需要有地方保存自己的配置文件。这就需要让用户工作在自己定制的工作环境中，以免改变其他用户的操作环境。这个地方就叫作用户登录子目录。当用户登录之后，他们就进入到自己的主目录中。如果登录时找不到用户的主目录，系统就会显示诸如“no home directory”的消息。要禁止没有主目录的用户登录，可以把/etc/login.defs 中的 DEFAULT_HOME 设置为 no。

7）登录 shell：用户上机后运行的 shell，默认情况下是/bin/bash。可以使用 chsh 命令来改变自己所用的 shell。文件/etc/shells 中包含了 chsh 命令允许用户选择使用的有效 shell 列表。当所选的 shell 不在此列表中时 Red Hat 会发出警告。

用“cat”命令查看/etc/passwd 的部分内容如下。

```
[root@localhost ~]# cat /etc/passwd
root:x:0:0:root:/root:/bin/bash
bin:x:1:1:bin:/bin:/sbin/nologin
daemon:x:2:2:daemon:/sbin:/sbin/nologin
adm:x:3:4:adm:/var/adm:/sbin/nologin
lp:x:4:7:lp:/var/spool/lpd:/sbin/nologin
sync:x:5:0:sync:/sbin:/bin/sync
shutdown:x:6:0:shutdown:/sbin:/sbin/shutdown
halt:x:7:0:halt:/sbin:/sbin/halt
mail:x:8:12:mail:/var/spool/mail:/sbin/nologin
operator:x:11:0:operator:/root:/sbin/nologin
games:x:12:100:games:/usr/games:/sbin/nologin
ftp:x:14:50:FTP User:/var/ftp:/sbin/nologin
nobody:x:65534:65534:Kernel Overflow User:/:/sbin/nologin
dbus:x:81:81:System message bus:/:/sbin/nologin
systemd-coredump:x:999:997:systemd Core Dumper:/:/sbin/nologin
systemd-resolve:x:193:193:systemd Resolver:/:/sbin/nologin
tss:x:59:59:Account used by the trousers package to sandbox the tcsd
daemon:/dev/null:/sbin/nologin
polkitd:x:998:996:User for polkitd:/:/sbin/nologin
... ...
dovecot:x:97:97:Dovecot IMAP server:/usr/libexec/dovecot:/sbin/nologin
dovenull:x:977:975:Dovecot's unauthorized user:/usr/libexec/dovecot:/
sbin/nologin
tcpdump:x:72:72::/:/sbin/nologin
pyh:x:1000:1000:pyh:/home/pyh:/bin/bash
```

其中有如下传统用户。

- bin：系统命令的传统属主。

在一些老的 UNIX 系统上，bin 用户是包含系统命令的目录的属主，还是大多数命令本身的属主。如今这种账号经常被看作是多余的（或者甚至有些不安全），因此现代操作系统通常就只使用 root 账号了。

- daemon：无特权系统软件的属主。

对于是操作系统的一部分却不需要由 root 作为其属主的文件和进程，有时可将其设定为 daemon。其中的说法是，这种约定能有助于避免采用 root 作为属主而带来的危险。出于类似的原因，还有一个叫作“daemon”的组。和 bin 账号类似，大多数 Linux 发行商也不怎么用 daemon 账号。

- nobody：普通 NFS 用户。

网络文件系统使用 nobody 账号代表其他系统上的 root 用户用来进行文件共享。为了去掉远程 root 用户的特权，远程 UID 为 0 的用户必须被映射成本地 UID0 之外的某个用户。nobody 账号就充当了这些远程 root 用户的一般替身。由于要求 nobody 账号代表一个普通的、权力相对来说比较小的用户，因此这个账号不应该拥有任何文件。若它确实拥有文件的话，远程 roots 就可以控制它们。传统上给 nobody 用户的 UID 是–1 或者–2，在有些发行版本上仍然能看到这项约定，在这些发行版本上，nobody 用户的 UID 为 65534（–2 的 16 位二进制补码），其他发行版本则指派一个小编号 UID，类似任何别的系统所使用的登录账号，这样做更合理。

2. 用户影子文件——shadow

由于/etc/passwd 是一个简单的文本文件，以纯文本显示加密口令的做法存在安全隐患。同时，由于/etc/passwd 文件是全局可读的，加密算法公开，一旦恶意用户取得了/etc/passwd 文件，便极有可能破解口令。Linux/UNIX 广泛采用了“shadow 文件”机制，将加密的口令转移到/etc/shadow 文件里，该文件只可被 root 超级用户读取，同时/etc/passwd 文件的密文域会显示一个 x，从而最大限度地减少了密文泄露的机会。

shadow 文件的每行是由 8 个冒号分隔的 9 个域，格式如下。

```
username: passwd: lastchg: min: max: warn: inactive: expire: flag
```

以上 9 个域的含义分别如下。

- 登录名。
- 加密后的口令。
- 上次修改口令的时间。
- 两次修改口令之间的最少天数。
- 两次修改口令之间的最大天数。若最大天数是 99999，则永远不过期。
- 在口令作废之前多少天，login 程序应该开始警告用户口令即将过期。
- 在达到了最大口令作废天数之后，登录账号作废之前必须等待的天数。
- 账号过期的天数。若该字段的值为空，则该账号永远不过期。
- 保留字段，目前为空。

例如，使用“cat”命令查看影子文件/etc/shadow 部分内容如下。

```
[root@localhost ~]# cat /etc/shadow
root:$6$hzz1EYdxTBFpFNr0$o4sjF334CA2tdTTTeotuwp6IK7oYuRG1SJ9TaTuCjZ.4KZ
WVnJSpqiNkSjWjPG4M6I6jRwVWVFaVWhDexeEmv/::0:99999:7:::
bin:*:17988:0:99999:7:::
daemon:*:17988:0:99999:7:::
adm:*:17988:0:99999:7:::
lp:*:17988:0:99999:7:::
sync:*:17988:0:99999:7:::
shutdown:*:17988:0:99999:7:::
halt:*:17988:0:99999:7:::
```

```
mail:*:17988:0:99999:7:::
operator:*:17988:0:99999:7:::
games:*:17988:0:99999:7:::
ftp:*:17988:0:99999:7:::
nobody:*:17988:0:99999:7:::
... ...
avahi:!!:18647::::::
postfix:!!:18647::::::
dovecot:!!:18647::::::
dovenull:!!:18647::::::
tcpdump:!!:18647::::::
pyh:$6$AN9NI5ZAoqxJTkgB$x1t0bUDBY4bUtBbgVykN8wT/BCLWb7m8TwrVMwj2FF.jleD
K3g37tqPRl4WTBtC96QJZq2ZxpGpeFVkZV1F0//::0:99999:7:::
tom:!!:18651::::::
Jack:!!:18651:0:99999:7:::
```

对最后一个用户信息进行解释，该信息表明的含义如下。

- 用户登录名为 Jack。
- 用户加密的口令。
- 从 1970 年 1 月 1 日起到上次修改口令所经过的天数为 18651。
- 需要 0 天才能修改这个口令。
- “99999”表示该口令永不过期。
- 要在口令失效前 7 天通知用户，发出警告。
- 禁止登录前用户名还有效的天数，如果未定义用“:”表示。
- 用户被禁止登录的时间，未定义用“:”表示。
- 保留域，未使用，用“:”表示。

3. 使用 pwck 命令验证用户文件

Linux 提供了“pwck”命令分别验证用户文件，以保证账号文件的一致性和正确性。pwck 命令用来验证用户账号文件和影子文件的一致性，验证文件中的每个数据项中每个域的格式以及数据的正确性。如果发现错误，该命令将会提示用户删除错误的数据项。

该命令主要验证每个数据项是否具有正确的域数目、唯一的用户名、合法的用户和组标识、合法的主要组群、合法的主目录和合法的登录 shell。

域数目与用户名错误是致命的，需要用户删除整个数据项。其他的错误均为非致命的，需要用户修改，不一定要删除整个数据项。

下面介绍使用 pwck 命令的方法的步骤。

1）输入：

```
[root@localhost ~]#cat /etc/passwd
```

2）输入：

```
[root@localhost ~]#vim /etc/passwd
```

编辑该账号，加入不存在的数据项：“super:x:2000:2000:superman:/home/super:/bin/bash”。

3）输入：

```
[root@localhost~]#pwck  /etc/passwd   //执行验证工作，验证出系统不存在该 super
                                      //用户
```

再次编辑该系统账号，加入不正确的项：“super:x:2000:2000:superman:/home/super:”进行验证工作。

4）输入：

```
[root@localhost ~]#pwck  /etc/passwd
```

上面执行的两次验证操作不一样，第一次并没有要求用户删除不正确的数据项，原因是数据项中的数据域的数目正确，只是不存在相关的用户信息，此时不会提示用户删除该信息。而第二次域的数目少了一个（本来应该有 7 项，实际只输入 6 项），是致命错误，系统提示用户删除数据项，用户确定删除后该文件验证才通过。同样地，也可以用该命令来验证文件的/etc/shadow 一致性。

5.1.2　添加用户

1．添加用户命令——useradd

该命令的功能是向系统中添加用户或更新创建用户的默认信息。

该命令的格式为：

```
useradd [选项] username
```

选项如下。

- -c comment：描述新用户账号，通常为用户全名。
- -d home-dir：设置用户主目录，默认值为用户的登录名，并放在/home 目录下。
- -e expire_day：用 YYYY-MM-DD 设置账号过期日期 expire_day。
- -f inactivity：设置口令失效时间。inactivity 值为 0 时，口令过期后账号立即失效（被禁用）；inactivity 值为–1 时，口令过期后账号不会被禁用。
- -g group-name：用户默认组的组名或组号码，该组在指定前必须存在。
- -G　组名：指定用户附加组。
- -m：主目录不存在则创建它。
- -M：不要创建主目录。
- -n：不要为用户创建用户私人组。
- -r：创建一个 UID 小于 1000 的、不带主目录的系统账号，即伪用户账号。
- -s：shell 类型，设定用户使用的登录 shell。
- -u　用户 ID：它必须是唯一的，且大于 1000。

在 Linux 账号中可以分为超级用户、普通用户和伪用户。超级用户的 UID 为 0，普通用户的 UID 大于 1000，而且其操作权限受到限制。伪用户又叫系统用户，其 UID 在 1~1000 之间，仅限制在本机登录。

2．设置密码命令——passwd

出于系统安全考虑，Linux 系统中每一个用户除了有用户名外，还有其对应的用户口令。因此，在使用 useradd 命令增加用户时，还须用 passwd 命令为每一个新增加的用户设置口令。用户以后可以随时用 passwd 命令改变自己的口令。

该命令的格式为：

```
passwd  用户名
```

其中用户名为需修改口令的用户名，只有超级用户可以使用“passwd 用户名”来修改其他用户的口令，普通用户只能用不带参数的 passwd 命令修改自己的口令。

☞提示：

口令至少应该是 8 位的大写字母、小写字母、标点符号和字母的混杂，而且尽量不要使用字典上的单词。

例如：

```
//建立一个用户，其用户名为tom，描述信息为 Tom，用户组为pyh，登录 shell 为 /bin/sh
//登录主目录为/home/pyh 的用户
[root@localhost ~]# useradd -r tom -c "Tom" -g pyh -s /bin/sh -d /home/pyh
//使用 passwd 命令给新添加用户 tom 设置密码
[root@localhost ~]# passwd tom
```

设置密码时需要输入两次口令，如果两次都不匹配，系统会给出提示。如果输入的口令过于简单，系统也会给出提示。

又如，建立一个用户名为 jeffery，描述信息为 jeffery，用户组为 jerry，登录 shell 为/bin/csh，登录主目录为/home/jeffery，用户 ID 为 1480，账户失效日期为 2036-12-31，使用如下命令。

```
[root@localhost ~]# useradd -r jeffery -c "jeffery" -g jerry -s /bin/csh
-d /home/jeffery -u  1480 -e 2036-12-31
```

案例分解 1

1）新建一个用户 user1，UID、GID、主目录均默认。

```
[root@localhost ~]#useradd user1
```

2）新建一个用户 user2，UID=1200，其余默认。

```
[root@localhost ~]#useradd user2 -u 1200
```

3）新建一个用户 user3，默认主目录为/abc，其余默认。观察这 3 个用户的信息有什么不同。

```
[root@localhost ~]#useradd user3 -d /abc
```

用“cat”命令查看用户之间的不同。

4）分别为以上 3 个用户设置密码为“12345678”。

```
[root@localhost ~]#passwd user1       //根据提示设置用户密码
[root@localhost ~]#passwd user2       //根据提示设置用户密码
[root@localhost ~]#passwd user3       //根据提示设置用户密码
```

☞**注意：**

当设置密码时，输入的密码并不显示在光标处，此时直接输入即可，输入完毕后按〈Enter〉键。

5.1.3　修改用户信息

usemod 命令用于修改用户信息，其功能是用来修改使用者账号，具体修改信息和 useradd 命令所添加的信息一样。

该命令的格式为：

```
usermod  [选项] 用户名
```

选项如下。

- -l　新用户名　当前用户名：更改用户名。
- -d　路径：更改用户主目录。
- -G　组名：修改附加组。
- -L　用户账号名：锁定用户账号（不能登录）。
- -U　用户账号名：解锁用户账号。

例如：

```
//将用户 jeffery 组改为 super，用户 id 改为 5600
[root@localhost ~]# usermod -g super -u 5600 jeffery
//将用户 jone 改名为 honey-jone，登录的 shell 改为/bin/ash，用户描述改为"honey-jone"
[root@localhost ~]# usermod -l honey-jone -s /bin/ash -c "honey-jone" jone
```

☞提示：

usermod 不允许改变正在使用系统的账户。当“usermod”用来改变 user ID 时，必须确认该 user 没在系统中执行任何程序。

案例分解 2

5）把 user1 用户改名为 u1，UID 改为 1700，主目录为/test，密码改为“12345678”。

```
[root@localhost ~]# usermod -l u1 -u  1700 -d /test  user1
[root@localhost ~]# passwd u1  //修改用户口令
```

6）将用户 user3 的主目录改为/ab，并修改其附加组为 group2。

```
[root@localhost ~]# usermod  -d  /ab  -G  group2  user3
```

7）锁定账号 user1，查看有什么变化，并解锁账号。

```
[root@localhost ~]# usermod  -L   user1
[root@localhost ~]# usermod  -U   user1
```

5.1.4　删除用户

userdel 命令的功能是用来删除系统中的用户信息。

该命令的格式为：

```
userdel  [选项] 用户名
```

选项如下。

-r：删除账号时，连同账号主目录一起删除。

例如：

```
//删除用户 tom，并且使用 find 命令删除该用户非用户主目录下的文件
[root@localhost ~]# userdel  tom
[root@localhost ~]# find / user tom exec  rm{}\
```

☞提示：

删除用户账号时非用户主目录下的用户文件并不会被删除，管理员必须使用“find”命令搜索并删除这些文件。

案例分解 3

8）连同主目录一并删除账号 user3 用户。

```
[root@localhost ~]#userdel -r user3
```

5.2　案例 2：用户组账号管理

【案例目的】通过该部分内容的学习，能够掌握组账号的相关管理命令。

【案例内容】

1）建立一个标准的组 group1，GID=1900。

2）建立一个标准组 group2，选项为默认，观察该组的信息有什么变化。

3）新建用户 ah、xh，再新建一个组 group3，把 user1 用户添加到 group1 组中，把 ah、xh 添加到 group2 组。

4）把 group3 组改名为 g3，GID=2000。

5）查看 user2 所属于的组。

6）删除 user1 组与 g3 组，观察有什么情况发生。

【核心知识】用户组账号文件，组群的创建、修改和删除。

5.2.1　用户组账号文件

/etc/passwd 文件中包含着每个用户默认的分组 ID（GID），在/etc/group 文件中，这个 GID 被映射到该用户分组的名称以及同一分组中的其他成员。/etc/group 文件中含有关于小组的信息，/etc/passwd 的每个 GID 文件中应当有相应的入口项，入口项中列出了小组名和小组中的用户。这样可以方便地了解每个小组的用户，否则，必须根据 GID 在/etc/passwd 文件中从头至尾寻找同组用户，这便提供了一个快捷的寻找途径。

1. 用户组账号文件——group

/etc/group 文件包含了 Linux 组的名称和每个组中的成员列表。例如：

```
wheel: x: 10: evi,garth,trent
```

每一行代表了一个组，其中包含以下 4 个字段。

- 组名。
- 被加密的口令（已被废弃，很少使用）。
- GID。
- 成员列表，彼此用逗号隔开（注意不要加空格）。

为了避免与厂商提供的 GID 发生冲突，GID 一般从 100 开始分配本地组。

例如，使用 cat 命令显示/etc/group，部分信息如下：

```
[root@localhost~] # cat /etc/group
root:x:0:root
bin:x:1:root,bin,daemon
daemon:x:2:root,bin,daemon
sys:x:3:root.admin.daemon
adm:x:4:root,adm.daemon
tty:x:5:
disk:x:6:root
Lp:x:7:daemon,lp
Mem:x:8:
…
```

以上面文件中第 3 行作为例子，它说明在系统中存在一个 bin 用户组，信息如下。

- 用户分组名为 bin。
- 用户组口令已经加密并用“x”表示。
- GID 为 1。
- 同组的组成员有 root、bin、daemon。

2. 用户组账号影子文件——gshadow

与用户账号文件的作用一样，组账号文件也是为了加强组口令的安全性，防止黑客对其实施蛮力攻击，而采用的一种将组口令与组的其他信息相分离的安全机制，其格式如下。

- 用户组名。
- 加密的组口令。
- 组成员列表。

例如，用 cat 命令显示组影子文件/etc/gshadow 的部分内容如下。

```
[root@ localhost ~] #cat /etc/gshadow
root:::root
bin:::root,bin,daemon
daemin:::root,bin,daemon
sys:::root,bin,adm
adm:::root,adm,daemon
tty:::
disk:::root
lp:::daemon,lp
…
```

3. 使用 grpck 命令验证组文件

与 pwck 命令类似，grpck 命令用来验证组账号文件（/etc/goup）和影子文件（/etc/gshadow）的一致性和正确性。该命令可以验证文件中每一个数据项中每个域的格式以及数据的正确性。如果发现错误，该命令将会提示用户删除错误数据项。

该命令主要验证每个数据项是否具有：

- 正确的域数目。
- 唯一的组群标识。
- 合法的成员和管理列表。

如果检查发现域数目和组名错误，则该错误是致命的，用户要删除整个数据项，其他的错误均为非致命的，将会需要修改，而不一定要删除整个数据项。

5.2.2 建立组

groupadd 命令的功能是指定组群名来建立新的组账号，需要时可从系统中取出新的组值。

该命令的格式为：

```
groupadd [选项] 用户组名
```

选项及含义如下。

- -g GID：组 ID 值。除非使用-o 参数，否则该值必须唯一，并且数值不可为负。预设值最小不得小于 1000 且逐次增加，数值 0~999 传统上是留给系统账号使用的。
- -o：配合上面-g 选项使用，可以设定不唯一的组 ID。
- -r：该参数用来建立系统账号即私有组账号。
- -f：新增一个已经存在的账号，系统会出现错误信息，然后结束命令执行操作，此时不新增这个组群；如果使用-f，即使新增组群所使用的 GID 系统已经存在，结合使用-o 选项也可以成功创建组群。

在创建的组中有私有组和标准组。私有组是指创建用户时自动创建的组，标准组是可以包含多个用户的组。

例如：

```
//创建一个 GID 为 5000，组名为 mygroup1 的用户组
  [root@localhost ~]# groupadd -g 5000 mygroup1
//再次创建一个 GID 为 5001，组名为 mygroup1 的用户组，由于组名不唯一，创建失败
```

```
[root@localhost ~]# groupadd -g 5001 mygroup1
 groupadd: group mygroup1 exists
//使用 -f  -o 选项，系统不提示信息，由于组名不唯一，创建仍然失败
[root@localhost ~]# groupadd  -g 5001 -f -o mygroup1
// 创建一个 GID 为 5000，组名为 superman 的用户组，由于组 GID 不唯一，创建失败
[root@localhost ~]# groupadd  -g 5000 superman
groupadd:gid 5000 is not unique
// 使用-f 选项，则创建成功，系统会将该 GID 递增为 5001
[root@localhost ~]# groupadd  -g 5000 -f superman
// 综合使用 -f  -o 选项，则创建成功，系统仍然将该 GID 设置为 5001
[root@localhost ~]# groupadd  -g 5000 -f  -o  superman
```

案例分解 1

1）建立一个标准的组 group1，GID=1900。

```
[root@localhost ~]#groupadd  -g  1900   group1
```

2）建立一个标准组 group2，选项为默认，观察该组的信息有什么变化。

```
[root@localhost ~]#groupadd  group2
```

用 cat 命令查看：

```
[root@localhost ~]#cat  /etc/group
```

5.2.3　修改组信息

groupmod 命令的功能是修改用户信息。

该命令的格式为：

```
groupmod  [选项]  用户组名
```

选项及含义如下。

- -g GID：组 ID。必须为唯一的 ID 值，除非用-o 选项。数字不可为负值。预设值最小不得小于 999 且逐次递增，0~999 传统上是留给系统账号使用的。
- -o：配合上面的-g 选项使用，可以设定不唯一的组 ID 值。
- -n group_name：更改组名。

例如：

```
//将组 mygroup 的名称改为 mygroup-new
[root@localhost ~]# groupmod -n mygroup-new mygroup
//将组 mygroup-new 的 GID 改为 5005
[root@localhost ~]# groupmod  -g  5005  mygroup-new
//将组 mygroup-new 的 GID 改为 5005，名称改为 mygroup-old
[root@localhost ~]# groupmod  -g  5005  -n  mygroup-old  mygroup-new
```

5.2.4　添加/删除组成员

gpasswd 命令的功能是向指定组中添加用户或从指定组中删除用户。

该命令的格式为：

```
gpasswd  [ 选项]    组名
```

选项及含义如下。

- -a 用户名：向指定组添加用户。
- -d 用户名：从指定组中删除用户。

例如：

```
[root@localhost ~]#gpasswd  -a  u1  root    //将 u1 用户添加到组 root 中
[root@localhost ~]#gpasswd  -d  u1  root    //将 u1 用户从组 root 中删除
```

案例分解 2

3）新建用户 ah、xh，再新建一个私有组 group3，把 user1 用户添加到 group1 组中，把 ah、xh 添加到 group2 组：

```
[root@localhost ~]#useradd ah
[root@localhost ~]#useradd xh
[root@localhost ~]#groupadd  -r group3
[root@localhost ~]#usermod -G group1 user1  //将 user1 添加到 group1 中
[root@localhost ~]#usermod -G group2 ah
[root@localhost ~]#gpasswd -a xh group2     //将 xh 用户添加到 group2 中
```

4）把 group3 组改名为 g3，GID=2000：

```
[root@localhost ~]#groupmod -g 2000  -n g3 group3
```

5）查看 user1 所属于的组，并记录：

```
[root@localhost ~]#cat /etc/group
```

5.2.5　删除组

groupdel 命令比较简单，其功能是用来删除系统中存在的用户组。

该命令的格式为：

```
groupdel 用户组名
```

例如：

```
//删除用户组 user
  [root@localhost ~]#groupdel user
```

☞**提示：**

如果有任何一个组群的用户正在系统中使用并且要删除的组为该用户的主分组，则不能删除该组群，必须先删除该用户后才能删除该组群。

案例分解 3

6）删除 user1 组与 g3 组，观察有什么情况发生。

```
[root@localhost ~]#groupdel user1
[root@localhost ~]#groupdel  g3
```

当用户 user1 存在，其所在的组不能删除。

5.2.6　显示用户所属组

groups 命令的功能是显示用户所属的组。

该命令的格式为：

```
groups  [ 用户名]
```

例如：

```
[root@localhost ~]#groups                   //显示当前用户所属组
```

```
[root@localhost ~]#groups  root          //显示 root 用户的所属组
```

5.2.7 批量新建多个用户账号

作为管理员，有时需要新建多个账号，如果使用单个命令将非常费时费力，而通过预先编写用户信息文件和口令文件，利用 newusers 等命令，则可以批量添加用户账号。

例如，将新入学的 2021 级学生添加为 RHEL 8 计算机新用户，每个学生账号的用户名是“s+学号”的组合。他们都属于同一个组群 5students。可通过以下步骤完成。

1．创建公用组群 5students

[root@localhost ~]#groupadd -g 1010 5students

2．编辑用户信息文件

使用任何一种文本编辑器输入用户信息，用户信息必须符合/etc/passwd 文件的格式，每一行内容为一个用户账号信息，即包含用户名、密码、用户 ID、组 ID、用户描述、用户主目录和用户使用的 shell 七项内容。每个用户账号和 UID 各不相同。编辑完成用户文件（假设文件名为 student.txt）。

```
s20210101:*:1011:1010::/home/s20210101:/bin/bash
s20210102:*:1012:1010::/home/s20210102:/bin/bash
s20210103:*:1013:1010::/home/s20210103:/bin/bash
s20210104:*:1014:1010::/home/s20210104:/bin/bash
s20210105:*:1015:1010::/home/s20210105:/bin/bash
```

3．创建用户口令文件

使用任何一种文本编辑器输入用户名和口令信息。每一行内容为一个用户账号信息，用户名与用户信息文件相对应。假设学生的口令文件保存为 passwd.txt，其内容如下。

```
S20210101: 111111
S20210102: 111111
S20210103: 111111
S20210104: 111111
…
```

4．利用 newusers 命令批量创建用户账号

超级用户利用 newusers 命令批量创建用户账号，只需要把用户信息文件重定向给 newusers 程序，系统会根据文件信息创建新用户账号。

```
[root@localhost ~]#newusers<student.txt
```

如果命令执行过程中没有出现错误信息，那么查看/etc/passwd 就会发现有 student.txt 文件中的用户名出现。系统还会在/home 目录中为每一个用户创建主目录。如图 5-1 所示。

5．利用 pwunconv 命令暂时取消 shadow 加密

为了使口令文件中指定的口令可用，必须先取消原有 shadow 加密。超级用户利用 pwunconv 命令能将/etc/passwd 文件加密口令解密后保存在/etc/passwd 中，并删除/etc/shadow 文件。

```
[root@localhost ~]#pwunconv
```

解密后的文件如图 5-2 所示。

6．利用 chpasswd 命令为用户设置口令

超级用户利用 chpasswd 命令能批量更新用户口令，只需把用户口令文件重定向给 chpasswd 程序，系统就会根据文件中的信息设置用户口令。

```
[root@localhost ~]#chpasswd<passwd.txt
```

如果没有出现任何错误信息，再次查看/etc/passwd 文件，会发现 passwd.txt 文件中的口令均出

现在/etc/passwd 相应用户的口令字段中，如图 5-3 所示。

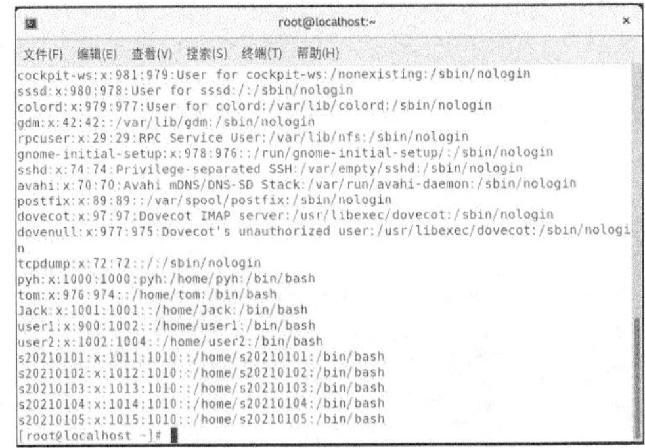

图 5-1　批量创建用户账号

图 5-2　暂时取消 shadow 加密

7. 利用 pwconv 命令恢复 shadow 加密

pwconv 命令的功能是将/etc/passwd 文件中的口令进行 shadow 加密，并将口令保存在/etc/shadow 中。

```
[root@localhost ~]#pwconv
```

如图 5-4 所示。至此批量完成创建用户的所有操作。

图 5-3　为用户设置口令

图 5-4　恢复 shadow 加密

5.3　图形模式下的用户和组群管理

RHEL 8 中的管理用户界面比较简单，单击“活动”→“设置”→“详细信息”，然后选择“用户”选项打开如图 5-5 所示的界面。在这里能浏览查看系统中创建的用户。

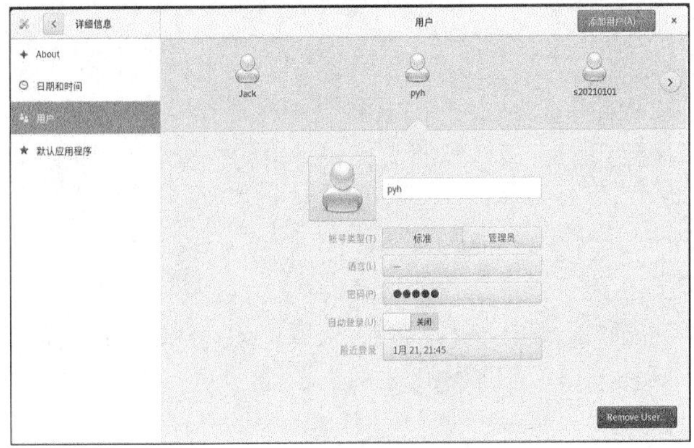

图 5-5　查看用户界面

可以单击右上角的“添加用户”按钮来添加用户信息，并根据选项进行密码设置，也可以以后再设置密码，添加用户界面如图 5-6 所示，更改用户密码界面如图 5-7 所示。

也可以单击右下角的“remove user”按钮来删除用户，如图 5-8 所示。

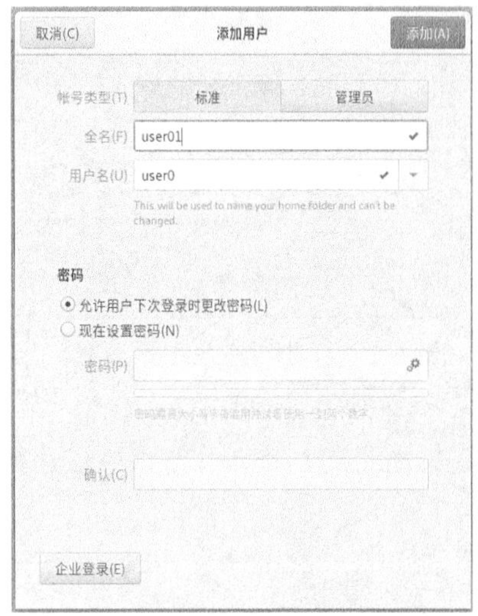

图 5-6　添加用户界面

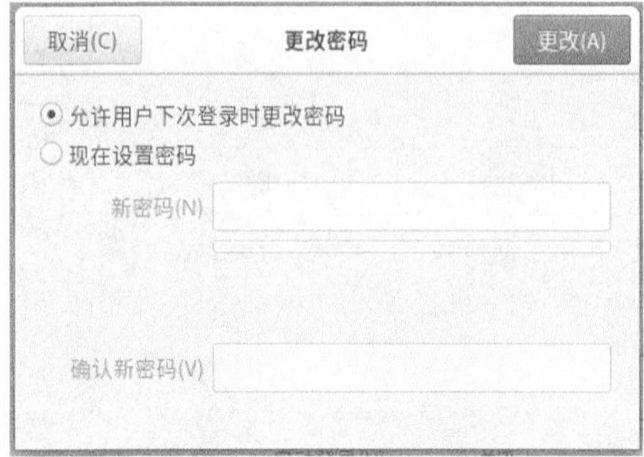

图 5-7　更改用户密码

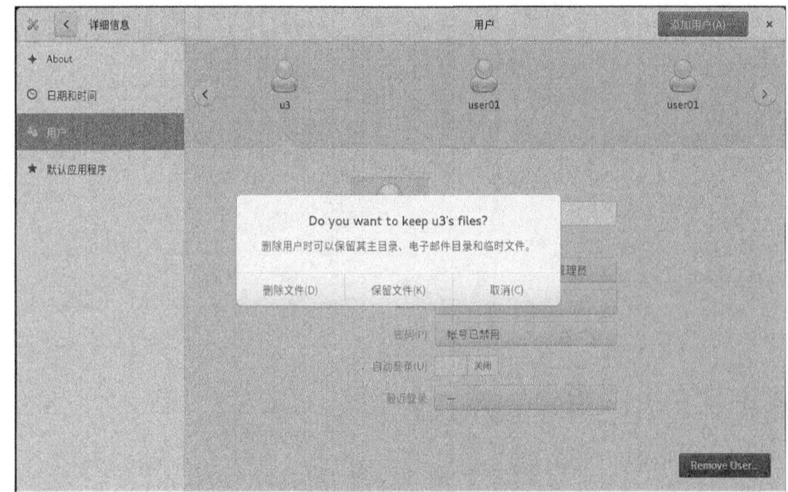

图 5-8　删除用户界面

5.4　案例 3：权限管理

【案例目的】通过权限管理的学习，掌握文件和目录的权限表示方法，以及不同用户对文件或目录的权限的设置方法。

【案例内容】

1）用 root 用户登录，在根目录下新建一目录 test1，并新建两个用户 u1 和 u2，设置文件的权限，当用户 u1 登录时，不能查看/test1 内容，能进入到/test1 目录，能建立属于 u1 用户的文件；当用户 u2 登录时，能查看/test1 目录，但不能进入到/test1 目录中，也不能建立属于 u2 用户的文件。

2）以 root 身份登录，在 test1 目录下新建一个文件 ff 与目录 dd，观察新建文件及目录的权限，进行一定的设置，让新建的目录具有写与执行的权限，同组和其他用户没有任何权限。

3）进行设置，把文件的所属用户变为 u2 用户，同时使目录 dd 具有读、写、执行的权限。

4）利用 u2 用户登录，来观察对 dd 的操作情况。

【核心知识】权限的表示方法以及权限的设定方法。

5.4.1　文件和目录的权限管理

文件/目录权限是一种限制用户对文件或目录操作的规则。文件和目录的访问权限分为读、写和可执行 3 种。对文件而言，读权限表示只允许读其内容，禁止对其做任何的更改操作；写权限允许对文件进行修改；可执行权限表示允许将该文件作为一个程序执行。

文件被创建时，文件所有者自动拥有对该文件的读、写和可执行权限，以便于文件的阅读和修改。对目录而言，读权限是检查目录内容；写权限是指改变目录内容，在目录中建立子目录和新文件；执行权限是指可以使用 cd 命令进入目录。用户可以根据需要把访问权限设置为所需要的任何组合。

有 3 种不同类型的用户可以对文件或目录进行访问：文件所有者、同组用户和其他用户。文件所有者一般是文件的创建者，它可以授权同组用户访问文件，还可以将文件的访问权限赋予系统中其他用户。在这种情况下，系统中每一位用户都能访问该用户拥有的文件和目录。

每一个文件或目录的访问权限都有 3 组，每组用 3 位表示，分别为：文件属主的读、写和执行权限；与属主同组的用户的读、写和执行权限；系统中其他用户的读、写和执行权限。当用 ls -l 显示文件或目录的详细信息时，最左边的一列为文件的访问权限。例如：

```
[root@localhost~]# ls -l pyh.tar.gz
-rw-r--r--    1 root     root     13297  9月  18 09:31 pyh.tar.gz
```

横线代表不具有该权限。r 代表读，w 代表写，x 代表可执行。这里共有 10 个位置。第 1 个字符指定了文件类型，第 1 个字符是横线表示一个普通文件；d 表示一个目录；l 表示符号链接文件；c 表示字符设备文件；b 表示块设备文件。后面的 9 个字符表示文件的访问权限，分为 3 组，每组 3 位：第 1 组表示文件属主的权限，为读写权限；第 2 组表示同组用户的权限，为只读权限；第 3 组表示其他用户的权限，为只读权限。

5.4.2　权限的设置方法

1. 使用 chmod 命令改变文件或目录的访问权限

权限的设置方法有两种，一种是包含字母和操作表达式的文字设置法；另一种是包含数字的数字设置法。

chmod 命令的功能是设置用户的文件操作权限。

（1）文字设置方法

```
chmod [操作对象] [操作符] [权限]    文件名
```

1）操作对象。

- u 表示用户，即文件或目录的所有者。
- g 表示同组用户，即与文件属主有相同组 ID 的所有用户。
- o 表示其他用户。
- a 表示所有用户。

2）操作符号。

- + 表示添加某个权限。
- – 表示取消某个权限。
- = 表示赋予给定权限并取消其他所有权限。

3）权限组合。

- r-- 表示读。
- -w- 表示写。
- --x 表示可执行。
- rw- 表示可读可写。
- -wx 表示写和执行。
- r-x 表示读和执行。
- rwx 表示读写和执行。
- --- 表示没有任何权限。

例如：

```
[root@localhost~]# chmod  o+w  /home/abc.txt
//对 home/abc.txt 的其他用户添加写权限
[root@localhost~]# chmod  u-w   /home/abc.txt
//对 home/abc.txt 的属主用户取消写权限
[root@localhost~]# chmod  o-rx   /home/abc.txt
//对 home/abc.txt 的其他用户取消读和执行权限
[root@localhost~]# chmod  o=rx   /home/abc.txt
//对 home/abc.txt 的其他用户赋予读和执行权限
```

又如，对文件 pyh.tar.gz 同组和其他用户增加写权限，用如下命令。

```
[root@localhost~]# chmod g+w,o+w pyh.tar.gz
```

☞提示：

在一个命令行中可给出多个权限方式，它们之间用逗号隔开。

（2）数字设置方法

```
chmod  [权限值] 文件名
```

数字属性的格式应为 3 个 0~7 的八进制数，用户顺序是（u）（g）（o）。数字表示法与文字表示法功能等价，只不过比文字更加简便。数字表示的属性含义为：4 表示可读；2 表示可写；1 表示可执行；7 表示可读写和可执行；6 表示可读可写；5 表示可读和执行；3 表示写和可执行；0 代表没有权限。

例如，/home/abc.txt 文件的属主用户具有可读可写，同组用户可读可写，其他用户可读。

```
[root@localhost~]# chmod  664   /home/abc.txt
```

又如，对文件 pyh.tar.gz 属主用户具有读写和执行权限，同组用户具有读和执行权限，其他用户没有任何权限。使用如下命令：

```
[root@localhost~]# chmod 750 pyh.tar.gz
```

案例分解 1

1）用 root 用户登录，在根目录下新建一个目录 test1，并新建两个用户 u1 和 u2，设置文件的权限：当用户 u1 登录时，不能查看/test1 内容，能进入到/test1 目录，并能建立属于 u1 用户的文件；当用户 u2 登录时，能查看/test1 目录，但不能进入到/test1 目录中，也不能建立属于 u2 用户的文件。

分析：root 用户有读写执行的权限，u1 用户有写和执行的权限，u2 用户只有读权限

```
[root@localhost ~]# mkdir /test1
[root@localhost ~]# useradd  u1; useradd  u2
```

```
[root@localhost ~]# gpasswd -a u1 root        //把 u1 用户添加到 root 组
或者 [root@localhost ~]# usermod -G root u1
//修改/test 权限，属主用户读写执行权限，同组用户写和执行权限，其他用户只有读权限
[root@localhost ~]# chmod 734 /test1
```

设置完后，切换到 u1 和 u2 用户分别进行验证其权限。

```
[root@localhost /]# su u1
[u1@localhost /]$ cd test1
[u1@localhost test1]$ mkdir abc
[u1@localhost test1]$ ls
ls: 无法打开目录'.': 权限不够
[u1@localhost test1]$

[root@localhost /]# su u2
[u2@localhost /]$ cd test1
bash: cd: test1: 权限不够
[u2@localhost /]$ mkdir tt
mkdir: 无法创建目录 "tt": 权限不够
[u2@localhost /]$ ls /test1
ls: 无法访问'/test1/abc': 权限不够
abc
[u2@localhost /]$ █
```

验证结果显示，u1 和 u2 用户的操作权限符合其权限。

2）以 root 身份登录，在 test1 目录下新建一个文件 ff 与目录 dd，观察新建文件及目录的权限，进行一定的设置，让新建的目录具有写与执行的权限；同组和其他用户没有任何权限。

```
[root@localhost /]# cd test1
[root@localhost test1]# touch ff
[root@localhost test1]# mkdir dd
[root@localhost test1]# ls -l
总用量 0
drwxrwxr-x. 2 u1   u1   6 1月 26 10:40 abc
drwxr-xr-x. 2 root root 6 1月 26 10:46 dd
-rw-r--r--. 1 root root 0 1月 26 10:46 ff
[root@localhost test1]# chmod 300 dd
[root@localhost test1]# ls -l
总用量 0
drwxrwxr-x. 2 u1   u1   6 1月 26 10:40 abc
d-wx------. 2 root root 6 1月 26 10:46 dd
-rw-r--r--. 1 root root 0 1月 26 10:46 ff
[root@localhost test1]# █
```

2．使用命令 chown 更改文件或目录的所有权

该命令的功能是改变文件拥有者。

该命令的格式为：

```
chown <用户名> <文件名>
```

例如：

```
[root@localhost ~]# chown user1 f1
```

案例分解 2

3）进行设置，把目录文件 dd 的所属用户变为 u2 用户；同时使目录 dd 具有读、写、执行的权限。

```
[root@localhost test]# chown u2 dd
[root@localhost test]# ls -l
总用量 4
drwx------. 2 u2   root    6 1月  25  23:41 dd
-rw-r--r--. 1 root  root  938 1月  23  17:11 tab
[root@localhost test]# chmod 700 /test/dd
[root@localhost test]# ls -l
总用量 4
drwx------. 2 root  root  6   1月  25  23:41 dd
-rw-r--r--. 1 root  root  938 1月  23  17:11 tab
```

4）利用 u2 用户登录，来观察对 dd 的操作情况。

```
[root@localhost test]# su u2
[u2@localhost test]$ cd  dd
[u2@localhost dd]$ mkdir tt
[u2@localhost dd]$ ls -l
总用量 0
drwxrwxr-x. 2 u2  u2_6 1月  25  23:56 tt
```

用户的验证结果显示 u2 用户能进入到 dd 目录中，能在 dd 目录下建立 tt 目录。

而且能够查看 dd 目录下的内容

3．chgrp 命令

该命令的功能是更改文件所属的组。

该命令的格式为：

```
chgrp  <组名称 >  <文件名>
```

例如：

```
[root@localhost ~]# chgrp  ahxh  /home/abc.txt
```

4．umask 命令

该命令的功能是设置权限掩码（决定新建文件的权限）。umask 指定了创建目录或文件时，默认需要取消的权限。目录默认情况下的权限是 777，文件默认情况下的权限是 666。新创建的目录默认权限为 777-umask，文件默认权限为 666-umask。比如设置 umask 为 000，重新创建一下目录和权限，可以看到目录 test 的权限被设置为 777，文件 test.txt 的权限被设置为 666。

该命令的格式为：

```
umask   权限值
```

例如：

```
[root@localhost ~]# umask  0044
```

☞提示：

超级用户默认掩码值为 0022，普通用户默认为 0002。

5.5　上机实训

4

1．实训目的

1）熟练掌握 Linux 利用命令方式实现用户和组的管理。

2）熟练掌握 Linux 利用命令方式实现权限管理。

3）熟练掌握用户和组的管理文件。

2．实训内容

（1）用户的管理

1）以自己姓名的英文缩写 xxx 来创建一个用户，并设置密码为“12345678”。

2）再创建一个用户 test。

3）再创建一个用户 ah，uid 为 1900。

4）查看/etc/passwd 文件并进行分析。

5

5）修改 xxx 用户登录名为 user1、修改主目录及登录的 shell 信息，并查看/etc/passwd 文件有什么变化。

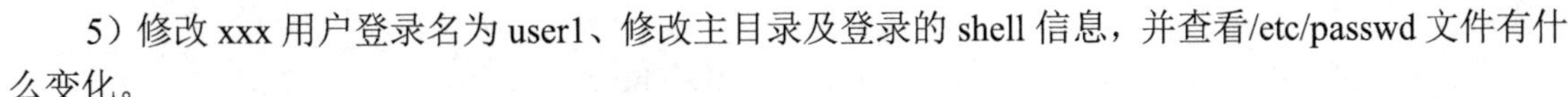

6）用新建的用户登录，锁定用户并尝试再次登录。

7）删除新建用户。

（2）组的管理

1）以自己的班级（如 class）来创建一个组，再创建一个 group1 组，查看/etc/group 文件的变化。

2）把 ah 用户加入到班级组，把 test 用户加入到 group1 组,查看/etc/group 文件的变化。

3）删除班级组的用户 ah 用户，查看/etc/group 文件的变化。

4）删除 group1 组。

（3）权限管理

1）以 root 身份登录，在根目录下，创建一个目录 ahxh。查看该文件权限。

2）以 ah 用户登录，能查看 ahxh 目录里面的内容，能进入到该目录中；但不能在该目录下创建新的文件；以 test 用户登录，能进入到 ahxh 目录中，但不能查看也不能创建新的文件。

6

3）查看 ahxh 目录权限。

3．实训总结

通过本次实训，熟练掌握用户和组的创建、修改和删除等操作，实现一个组可以包含多个用户。一个用户可以属于不同的组，可以给不同用户和组分配不同的权限。对文件系统进行合理管理，保证文件数据安全。

5.6　课后习题

一、选择题

1．root 用户和普通用户相比，新建普通文件的默认权限分别是（　　）。

A．644 和 666　　B．740 和 666　　C．644 和 664　　D．644 和 666

2．root 用户和普通用户相比，新建目录的默认权限分别是（　　）。

A．744 和 766　　B．740 和 766　　C．755 和 775　　D．744 和 764

3．要给所有的用户读取权限，用数字（　　）表示。

A．441　　B．444　　C．222　　D．111

4．root 用户的 UID 和 GID 分别为（　　）。

A．2 和 0　　B．0 和 0　　C．1 和 0　　D．500 和 500

5．创建一个用户，指定用户的自家目录，参数为（　　）。

A．-u　　B．-d　　C．-g　　D．-M

6．如果现在要新增一个名为 china 的用户，则用（　　）命令。

A．groupadd china　　B．useradd china　　C．mkdir china　　D．vi china

7．以下文件中，用来保存用户账号信息的是（　　）。

A．/etc/users　　B．/etc/shadow　　C．/etc/passwd　　D．/etc/fstab

8．以下文件中，用来保存组群账号信息的是（　　）。

A．/etc/gshadow　　B．/etc/shadow　　C．/etc/passwd　　D．/etc/group

9．以下文件中，用来保存用户账号加密信息的是（　　）。

A．/etc/users　　B．/etc/shadow　　C．/etc/passwd　　D．/etc/fstab

10．为了修改文件 test 的许可模式，使其文件属主具有读、写和运行的权限，组和其他用户可以读和运行，可以采用的方法是（　　）。

A．chmod 755 test　　B．chmod 700 test

C．chmod ux+rwx test　　D．chmod g-w test

11．使用 chmod 命令修改文件权限时，可以使用的有关用户的选项参数有（　　）。

A．g　　B．u　　C．a　　D．o

12．将/目录下的 www 文件权限改为仅主用户有执行的权限，其他人都没有的命令是（　　）。

A．chmod 100 /www　　B．chmod 001 /www

C．chmod u+x ,g-x,o-x /www　　D．chmod o-x,g-x,u-x /www

13．/etc/passwd 文件中包含的信息有（　　）。

A．uid　　B．gid　　C．用户主目录　　D．shell

14．统计显示 Linux 系统中注册的用户数量（包含系统用户）的命令是（　　）。

A．account -l　　B．wc -users　/etc/passwd

C．wc　/etc/passwd　　D．nl /etc/passwd

15．下面命令中，可以删除一个名为 tom 的用户同时删除其用户主目录的是（　　）。

A．rmuser tom　　B．userdel tom　　C．userdel -r tom　　D．deluser -r tom

16．执行 chmod g+rw file 命令后，file 文件的权限变化是（　　）。

A．同组用户可读写　　B．所有用户可读写

C．其他用户可读写　　D．文件所有者可读写

17．若要改变一个文件的拥有者，可通过（　　）命令来实现。

A．chmod　　B．chown　　C．usermod　　D．gpasswd

18．一个文件的权限为 drwxrwxrw-，则下列说法错误的是（　　）。

A．任何用户都可读写　　B．root 用户可删除该目录的文件

C．给普通用户以文件所有者权限　　D．文件所有者有权删除该目录的文件

二、问答题

1．创建一用户 user，设置其口令为“abc123”，并加入到组 group（假设 group 组已存在）。请依次写出相应执行的命令。

2．以自己姓名的英文缩写来创建一个用户，UID=1900，其余默认；创建组名为 usergroup，GID=1800 的用户组；把新创建的用户加入到附加组 usergroup 内，修改新建用户的用户名为 newuser；修改组 usergroup 的组名为 usergroup-new，GID=2000。请依次写出相应执行的命令。

3．在根目录下有一个目录 newdir，设置 newdir 目录的权限，属主用户有读、写、执行的权限，同组用户有读和执行的权限，其他用户没有任何权限。请依次写出相应执行的命令。

4．以 root 身份登录，在根目录下，创建一个目录 newtest，并在该目录下新建一个文件及子目录，设置 newtest 目录的权限，使其以 newuser 用户登录，能查看 newtest 目录里面的内容，并能进入该目录之中，但不能在该目录下创建新的文件；以 test 用户登录，只能查看目录内容，不能进入 newtest 目录中，也不能在 newtest 中创建新的文件。请依次写出相应执行的命令。

第 6 章　软件包的管理

Linux 操作系统提供了 RPM 软件包的管理，可完成软件包的查询、安装、卸载、升级和验证。同时还提供了多种文件压缩的工具，使用户可以对某些文件进行压缩，以减少文件占用的硬盘空间和方便网络传输。并且，Linux 还提供了对文件打包的功能，用户可以使用其将若干文件或目录打包成一个软件包。下面将详细介绍 Red Hat Enterprise Linux 8.2 下各种常见的软件包管理方式。

6.1　案例 1：RPM 软件包的管理

【案例目的】掌握 Linux 下多种服务的查询、安装以及卸载。

【案例内容】

1）查询所用机器中安装的软件。

2）查询 FTP、Samba、Apache、DHCP、DNS 及 MySQL 服务器的安装情况。

3）如果没有安装则进行安装，如安装 Apache 服务器。

【核心知识】RPM 软件包的查询、安装、卸载等使用方法。

RPM（Red Hat Package Manager）是 Red Hat 公司发行的一种包管理方法。该工具包由于简单、操作方便，可以实现软件的查询、安装、卸载、升级和验证等功能，为 Linux 使用者节省了大量空间，所以被广泛应用于 Linux 下的安装、删除软件。RPM 包通常具有类似 foo-1.0-1.i386.rpm 的文件名，文件名包含名称（foo）、版本号（1.0）、发行号（1）和硬件平台（i386）。RPM 的详细使用说明可以在 Linux 终端通过执行“man rpm”命令显示出来。

6.1.1　查询 RPM 包的命令

命令格式：

```
rpm -q[ 其他选项] [详细选项] [软件包名称]
```

其他选项如下。

- a：查询已安装的所有软件包。
- f　文件（全路径）：查询指定文件所属的软件包。
- i　软件包名称：查询已安装软件包的详细信息。
- l　软件包名称：查询已安装软件包所包含的所有文件。

例如：

```
[root@localhost~]#rpm -q  bind          //查询软件包名为BIND的软件是否安装
[root@localhost~]#rpm -qa                      //查询已安装的所有软件包
[root@localhost~]#rpm -qf /etc/named.conf     //查询/etc/named.conf文件所属的RPM包
[root@localhost~]#rpm -qi bind          //查询已安装软件包BIND详细信息
[root@localhost~]#rpm -ql bind          //查询已安装软件包BIND所包含的所有文件
```

案例分解 1

1）查询所用机器中安装的软件。

```
[root@localhost ~]# rpm -qa
```

2）查询 FTP、Samba、Apache、DNS、DHCP 和 MySQL 服务器的安装情况。

```
[root@localhost ~]# rpm -qa|grep vsftpd
[root@localhost ~]# rpm -qa|grep samba
[root@localhost ~]# rpm -qa|grep httpd
[root@localhost ~]# rpm -qa|grep bind
[root@localhost ~]# rpm -qa|grep dhcp
[root@localhost ~]# rpm -qa|grep mysql
```

从图 6-1 中可以看到，FTP、Samba、Apache、DNS、DHCP 服务器都已安装，MySQL 服务没有安装。

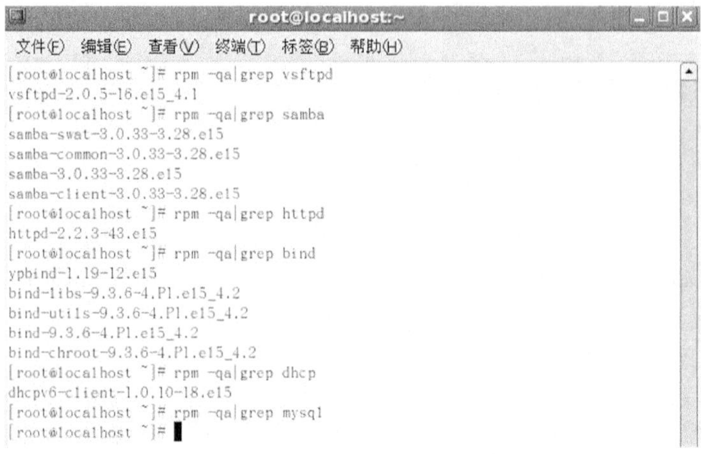

图 6-1　查询软件安装情况

6.1.2　RPM 包的安装

命令格式：

```
rpm -ivh   [详细选项]   软件包名称
```

其中，-ivh 表示安装 RPM 包并显示安装进度。

详细选项及含义如下。

- --test：表示测试安装并不实际安装。
- --prefix= 路径：指定安装路径。
- --nodeps：忽略包之间的依赖关系。

例如：

```
[root@localhost~]#rpm -ivh  foo-1.0-1.i386.rpm            //安装软件 foo
[root@localhost~]#rpm -ivh  --nodeps  bind-9.0-8.i386.rpm
     //忽略包之间的关系安装 DNS 服务
```

RPM 包的安装方式主要包括如下几种。

1）普通安装。普通安装是使用最多的安装方式，通过采用安装参数 ivh，显示附加信息并以符号#显示安装进度，如：

```
//安装当前目录下的 xplns-elm 软件包，显示安装过程的详细信息，用#表示安装进度
[root@localhost~]# rpm -ivh xplns-elm-3.3.1-1.i386.rpm
Preparing... ####################################################### [100%]
1:xplns-elm ####################################################### [100%]
```

2）测试安装。用户对安装不确定时可以先使用该种安装方式，此种方式开始时并不实际安装，

无错误信息显示后再真正实际安装。如：

```
[root@localhost~]#rpm -i  --test xplns-elm-3.3.1-1.i386.rpm
```

3）强制安装。强制安装软件，会忽略软件包之间的依赖关系以及文件的冲突。若对软件包之间的依赖关系很清楚，而且确实要忽视文件的冲突，可以选择强制安装。如：

```
[root@localhost~]#rpm -ivh --force xplns-elm-3.3.1-1.i386.rpm
```

6.1.3　RPM 包升级安装

命令格式：

```
rpm -Uvh [详细选细] 软件包名称
```

其中，-Uvh 表示升级安装且显示安装进度（U 一定要大写，Linux 下严格区分大小写）。升级安装详细选项与安装的相同。

例如：

```
[root@localhost~]#rpm -Uvh  bind-10.1-1.i386.rpm  //更新系统中的 DNS 服务软件包
```

6.1.4　卸载 RPM 包

命令格式：

```
rpm  -e  [详细信息] 软件名称
```

其中，-e 表示卸载软件包。

详细选项及含义如下。

- --nodeps：忽略包之间的依赖关系。

例如：

```
[root@localhost~]#rpm -e bind                        //卸载 DNS 服务
[root@localhost~]#rpm -e -nodeps vsftpd         //强制卸载 FTP 服务
```

☞提示：

这里使用的是软件包的名称，而不是软件包的文件名。
强制卸载忽略了软件包的依赖关系，可能会使依赖于该软件包的程序无法运行。

6.1.5　RPM 软件包的验证

验证软件包是通过比较已安装的文件和软件包中的原始文件信息来进行的。验证过程中会比较文件的尺寸、MD5 校验码、文件权限、类型、属主和用户组等。

验证单个包：

```
[root@localhost~]#rpm -V package-name
```

验证包含特定文件的包：

```
[root@localhost~]#rpm -Vf  /bin/vi
```

验证所有已安装的软件包：

```
[root@localhost root]#rpm -Va
```

根据 RPM 文件来验证软件包（用户担心 RPM 数据库已被破坏）：

```
[root@localhost root]#rpm -Vp xplns-elm-3.3.1-1.i386.rpm
```

6.2　案例 2：归档/压缩文件

【**案例目的**】使用 tar 命令完成文件的打包，能够在文件包中添加文件、显示包文件和从包中删除文件。

【**案例内容**】

1）用 tar 命令归档/myfile 目录下的文件，指明创建文件并列出详细过程，文件名为 myfiles.tar。

2）把文件 file1、file2 打包为 archive.tar。

3）从打包文件 myfiles.tar 中取出文件。

4）创建 file3 并追加到名称为 myfiles.tar 的文件。

【**核心知识**】tar 命令及其相关选项。

tar 命令是 Linux 下最常用的文件打包工具，可以将若干文件或若干目录打包成一个文件，既有利于文件管理，也可方便地压缩和网络传输文件。利用 tar 命令可以为文件或目录创建档案，也可以在档案中改变文件，或者向档案中加入新文件。

6.2.1　创建 tar 文件

创建 tar 文件的命令格式为：

```
tar [主选项+辅助选项] 文件或目录
```

主选项说明如下。

- -c：创建一个新的 tar 文件。
- -r：在 tar 文件尾部追加文件。
- -t：显示 tar 文件内容。
- -u：更新 tar 文件。
- -x：从 tar 文件中取出文件。
- -delete：从 tar 文件中删除文件。
- -d：比较 tar 文件或文件系统的不同之处。

辅助选项说明如下。

- -f：使用 tar 文件。
- -v：显示处理文件的详细信息。
- -X：排除文件集合。
- -z：用 gzip 压缩或解压文件。
- -C：改变目录。

创建一个 tar 文件主要使用参数 c，并指明创建 tar 文件的文件名。下面假设当前目录下有 smart 和 xplns 两个子目录以及 cpuinfo.txt、smart.txt、tar.txt、tar-create.txt 四个文件，smart 目录下有 smartsuite-2.1-2.i386.rpm 文件，xplns 目录下有 xplns-cat-3.3.1-1.i386.rpm、xplns-elm-3.3.1.i386.rpm 和 xplns-img-3.3.1-1.i386.rpm 三个文件。用“s-l”命令显示当前目录下的文件信息如下。

```
[root@localhost~]# ls  -l  ./*
-rwx------  1  root  root  7433   4月 12   21: 25  ./tar.txt
-rwx------  1  root  root   226   4月 12   21: 25  ./tar-create.txt
-rwx------  1  root  root    26   4月 12   21: 25  ./smart.txt
-rwx------  1  root  root    26   4月 12   21: 25  ./cpuinfo.txt

./ xplns
总用量 1613
```

```
-rwx------  1 root  root   793828   4月12  21: 26  xplns-img-3.3.1-1.i386.rpm
-rwx------  1 root  root   572471   4月12  21: 26  xplns-elm-3.3.1-1.i386.rpm
-rwx------  1 root  root  1933576   4月12  21: 26  xplns- cat-3.3.1-1.i386.rpm

./smart
总用量 17
-rwx------  1 root  root  34475  4月12  21: 25  smartsuite-2.1-2.i386.rpm
```

例如，把当前目录下的所有文件打包成 aaa.tar 文件，命令如下。

```
// c 指明创建 tar，v 显示处理文件详细过程，f 指明创建文件
[root@localhost~]# tar  -cvf  aaa.tar  ./*
. /cpuinfo.txt
. /smart
. /smart/ smartsuite-2.1-2.i386.rpm
. /smart.txt
. /tar-create.txt
. /tar.txt
. /xplns- cat-3.3.1-1.i386.rpm
. /xplns-elm-3.3.1-1.i386.rpm
. /xplns/ xplns-img-3.3.1-1.i386.rpm
```

然后显示当前目录下的所有文件。从显示结果可以发现，当前目录下多了一个 aaa.tar 文件，就是刚才创建的文件。

```
[root@localhost~]#ls  -l
-rwx------  1  root  root  3358720  4月 12  19: 35  cpuinfo.txt
-rwx------  1  root  root  6717440  4月 12  19: 36  aaa.tar
drwx------  1  root  root        0  4月 12  21: 37  smart
-rwx------  1  root  root       26  4月 12  21: 25  ./smart.txt
-rwx------  1  root  root      226  4月 12  19: 25  ./tar-create.txt
-rwx------  1  root  root     7433  4月 12  19: 25  ./tar.txt
drwx------  1  root  root     4096  4月 12  19: 34  xplns
```

案例分解 1

1）用 tar 命令归档/myfile 目录下的文件，创建文件名为 myfiles.tar 的文件并列出详细过程。

```
[root@localhost~]# tar  -cvf  myfiles.tar  ./myfile/*
```

2）把文件 file1、file2 打包为 archive.tar。

```
[root@localhost~]# tar -cf  archive.tar  file1  file2
```

6.2.2　显示 tar 文件内容

对于一个已存在的 tar 文件，用户可能想了解其内容，即该文件是由哪些文件和目录打包而来的。

例如，显示刚才产生的 aaa.tar 文件的内容。

```
// t 参数显示文件的信息
[root@localhost~]# tar  -tf  aaa.tar
. /cpuinfo.txt
. /smart
. /smart/ smartsuite-2.1-2.i386.rpm
. /smart.txt
. /tar-create.txt
. /tar.txt
```

```
. /xplns- cat-3.3.1-1.i386.rpm
. /xplns-elm-3.3.1-1.i386.rpm
. /xplns/ xplns-img-3.3.1-1.i386.rpm
```

6.2.3 从 tar 文件中取文件

对已经存在的 tar 文件解包，可以使用带“-x”主参数的 tar 命令实现。

例如，对刚才产生的 aaa.tar 文件解包，内容如下。

```
[root@localhost~]# tar  -xvf   aaa.tar
. /cpuinfo.txt
. /smart
. /smart/ smartsuite-2.1-2.i386.rpm
. /smart.txt
. /tar-create.txt
. /tar.txt
. /xplns- cat-3.3.1-1.i386.rpm
. /xplns-elm-3.3.1-1.i386.rpm
. /xplns/ xplns-img-3.3.1-1.i386.rpm
```

案例分解 2

3）从打包文件 myfiles.tar 中取出文件。

```
[root@localhost~]#tar  -xvf  myfiles.tar
```

6.2.4 向 tar 文件中追加文件

可以向已经存在的一个 tar 文件中添加一个文件或目录，使用带“-r”主参数的 tar 命令实现。

例如，向 tar 包 aaa.tar 的尾部追加文件 myfile，命令如下。

```
[root@localhost~]# tar  -rf  aaa.tar myfile
```

案例分解 3

4）创建 file3 并追加到名称为 myfiles.tar 的文件。

```
[root@localhost~]# touch  file3
[root@localhost~] # tar  -rf  myfiles.tar file3
```

6.3 案例 3：yum/dnf 在线软件包管理

【案例目的】掌握 dnf 在线软件包的安装、查询及卸载。

【案例内容】

1）dnf 安装 mysql。

2）dnf 安装模块 virt。

3）dnf 显示指定软件包的相关信息。

4）dnf 列出指定软件包的安装情况。

5）dnf 删除指定的软件包。

6）dnf 升级指定的软件包。

7）dnf 删除模块 virt。

【核心知识】dnf 在线软件包的安装、查询及卸载。

6.3.1　dnf 软件包管理器概述

dnf 是 dandified yum 的简称，是基于 rpm 软件包的 Linux 发行版本上的软件包管理器。它能够从指定的服务器自动下载 RPM 包并安装，可以自动处理依赖性关系，并且一次安装所有依赖的软件包，无须一次次地下载和安装，便于大型系统进行软件更新。RHEL 8 中默认使用的软件批量管理工具由原版本的 yum 换成了速度更快的 dnf，原有的 yum 命令仅为 dnf 的软链接，当然可以依旧使用。

dnf 软件包管理器与 yum 软件包管理器的区别如下。

1）yum 软件包禁止删除正在使用的内核，而 dnf 软件包管理器则允许删除所有内核，包括正在使用的内核。

2）在更新软件包时，yum 软件包管理器不进行依赖包相关性检查，而 dnf 软件包管理器如果检查到存在不相关的依赖包，则不会进行软件包的更新。

3）dnf 软件包管理器使得维护软件包变得更容易，能优化内存、加快执行速度。

4）dnf 软件包管理器依赖包解析速度比 yum 软件包管理器快，且消耗的内存更少。

6.3.2　dnf 软件包管理器配置

dnf 配置文件分为两部分：main 和 repository。main 部分定义了全局配置项，整个 DNF 配置文件应该只有一个 main，位于/etc/yun.conf 文件中；repository 部分定义了每个源/服务器的具体配置。

1．主配置文件

打开/etc/yum.conf 文件。

```
[main]              //通用主配置段
gpgcheck=1          //有 1 和 0 两个选择，分别代表是否进行 gpg 校验
installonly_limit=3
//允许同时安装多个软件包。设置为 0 将禁用此功能。
clean_requirements_on_remove=True
//当删除软件包时，遍历每个软件包的依赖项。如果任何其他软件包不再需要它们中的任何一项，
则还应将它们标记为要删除
best=True           //升级软件时，总是安装最高版本
```

2．创建本地的 dnf 源（repository）

RHEL 8 中，Red Hat 提出一个新的设计理念，即 AppStream（应用程序串流），这样就可以比以往更轻松地升级用户控件软件包，同时保留核心操作系统软件包，用户空间软件包不必等待操作系统的大版本更新，通过打包成安装包即可执行更新。

RHEL 8 中软件包的发布主要通过两个仓库（repositories）——BaseOS 和 AppStream。BaseOS 仓库以传统 RPM 软件包的形式提供操作系统底层软件的核心集，包括操作系统必备的功能，BaseOS 仓库中软件包的生命周期和 RHEL 发行版本一致。AppStream 以模块或传统 RPM 软件包的形式提供具有不同生命周期的软件。AppStream 包含模块，一个模块描述了一个具有相互关联的 RPM 软件包的集合。BaseOS 和 AppStream 是 RHEL 8 系统的必要组成部分。

将光盘作为本地资源库的操作步骤。

在 RHEL 8.2 不联网的情况下；使用 REHL 8.2 镜像文件。

（1）挂载光盘。

```
[root@localhost ~]# mount  /dev/cdrom  /mnt
//将加载镜像文件光盘挂载到挂载点/mnt
```

```
[root@rhel8 ~]# mount /dev/cdrom /mnt
mount: /mnt: WARNING: device write-protected, mounted read-only.
[root@rhel8 ~]# cd /mnt
[root@rhel8 mnt]# ls
AppStream  EULA              images      RPM-GPG-KEY-redhat-beta
BaseOS     extra_files.json  isolinux    RPM-GPG-KEY-redhat-release
EFI        GPL               media.repo  TRANS.TBL
[root@rhel8 mnt]#
```

（2）将 media.repo 文件从安装目录复制到/etc/yum.repos.d/并修改文件名为 rhel8.2.repo。

```
[root@localhost ~]# cp -v media.repo  /etc/yum.repos.d/rhel8.2.repo
```

```
[root@rhel8 mnt]# cp -v media.repo /etc/yum.repos.d/rhel8.2.repo
'media.repo' -> '/etc/yum.repos.d/rhel8.2.repo'
[root@rhel8 mnt]# cd /etc/yum.repos.d
[root@rhel8 yum.repos.d]# ls
redhat.repo  rhel8.2.repo
[root@rhel8 yum.repos.d]#
```

（3）打开 rhel8.2.repo 文件。

```
[root@localhost ~]# vim  rhel8.2.repo  // 打开 rhel8.2.repo 文件显示内容
```

```
[InstallMedia]
name=Red Hat Enterprise Linux 8.2.0
mediaid=None
metadata_expire=-1
gpgcheck=0
cost=500
```

（4）编辑修改 rhel8.2.repo 文件内容。

在编辑的过程中，系统提示该文件是只读文件，要想保存需要先保存为另外一个文件，然后复制为 rhel8.2.repo。

```
[root@localhost ~]#vim rhel8.2.repo
[InstallMedia-BaseOS]     //用于区别不同的 repository，名称必须唯一
name=Red Hat Enterprise Linux 8.2.0-BaseOS  //对 repositry 的描述：baseOS
metadata_expire=-1        //永不过期
enabled =1                //表示软件源是启用的，设置 0 为禁用此功能
gpgcheck=1                //对 rpm 包进行 gpg 校验，以确定 rpm 包来源的有效和安全
baseurl=file:///mnt/BaseOS  //指定 baseurl，其中 url 支持的协议有 http://、
                            //ftp://、file: //；baseurl 后面可以有多个 url，
                            //但 baseurl 只能有一个
gpgkey=file:///etc/pki/rpm-gpg/RPM-GPG-KEY-redhat-release  //定义用于校验
                                                           //的 gpg 密钥
[InstallMedia-AppStream]    //对 repository 的描述：AppStream
name=Red Hat Enterprise Linux 8.2.0-AppStream
metadata_expire=-1
enabled =1
gpgcheck=1
baseurl=file:///mnt/AppStream
gpgkey=file:///etc/pki/rpm-gpg/RPM-GPG-KEY-redhat-release
```

```
root@localhost:/etc/yum.repos.d
文件(F) 编辑(E) 查看(V) 搜索(S) 终端(T) 帮助(H)
[InstallMedia-BaseOS]
name=Red Hat Enterprise Linux 8.2.0-BaseOS
metadata_expire=-1
enabled=1
gpgcheck=1
baseurl=file:///mnt/BaseOS
gpgkey=file:///etc/pki/rpm-gpg/RPM-GPG-KEY-redhat-release

[InstallMedia-AppStream]
name=Red Hat Enterprise Linux 8.2.0-AppStream
metadata_expire=-1
enabled=1
gpgcheck=1
baseurl=file:///mnt/AppStream
gpgkey=file:///etc/pki/rpm-gpg/RPM-GPG-KEY-redhat-release

-- 插入 --                                   1,11        全部
```

（5）清理 Yum / DNF 和 Subscription Manager 缓存。

```
[root@localhost ~]# dnf clean all
[root@localhost ~]# subscription-manager clean
```

```
[root@rhel8 /]# dnf clean all
Updating Subscription Management repositories.
Unable to read consumer identity
This system is not registered to Red Hat Subscription Management. You can use subscription-manager to register.
0 文件已删除
[root@rhel8 /]# subscription-manager clean
已删除所有本地数据
[root@rhel8 /]#
```

（6）验证 Yum / DNF 是否正在从本地仓库获取软件包

```
[root@localhost ~]# dnf repolist
```

```
[root@rhel8 /]# dnf repolist
Updating Subscription Management repositories.
Unable to read consumer identity
This system is not registered to Red Hat Subscription Management. You can use subscription-manager to register.
仓库标识                                        仓库名称
InstallMedia-AppStream                          Red Hat Enterprise Linux 8.2.0-AppStream
InstallMedia-BaseOS                             Red Hat Enterprise Linux 8.2.0-BaseOS
[root@rhel8 /]#
```

注意到了以上命令输出时，收到警告消息“该系统未注册到 Red Hat Subscription Management”。可以使用 subscription-manager 进行注册，如果要在运行 dnf /yum 命令时禁止或阻止此消息，请编辑文件“/etc/yum/pluginconf.d/subscription-manager.conf”，将参数“enabled = 1”更改为“enabled = 0”。

```
[root@localhost ~]# vim /etc/yum/pluginconf.d/subscription-manager.conf
```

```
root@localhost:/
文件(F)  编辑(E)  查看(V)  搜索(S)  终端(T)  帮助(H)
[main]
enabled=0

# When following option is set to 1, then all repositories defined outside redhat.repo will be disabled
# every time subscription-manager plugin is triggered by dnf or yum
disable_system_repos=0

-- 插入 --                                                        2,10          全部
```

（7）测试使用 DNF / Yum 安装软件包

```
[root@localhost ~]# dnf  repolist   或 [root@localhost ~]#yum repolist
//列出默认情况下启用的所有软件仓库
```

```
[root@rhel8 /]# dnf repolist
仓库标识                                        仓库名称
InstallMedia-AppStream                          Red Hat Enterprise Linux 8.2.0-AppStream
InstallMedia-BaseOS                             Red Hat Enterprise Linux 8.2.0-BaseOS
[root@rhel8 /]# yum repolist
仓库标识                                        仓库名称
InstallMedia-AppStream                          Red Hat Enterprise Linux 8.2.0-AppStream
InstallMedia-BaseOS                             Red Hat Enterprise Linux 8.2.0-BaseOS
[root@rhel8 /]#
```

```
[root@localhost ~]# dnf info vsftpd  或 [root@localhost ~]# yum info vsftpd
```

```
[root@rhel8 /]# dnf info vsftpd
Red Hat Enterprise Linux 8.2.0-BaseOS                        34 MB/s | 2.3 MB     00:00
Red Hat Enterprise Linux 8.2.0-AppStream                     34 MB/s | 5.8 MB     00:00
可安装的软件包
名称         : vsftpd
版本         : 3.0.3
发布         : 31.el8
架构         : x86_64
大小         : 180 k
源           : vsftpd-3.0.3-31.el8.src.rpm
仓库         : InstallMedia-AppStream
概况         : Very Secure Ftp Daemon
URL          : https://security.appspot.com/vsftpd.html
协议         : GPLv2 with exceptions
描述         : vsftpd is a Very Secure FTP daemon. It was written completely from
             : scratch.

[root@rhel8 /]#
```

```
[root@rhel8 /]# yum info vsftpd
上次元数据过期检查：0:00:38 前，执行于 2021年02月06日 星期六 11时20分00秒。
可安装的软件包
名称          : vsftpd
版本          : 3.0.3
发布          : 31.el8
架构          : x86_64
大小          : 180 k
源            : vsftpd-3.0.3-31.el8.src.rpm
仓库          : InstallMedia-AppStream
概况          : Very Secure Ftp Daemon
URL           : https://security.appspot.com/vsftpd.html
协议          : GPLv2 with exceptions
描述          : vsftpd is a Very Secure FTP daemon. It was written completely from
              : scratch.

[root@rhel8 /]#
```

到此本地源配置完成，可以放心使用 yum 或 dnf 命令进行操作了。

6.3.3　dnf 命令管理软件包使用

dnf 命令可实现在线管理 RPM 软件包和软件包集，具体包括 RPM 软件包在线安装、查询和删除功能。

1. 用 dnf 安装软件包

安装时 dnf 会查询数据库中有无这一软件包，如果有，则检查其依赖冲突关系，发现没有依赖冲突，则下载安装；而且系统还会给出提示，询问是否要同时安装依赖，或删除冲突的包，用户可以自己作出判断。文件格式为：

```
dnf  install   软件名                     //用 dnf 安装指定软件包
dnf group install  '分组名称'             //安装指定分组内所有软件
```

例如：

```
[root@localhost ~]# dnf install vsftpd      //安装 vsftpd 软件包
[root@localhost ~]# dnf install bind        //安装 DNS 软件包
```

dnf 安装命令及使用如表 6-1 所示。

表 6-1　dnf 安装命令及使用

命令（举例）	说明	用法
dnf help install	如何安装软件	dnf help vsftpd 可以获得 vsftpd 安装的信息
dnf help	获取 dnf 命令的用法	
dnf install 软件包名	安装软件包	dnf install aa 安装 aa 软件包
dnf group install '分组名称'	安装指定的软件包组	dnf group install 'setup' 安装 setup 的软件包组
dnf install /tmp/aa.rpm	安装 /tmp/aa.rpm，此软件已存在	
dnf -y install a*	不需要确认，直接安装以 a 开头的软件包	
dnf reinstall vim	重新安装 vim 软件包	
dnf install @virt	安装虚拟化模块 virt	
dnf module install virt	安装软件模块 virt	使用同 dnf install @virt
dnf -y update 软件包	用 dnf 升级指定的软件包	dnf -y update mysql 升级 mysql

案例分解 1

1）dnf 安装 mysql。

```
[root@localhost ~ ]#dnf  install  mysql
```

2）dnf 安装模块 virt。

```
[root@localhost ~ ]#dnf  install  @virt
```

2. 用 dnf 查询软件信息

dnf 查询软件包信息命令及使用如表 6-2 所示。

表 6-2　dnf 查询命令及使用

命令（举例）	说明	用法
dnf info　软件名	显示指定分组的信息	dnf　info　vsftpd 显示 vsftpd 的说明信息
dnf group info '分组名称'	显示软件集的信息	dnf group info　'Container' 查看软件集 Container 的说明信息
dnf list	列出全部已经安装的和可用的软件包	
dnf list　软件名	列出指定的软件包的安装情况	dnf list httpd　列出 httpd 软件包的安装情况
Dnf list --installed	列出全部已经安装的 rpm 软件包	
dnf group list	列出全部的软件集	
dnf list available	列出所有可供安装的 rpm 软件包	
dnf search opens	搜索软件库中的包含 opens 的软件包	dnf　search　httpd　搜索安装源中名字或说明信息中包含 httpd 的软件包
dnf module list	列出全部软件模块	
dnf list extras	列出已经安装的但不包含在资源库中的 rpm 包	
dnf　list　yum*	列出所有以 yum 开头的软件包	
dnf --version	查看安装在系统中的 dnf 软件管理器的版本	
dnf repolist	列出默认情况下启用的所有软件仓库	
dnf repolist all	查看系统中可用和不可用的所有仓库	
dnf history	查看 dnf 命令的执行历史	

例如，查询 samba 软件包的信息。

```
[root@localhost ~ ]#dnf info samba
```

```
[root@localhost /]# dnf info samba
上次元数据过期检查：1:20:37 前，执行于 2021年01月27日 星期三 20时48分29秒。
已安装的软件包
名称         : samba
版本         : 4.10.4
发布         : 1.el8
架构         : x86_64
大小         : 2.3 M
源           : samba-4.10.4-1.el8.src.rpm
仓库         : @System
来自仓库     : anaconda
概况         : Server and Client software to interoperate with Windows machines
URL          : http://www.samba.org/
协议         : GPLv3+ and LGPLv3+
描述         : Samba is the standard Windows interoperability suite of programs for Linux and
             : Unix.
```

例如，查询 Container Management 软件包集的信息。

```
[root@localhost ~ ]#dnf group info 'Container Management'
```

```
[root@localhost /]# dnf group info 'Container Management'
上次元数据过期检查：1:26:09 前，执行于 2021年01月27日 星期三 20时48分29秒。

组：容器管理
 描述：用于管理 Linux 容器的工具
 必要的软件包：
   buildah
   containernetworking-plugins
   podman
 可选的软件包：
   python3-psutil
```

例如，查看 dnf 管理器的安装版本。

```
[root@localhost ~]# dnf --version
```

```
[root@localhost /]# dnf --version
4.2.7
  已安装： dnf-0:4.2.7-6.el8.noarch 在 2021年01月20日 星期三 10时46分29秒
  构建    ： Red Hat, Inc. <http://bugzilla.redhat.com/bugzilla> 在 2019年09月03日 星期二 07时42分16秒

  已安装： rpm-0:4.14.2-25.el8.x86_64 在 2021年01月20日 星期三 10时43分12秒
  构建    ： Red Hat, Inc. <http://bugzilla.redhat.com/bugzilla> 在 2019年08月07日 星期三 13时32分37秒
```

案例分解 2

3）dnf 显示指定软件包的相关信息。

```
[root@localhost  ~]#dnf info mysql
```

4）dnf 列出指定软件包的安装情况。

```
[root@localhost  ~]#dnf list mysql
```

3．删除和卸载软件包

命令格式为：

```
dnf remove 软件名                //删除指定的软件包
dnf groupremove 组名             //删除指定分组的所有软件
```

例如：

```
[root@localhost ~]# dnf remove vsftpd          //卸载 vsftpd 软件包
```

删除软件包的命令及使用如表 6-3 所示。

表 6-3　删除软件包的命令及使用

命令（举例）	说明	用法
dnf remove 软件名	删除指定的软件包	dnf remove vsftpd
dnf remove --duplicates	卸载同名的老版本软件	
dnf remove '@aa'	删除软件集 aa	
dnf autoremove	删除所有由于依赖关系被安装而现在又不需要的软件，该命令可以做一些清理工作	
dnf clean all	清理各种安装源保留的缓存数据	

案例分解 3

5）dnf 删除指定的软件包。

```
[root@localhost  ~]#dnf remove mysql
```

6）dnf 升级指定的软件包。

```
[root@localhost  ~]dnf -y update mysql
```

7）删除模块 virt。

```
[root@localhost  ~]#dnf  remove @virt
```

6.4　上机实训

7

1．实训目的

1）熟练掌握软件的查询、安装和卸载。

2）熟练掌握文件的归档、压缩和解压操作。

2．实训内容

（1）归档压缩操作

1）查询所用机器中安装的软件。

2）检查机器中是否安装 ftp、telnet、samba 和 bind 等软件。

3）在/aaa 目录下创建 file1、file2 文件。

4）把文件 file1、file2 打包为 file.tar。

5）从打包文件 myfile.tar 中取出文件。

6）创建 file3 并追加到名称为 file.tar 的文件中。

7）把 aaa 目录下的文件进行打包并压缩为 files.tar.gz。

8）把打包压缩文件解压到/test 中。

8

（2）配置本地数据源

1）配置本地数据源。

2）测试并验证 DNF 是否正在从本地仓库获取软件包。

3）使用 dnf 安装 MySQL。

4）使用 dnf 列出指定软件包的安装情况。

5）使用 dnf 列出软件的信息。

6）使用 dnf 删除指定的软件包。

3．实训总结

通过本次实训，用户可以掌握 rpm、tar 和 dnf 软件包的管理，为 Linux 的后续内容的学习打下基础。

6.5　课后习题

一、选择题

1．一个文件名字为 rr.gz，可以用来解压缩的命令是（　　）。

A．tar　　B．gzip　　C．compress　　D．uncompress

2．（　　）命令可以在 Linux 的安全系统中完成文件向磁带备份的工作。

A．cp　　B．tar　　C．dir　　D．cpio

3．有关归档和压缩命令，下面描述正确的是（　　）。

A．用 uncompress 命令解压缩由 compress 命令生成的扩展名为.zip 的压缩文件

B．unzip 命令和 gzip 命令可以解压缩相同类型的文件

C．用 tar 命令归档且压缩的文件可以由 gzip 命令解压缩

D．用 tar 命令归档后的文件也是一种压缩文件

4．为了将当前目录下的归档文件 myfile.tar.gz 解压缩到/tmp 目录下，可以使用（　　）命令。

A．tar xzvf myfile.tar.gz -C /tmp　　B．tar xzvf myfile.tar.gz -R /tmp

C．tar zvf myfile.tar.gz -X /tmp　　D．tar xzvf myfile.tar.gz /tmp

5．通过（　　）命令可以了解 test.rpm 软件包将在系统里安装哪些文件。

A．rpm -Vp test.rpm　　B．rpm -ql test.rpm

C．rpm -i test.rpm　　D．rpm -Va test.rpm

6．如果要查出/etc/inittab 文件属于哪个软件包，可以执行下列（　　）命令。

A．rpm -q /etc/inittab　　B．rpm -requires test.rpm

C．rpm -qf /etc/inittab　　D．rpm -q|grep /etc/inittab

7. 通过（　　）命令不能自动产生文件的扩展名。

A. tar　　B. gzip　　C. compress　　D. bzip2

8. RPM 是由（　　）公司开发的软件包安装和管理程序。

A. Microsoft　　B. Red Hat　　C. Intel　　D. DELL

9. 使用 rpm 命令安装软件包时，所用的选项有（　　）。

A. -i　　B. -et　　C. -U　　D. -q

10. RHEL 8 中的包管理器是（　　）。

A. DNF　　B. apt　　C. dpkg　　D. YUM

二、问答题

请用命令的方式实现下列问题。

1. 将/home/stud1/wang 目录做归档压缩，压缩后生成 wang.tar.gz 文件，并将此文件保存到/home 目录下，请写出实现此任务的 tar 命令格式。

2. 把 file 文件压缩到/test1 下，名称为 file.gz。

3. 用 tar 命令归档/myfile 目录下的文件,指明创建文件并列出详细过程。文件名为 myfiles.tar，并在包中追加文件 newfile 后解包至/test 中。

4. 查询所用机器中是否安装 Samba。

第 7 章　进 程 管 理

Linux 是一个多用户、多任务操作系统。在这样的系统中，各种计算机资源的分配和管理都以进程为单位，为了协调多个进程对这种共享资源的访问，操作系统要跟踪多种进程的活动，以及他们对系统资源的使用情况，从而实施对进程和资源的动态管理。

7.1　进程和作业的基本概念

7.1.1　进程和作业简介

1．进程

进程是指一个具有独立功能的程序的一次运行过程，也是系统进行资源分配和调度的基本单位，即每个程序模块和它执行时所处理的数据组成了进程。进程虽不是程序，但由程序产生。进程与程序的区别在于：程序是一系列指令的集合，是静态的概念，而进程则是程序的一次运行过程，是动态的概念；程序可以长期保存，而进程只能暂时存在、动态地产生、变化和消亡。进程和程序并不是一一对应的，一个程序可以包含若干个进程，一个进程也可以调用多个程序。

2．作业

正在执行的一个或多个相关进程可以形成一个作业。使用管道命令和重定向命令，一个作业可以启动多个进程。

根据作业的不同运行方式，可将作业分为两大类。

- 前台作业：运行于前台，用户可对其进行交互操作。
- 后台作业：运行于后台，不接受终端的输入，单向终端输出执行结果。

作业既可以在前台运行也可以在后台运行，但在同一时刻，每个用户只能有一个前台作业。

7.1.2　进程的基本状态及其转换

1．进程的基本状态

通常在操作系统中，进程至少要有 3 种基本状态，分别为运行态、就绪态和阻塞态。进程状态及其变化示意图如图 7-1 所示。

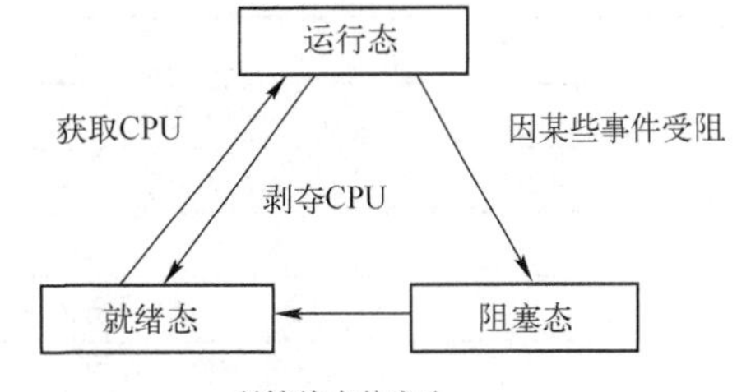

图 7-1　进程状态及其变化示意图

- 运行态（Running）：指当前进程分配到 CPU，它的程序正在处理器上执行时的状态。处于这种状态的进程个数不能大于 CPU 的数目。在单 CPU 机制中，任何时刻处于运行状态的进程至多有一个。
- 就绪态（Ready）：指进程已具备运行条件，但因为其他进程正占用 CPU，暂时不能运行而等待分配 CPU 的状态。一旦 CPU 分配给它，立即就可运行。
- 阻塞态（Blocked）：也叫等待态，指进程等待某种事件发生而暂时不能运行的状态，即处于封锁状态的进程尚不具备运行条件，即使 CPU 空闲，它也无法使用。这种状态有时也称为不可运行状态或挂起状态。

2．进程间的转换

一个运行的进程可因满足某种条件而放弃 CPU，变为封锁状态；以后条件得到满足时，又变成就绪态；仅当 CPU 被释放时才从就绪进程中挑选一个合适的进程去执行，被选中的进程从就绪态变为运行态。

7.1.3　进程的类型

Linux 操作系统包括 3 种不同类型的进程，每个进程都有其自己的特点和属性。

- 交互进程：由一个 shell 启动的进程，既可以运行在前台，也可以运行在后台。
- 批处理进程：不需要与终端相关，提交在等待队列的作业。
- 守护进程：Linux 系统启动时自动启动，并在后台运行，用于监视特定服务。

7.1.4　Linux 守护进程介绍

守护进程是 Linux 系统的三大进程之一，而且是系统中比较重要的一种，该进程可以完成很多工作，包括系统管理、网络服务等。下面介绍守护进程。

1．守护进程介绍

守护进程是在后台运行而没有终端或登录 shell 与之结合在一起的进程。守护进程在程序启动时开始运行，在系统结束时停止。这些进程没有控制终端，所以称为在后台运行。Linux 系统有许多标准的守护进程，其中一些周期性的运行来完成特定的任务，其余的连续运行，等待处理系统中发生的某些特定的事件。启动守护进程有如下几种方法。

- 在引导系统时启动：此种情况下的守护进程通常在系统启动 script 的执行期间被启动，这些 script 一般存放在/etc/rc.d 中。
- 手动从 shell 提示符启动：任何具有相应执行权限的用户都可以使用这种方法启动守护进程。
- 使用 crond 守护进程启动：这种守护进程是放在/var/spool/cron/crontabs 目录中的一组文件，这些文件规定了需要周期性执行的任务。
- 执行 at 命令启动：在规定的一个日期执行一个程序。

2．重要的守护进程介绍

表 7-1 列出了 Linux 系统中一些比较重要的守护进程及其所具有的功能，用户可以通过这些进程方便地使用系统以及网络服务。

表 7-1　Linux 重要的守护进程列表

守护进程	功能说明
amd	自动安装 NFS（网络文件系统）
apmd	高级电源管理
httpd	Web 服务器
xinetd	支持多种网络服务的核心守护程序
crond	Linux 下的计划任务
dhcpd	启动一个 DHCP（动态 IP 地址分配）服务器
gated	网管路由守护进程，使用动态的 OSPF 路由选择协议
lpd	打印服务
named	DNS 服务
netfs	安装 NFS、Samba、NetWare 网络文件系统
network	激活已配置网络接口的脚本程序

（续）

守护进程	功能说明
nfsd	NFS 服务器
sendmail	邮件服务器 sendmail
smb	Samba 文件共享/打印服务
snmpd	本地简单网络管理守护进程
syslog	一个让系统引导时启动 syslog 和 klogd 系统日志守护进程的脚本

7.2 案例 1：进程和作业管理

【案例目的】掌握进程的相关操作。

【案例内容】

1）利用 vim 手工启动一个进程在后台运行。

2）用 vim 编辑一个文件，并转入到后台运行。

3）把在后台运行中最前面的 vim 进程调入到前台运行。

4）终止中间的一个 vim 进程。

5）一次性全部终止所有的 vim 进程。

【核心知识】前台和后台启动进程，终止进程。

7.2.1 进程和作业启动方式

进程是由于一个程序执行而启动的，在 RHEL 8 系统中启动进程的方式有以下两种。

1. 手工启动

手工启动是指由用户输入 shell 命令后直接启动进程，又可分为前台启动和后台启动。

- 前台启动：这是手工启动进程最常用的方式，一般直接输入程序名（如#vim）就可以启动一个前台进程。
- 后台启动：直接在后台手工启动进程用得比较少一些。从后台启动一个进程其实就是在程序名后加&（如:#vim&），输入命令后，出现的数字代表该进程的进程号。

上述两种启动方式有个共同的特点，就是新进程都是由当前 shell 进程产生的，也就是说 shell 创建了新进程，因此称这种关系为进程间的父子关系。shell 是父进程，新进程是子进程。一个父进程可以有多个子进程。

2. 调度启动

系统在指定时间运行指定的程序，可用 at、batch 和 cron 调度。可参见后续章节。

案例分解 1

1）利用 vim 手工启动一个进程在后台运行。

```
[root@localhost~]# vim&     //启动 vim 编辑器
```

7.2.2 管理进程和作业的 shell 命令

1. ps 命令

功能：静态显示系统进程信息。ps 是“process status”缩写，ps 是查看进程时使用最多的命令。

格式：

```
ps  [参数]
```

参数及说明如下。

- -a：显示终端上的所有进程（包括其他用户的进程，不包括没有终端的进程）。
- -u：显示进程所有者及其他一些进程信息，如用户名和启动时间。
- -x：显示所有非控制终端的进程信息，常与-a 一起使用。
- -e：显示所有进程（不显示进程状态）。
- -f：完全显示（全格式）。
- -l：以长格式显示进程信息。
- -w：宽输出。
- -pid：显示由进程 ID 指定进程的信息。
- -tty：显示指定终端上的进程信息。
- -help：显示该命令的版本信息。

例如：[root@localhost ~]# ps -ef

显示系统中所有进程的全面信息，显示界面如图 7-2 所示。

```
// 显示所有用户有关进程的所有信息
[root@localhost root ]# ps -aux
```

详细信息如图 7-3 所示。

```
root@localhost:~
文件(F) 编辑(E) 查看(V) 搜索(S) 终端(T) 帮助(H)
[root@localhost ~]# ps -ef
UID          PID    PPID  C STIME TTY          TIME CMD
root           1       0  0 1月25 ?        00:00:19 /usr/lib/systemd/systemd --switched-ro
root           2       0  0 1月25 ?        00:00:00 [kthreadd]
root           3       2  0 1月25 ?        00:00:00 [rcu_gp]
root           4       2  0 1月25 ?        00:00:00 [rcu_par_gp]
root           6       2  0 1月25 ?        00:00:00 [kworker/0:0H-kblockd]
root           8       2  0 1月25 ?        00:00:00 [mm_percpu_wq]
root           9       2  0 1月25 ?        00:00:13 [ksoftirqd/0]
root          10       2  0 1月25 ?        00:00:11 [rcu_sched]
root          11       2  0 1月25 ?        00:00:00 [migration/0]
root          12       2  0 1月25 ?        00:00:00 [watchdog/0]
root          13       2  0 1月25 ?        00:00:00 [cpuhp/0]
root          15       2  0 1月25 ?        00:00:00 [kdevtmpfs]
root          16       2  0 1月25 ?        00:00:00 [netns]
root          17       2  0 1月25 ?        00:00:00 [kauditd]
root          18       2  0 1月25 ?        00:00:00 [khungtaskd]
root          19       2  0 1月25 ?        00:00:00 [oom_reaper]
root          20       2  0 1月25 ?        00:00:00 [writeback]
root          21       2  0 1月25 ?        00:00:03 [kcompactd0]
root          22       2  0 1月25 ?        00:00:00 [ksmd]
root          23       2  0 1月25 ?        00:00:14 [khugepaged]
root          24       2  0 1月25 ?        00:00:00 [crypto]
root          25       2  0 1月25 ?        00:00:00 [kintegrityd]
root          26       2  0 1月25 ?        00:00:00 [kblockd]
root          27       2  0 1月25 ?        00:00:00 [tpm_dev_wq]
```

图 7-2　显示系统中所有进程的全面信息

```
root@localhost:~
文件(F) 编辑(E) 查看(V) 搜索(S) 终端(T) 帮助(H)
[root@localhost ~]# ps -aux
USER         PID %CPU %MEM    VSZ   RSS TTY      STAT START   TIME COMMAND
root           1  0.0  0.3 253092  6832 ?        Ss   1月25   0:19 /usr/lib/systemd/syst
root           2  0.0  0.0      0     0 ?        S    1月25   0:00 [kthreadd]
root           3  0.0  0.0      0     0 ?        I<   1月25   0:00 [rcu_gp]
root           4  0.0  0.0      0     0 ?        I<   1月25   0:00 [rcu_par_gp]
root           6  0.0  0.0      0     0 ?        I<   1月25   0:00 [kworker/0:0H-kblockd
root           8  0.0  0.0      0     0 ?        I<   1月25   0:00 [mm_percpu_wq]
root           9  0.0  0.0      0     0 ?        S    1月25   0:13 [ksoftirqd/0]
root          10  0.0  0.0      0     0 ?        R    1月25   0:11 [rcu_sched]
root          11  0.0  0.0      0     0 ?        S    1月25   0:00 [migration/0]
root          12  0.0  0.0      0     0 ?        S    1月25   0:00 [watchdog/0]
root          13  0.0  0.0      0     0 ?        S    1月25   0:00 [cpuhp/0]
root          15  0.0  0.0      0     0 ?        S    1月25   0:00 [kdevtmpfs]
root          16  0.0  0.0      0     0 ?        I<   1月25   0:00 [netns]
root          17  0.0  0.0      0     0 ?        S    1月25   0:00 [kauditd]
root          18  0.0  0.0      0     0 ?        S    1月25   0:00 [khungtaskd]
root          19  0.0  0.0      0     0 ?        S    1月25   0:00 [oom_reaper]
root          20  0.0  0.0      0     0 ?        I<   1月25   0:00 [writeback]
root          21  0.0  0.0      0     0 ?        S    1月25   0:03 [kcompactd0]
root          22  0.0  0.0      0     0 ?        SN   1月25   0:00 [ksmd]
root          23  0.0  0.0      0     0 ?        SN   1月25   0:14 [khugepaged]
root          24  0.0  0.0      0     0 ?        I<   1月25   0:00 [crypto]
root          25  0.0  0.0      0     0 ?        I<   1月25   0:00 [kintegrityd]
root          26  0.0  0.0      0     0 ?        I<   1月25   0:00 [kblockd]
root          27  0.0  0.0      0     0 ?        I<   1月25   0:00 [tpm_dev_wq]
```

图 7-3　显示所有用户有关进程的所有信息

进程信息中各项参数说明如下。

PID：进程号（进程的唯一标识）。

%CPU：占 CPU 的百分比。

%MEM：占用内存百分比。

VSZ：占用的虚拟内存大小。

RSS：占用的物理内存大小。

TTY：进程的工作终端（“？”表示没有终端）。

STAT：进程的状态。其中“R”表示正在执行中；“S”表示休眠静止状态；“T”表示暂停执行；“Z”表示僵死状态。

TIME：占用的 CPU 的时间。

COMMAND：运行的程序。

以长格式显示所有终端和非终端控制的进程，详细信息如图 7-4 所示。

```
[root@localhost~]# ps lax
```

```
root@localhost:~
文件(F) 编辑(E) 查看(V) 搜索(S) 终端(T) 帮助(H)
[root@localhost ~]# ps lax
F   UID   PID  PPID PRI  NI    VSZ   RSS WCHAN  STAT TTY        TIME COMMAND
4     0     1     0  20   0 253092  6832 do_epo Ss   ?          0:19 /usr/lib/sy
1     0     2     0  20   0      0     0 -      S    ?          0:00 [kthreadd]
1     0     3     2   0 -20      0     0 -      I<   ?          0:00 [rcu_gp]
1     0     4     2   0 -20      0     0 -      I<   ?          0:00 [rcu_par_gp
1     0     6     2   0 -20      0     0 -      I<   ?          0:00 [kworker/0:
1     0     8     2   0 -20      0     0 -      I<   ?          0:00 [mm_percpu_
1     0     9     2  20   0      0     0 -      S    ?          0:13 [ksoftirqd/
1     0    10     2  20   0      0     0 -      R    ?          0:11 [rcu_sched]
1     0    11     2 -100  -      0     0 -      S    ?          0:00 [migration/
5     0    12     2 -100  -      0     0 -      S    ?          0:00 [watchdog/0
1     0    13     2  20   0      0     0 -      S    ?          0:00 [cpuhp/0]
5     0    15     2  20   0      0     0 -      S    ?          0:00 [kdevtmpfs]
1     0    16     2   0 -20      0     0 -      I<   ?          0:00 [netns]
1     0    17     2  20   0      0     0 -      S    ?          0:00 [kauditd]
1     0    18     2  20   0      0     0 -      S    ?          0:00 [khungtaskd
1     0    19     2  20   0      0     0 -      S    ?          0:00 [oom_reaper
1     0    20     2   0 -20      0     0 -      I<   ?          0:00 [writeback]
1     0    21     2  20   0      0     0 -      S    ?          0:03 [kcompactd0
1     0    22     2  25   5      0     0 -      SN   ?          0:00 [ksmd]
1     0    23     2  39  19      0     0 -      SN   ?          0:14 [khugepaged
1     0    24     2   0 -20      0     0 -      I<   ?          0:00 [crypto]
1     0    25     2   0 -20      0     0 -      I<   ?          0:00 [kintegrity
1     0    26     2   0 -20      0     0 -      I<   ?          0:00 [kblockd]
1     0    27     2   0 -20      0     0 -      I<   ?          0:00 [tpm_dev_wq
```

图 7-4　以长格式显示所有终端和非终端控制的进程

2. top 命令

ps 这样的命令只提供系统过去时间的一次性快照，因此，要想获得系统上正在发生事情的“全景”信息往往是非常困难的。top 命令对活动进程以及所使用的资源情况提供定期更新的汇总信息，是一个动态显示过程。它提供了对系统处理器状态的实时监视，显示了系统中 CPU 最敏感的任务列表。

功能：动态显示 CPU 利用率、内存利用率和进程状态等相关信息，这是目前最广泛的实时系统性能监测程序。

格式：

```
top [选项] 秒数
```

各选项含义说明如下。

- -d：指定每两次屏幕信息的刷新之间的时间间隔，用户可以使用交互命令 s 改变它。
- -q：使 top 没有任何延迟地进行刷新。如果调用程序有超级用户权限，那么 top 将以尽可能高的优先级运行。
- -S：使用累计模式。
- -s：使 top 在安全模式中运行，可以消除交互模式下的潜在危险。
- -i：忽略任何闲置和僵死进程，不对它们进行显示。
- -c：显示整个命令行，而不是只显示命令名。
- help：获取 top 的帮助。
- k PID：终止指定的进程。
- q：退出 top。

例如：

```
[root@localhost~]# top  //默认每 5s 刷新一次
```

3. 作业的前后台操作

利用 bg 命令和 fg 命令可以实现前台作业和后台作业之间的相互转换，将正在进行的前台作业切换到后台，功能上与在 shell 命令结尾加上“&”相似，也可以把正在进行的后台作业调入前台运行。

（1）jobs 命令

功能：显示当前所有作业。

格式：

```
jobs [选项]
```

选项及含义如下。

- -p：仅显示进程号。
- -l：同时显示进程号和作业号。

例如：

```
[root@localhost~]# jobs
[root@localhost~]# jobs -l
[root@localhost~]# jobs -p
```

（2）bg 命令

功能：将前台作业或进程切换到后台运行，若没有指定进程号，则将当前作业切换到后台。

格式：

```
bg  [作业编号]
```

此外，还可以使用〈Ctrl+Z〉组合键将前台程序转入后台停止运行；使用〈Ctrl+C〉组合键终止前台程序的运行。

例如：使用 vim 编辑 file 文件，用〈Ctrl+Z〉组合键挂起 vim，再切换到后台。

```
[root@localhost~]# vim file
…
[1]+stoped vim file
[root@localhost~]# bg 1
[1]+vim file &
```

又如：

```
[root@localhos~]# bg         //将队首的作业调入后台运行
[root@localhost~]# bg 3      //将 3 号作业调入后台运行
```

（3）fg 命令

功能：把后台的作业调入前台运行。

格式：

```
fg   [作业编号]
```

例如：

```
[root@localhost~]# fg        //将队首的作业调入前台运行
[root@localhost~]# fg 2      //将队列中的 2 号作业调入前台运行
```

案例分解 2

2）用 vim 编辑一个文件 f1，并转入到后台运行。

```
[root@localhost~]# vim f1
…
[1]+stoped vim file
# bg 1
[1]+vim f1&
```

3）把在后台运行中最前面的 vim 进程调入到前台运行。

```
[root@localhost~]# fg          //将队首的作业调入到前台运行
```

4．kill 命令

功能：终止正在运行的进程或作业，超级用户可以终止所有的进程，普通用户只能终止自己启动的进程。

格式：

```
kill  [选项] PID
```

选项说明如下。

- -9：表示当无选项的命令不能终止进程时，可强行终止指定进程。

例如：

```
[root@localhost~]# kill 2683
[root@localhost~]# kill  -9  3
[root@localhost~]# kill  -9  3  5  8     //一次终止 3，5，8 多个进程
```

5. killall

功能：终止指定程序名的所有进程。

格式：

```
killall   -9   程序名
```

例如：

```
[root@localhost~]# killall   -9  vsftpd   //终止所有对应 vsftpd 程序的进程
```

案例分解 3

4）终止中间的一个进程号为 2611 的 vim 进程。

```
[root@localhost~]# kill 2611
```

5）一次性全部终止所有的 vim 进程。

```
[root@localhost~]# killall -9 vim
```

---

6. nice 命令

nice 命令用来调整进程的优先级，优先级的数据为 niceness 值，共有 40 个等级，从-20（最高优先级）到 19（最低优先级）。数值越小，优先级越高，数值越大，优先级越低。只有 root 用户才有权调整-20 到 19 的优先级，普通用户只能调整 0 到 19 范围内的优先级。

功能：调整进程的优先级。

格式：

```
nice [选项] 命令
```

例如：

```
[root@localhost root ~]#nice -n -20 vim&
```

该命令将 vim 进程的优先级提升 20，调整进程优先级前后运行结果如图 7-5 所示。

```
root@localhost:~
文件(F) 编辑(E) 查看(V) 搜索(S) 终端(T) 帮助(H)
[root@localhost ~]# ps -l
F S   UID     PID   PPID  C PRI  NI ADDR SZ WCHAN  TTY          TIME CMD
0 S     0   45922  45917  0  80   0 -  6760 -      pts/1    00:00:00 bash
0 R     0   45963  45922  0  80   0 - 11244 -      pts/1    00:00:00 ps
[root@localhost ~]# vim&
[1] 45970

[1]+  已停止               vim
[root@localhost ~]# ps -l
F S   UID     PID   PPID  C PRI  NI ADDR SZ WCHAN  TTY          TIME CMD
0 S     0   45922  45917  0  80   0 -  6760 -      pts/1    00:00:00 bash
0 T     0   45970  45922  0  80   0 -  8494 -      pts/1    00:00:00 vim
0 R     0   45977  45922  0  80   0 - 11244 -      pts/1    00:00:00 ps
[root@localhost ~]# nice -n -20 vim&
[2] 45992

[2]+  已停止               nice -n -20 vim
[root@localhost ~]# ps -l
F S   UID     PID   PPID  C PRI  NI ADDR SZ WCHAN  TTY          TIME CMD
0 S     0   45922  45917  0  80   0 -  6760 -      pts/1    00:00:00 bash
0 T     0   45970  45922  0  80   0 -  8494 -      pts/1    00:00:00 vim
4 T     0   45992  45922  0  60 -20 -  8494 -      pts/1    00:00:00 vim
0 R     0   45999  45922  0  80   0 - 11244 -      pts/1    00:00:00 ps
[root@localhost ~]#
```

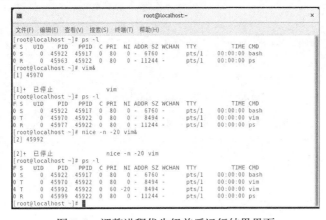

图 7-5　调整进程优先级前后运行结果界面

该实例中，首先后台启动 vim&进程，可以看到进程 vim 的优先级 PRI 为 80，设置 vim 进程的 NI（niceness）为-20，提高优先级，通过 ps -l 查看进程，在输出结果中，vim 进程的 PRI 值由默认值 80 变成 60，其数值越小，优先级越高。

7．renice 命令

renice 和 nice 命令一样，都可以改变进程的 NI 值，两者的区别是，nice 命令修改的是即将执行的进程，而 renice 命令修改的则是正在执行的进程。

格式：

```
renice 优先级 [[-p] pid ] [[-g] pgrp ] [[-u] user]
```

各项的含义如下。

- [[-p] pid]表示重设指定进程的优先级。
- [[-g] pgrp]表示重设指定进程组的优先级。
- [[-u] user]表示重设指定用户进程的优先级。

例如：

```
[root@localhost ~]#renice -10 -p 45992          //调整 vim 进程的优先级-10
```

上述 renice 命令的运行结果如图 7-6 所示。

```
[root@localhost ~]# nice -n -20 vim&
[2] 45992

[2]+  已停止                  nice -n -20 vim
[root@localhost ~]# ps -l
F S   UID    PID   PPID  C PRI  NI ADDR SZ WCHAN  TTY          TIME CMD
0 S     0  45922  45917  0  80   0 -  6760 -      pts/1    00:00:00 bash
0 T     0  45970  45922  0  80   0 -  8494 -      pts/1    00:00:00 vim
4 T     0  45992  45922  0  60 -20 -  8494 -      pts/1    00:00:00 vim
0 R     0  45999  45922  0  80   0 - 11244 -      pts/1    00:00:00 ps
[root@localhost ~]# renice -10 -p 45992
45992 (process ID) 旧优先级为 -20，新优先级为 -10
[root@localhost ~]# ps -l
F S   UID    PID   PPID  C PRI  NI ADDR SZ WCHAN  TTY          TIME CMD
0 S     0  45922  45917  0  80   0 -  6760 -      pts/1    00:00:00 bash
0 T     0  45970  45922  0  80   0 -  8494 -      pts/1    00:00:00 vim
4 T     0  45992  45922  0  70 -10 -  8494 -      pts/1    00:00:00 vim
0 R     0  48661  45922  0  80   0 - 11244 -      pts/1    00:00:00 ps
[root@localhost ~]#
```

图 7-6　nice 命令运行结果（1）

例如：

```
[root@localhost ~]#renice 15 -p 45992          //调整 vim 进程的优先级 15
```

上述 renice 命令运行结果如图 7-7 所示。

```
[root@localhost ~]# renice 15 -p 45992
45992 (process ID) 旧优先级为 -10，新优先级为 15
[root@localhost ~]# ps -l
F S   UID    PID   PPID  C PRI  NI ADDR SZ WCHAN  TTY          TIME CMD
0 S     0  45922  45917  0  80   0 -  6760 -      pts/1    00:00:00 bash
0 T     0  45970  45922  0  80   0 -  8494 -      pts/1    00:00:00 vim
4 T     0  45992  45922  0  95  15 -  8494 -      pts/1    00:00:00 vim
0 R     0  48768  45922  0  80   0 - 11244 -      pts/1    00:00:00 ps
[root@localhost ~]# █
```

图 7-7　renice 命令运行结果（2）

从运行结果来看，进程优先级的改变都是在最初默认值优先级的基础上改变的，并不是在当前优先级的基础上改变。vim 进程的优先级开始是 80，提升后 PRI 值变为 60，再次调整 15 后，PRI 变成了 95，而不是 75。

8．date 命令

功能：显示或设定系统日期、时间。

格式：

```
date  [MMDDhhmm[CC]YY[.ss]]
```

例如：

```
[root@localhost~]# date                          //显示日期和时间
[root@localhost~]# date  102310302018.30         //设定日期和时间
```

9. id 命令

功能：显示当前用户的详细 ID。

格式：

```
id [参数]
```

参数及含义如下。

- -a：显示所有 ID 信息。
- -u：显示 UID。
- -g：显示用户所属组的 GID。
- -G：显示用户附加组 GID。

例如：

```
[root@localhost~]# id
[root@localhost~]# id   -u
```

7.2.3 图形模式下进程的管理

在图形界面下依次单击“活动”→“显示应用程序”→“系统监视器”菜单项，打开“系统监视器”窗口，如图 7-8 所示。“进程”选项卡中默认显示当前所有进程的相关信息，默认所有进程按照进程名排列。在此选项卡中有一排进程属性按钮：进程名、用户、%CPU、ID、磁盘读取总计、磁盘写入总计、磁盘读取、磁盘写入、优先级，其含义如下。

进程名	用户	% CPU	ID	内存	磁盘读取总计	磁盘写入总计	磁盘读取	磁盘写入	优先级
accounts-daemon	root	0	937	932.0 KiB	11.5 MiB	2.2 MiB	不适用	不适用	普通
acpi_thermal_pm	root	0	126	不适用	不适用	不适用	不适用	不适用	非常高
alsactl	root	0	873	不适用	1.6 MiB	8.0 KiB	不适用	不适用	非常低
ata_sff	root	0	366	不适用	不适用	不适用	不适用	不适用	非常高
atd	root	0	1387	28.0 KiB	388.0 KiB	不适用	不适用	不适用	普通
at-spi2-registryd	root	0	31684	992.0 KiB	84.0 KiB	不适用	不适用	不适用	普通
at-spi-bus-launche	root	0	31674	540.0 KiB	64.0 KiB	不适用	不适用	不适用	普通
auditd	root	0	831	264.0 KiB	3.0 MiB	1.6 MiB	不适用	不适用	高
bash	root	0	29340	40.0 KiB	912.0 KiB	不适用	不适用	不适用	普通
bash	root	0	29521	8.0 KiB	92.0 KiB	不适用	不适用	不适用	普通
boltd	root	0	2739	432.0 KiB	4.0 MiB	不适用	不适用	不适用	普通
cpuhp/0	root	0	13	不适用	不适用	不适用	不适用	不适用	普通
crond	root	0	1386	252.0 KiB	14.5 MiB	不适用	不适用	不适用	普通
crypto	root	0	24	不适用	不适用	不适用	不适用	不适用	非常高
cupsd	root	0	982	536.0 KiB	13.2 MiB	424.0 KiB	不适用	不适用	普通
dbus-daemon	root	0	31525	1.0 MiB	2.2 MiB	不适用	不适用	不适用	普通
dbus-daemon	root	0	31679	492.0 KiB	24.0 KiB	不适用	不适用	不适用	普通

图 7-8 “进程”选项卡

- 进程名：进程的名字。
- 用户：表示进程所属的用户。
- %CPU：表示进程对 CPU 的占有率。
- ID：表示进程号。
- 磁盘读取总计：表示进程读取数据占用磁盘的总数。
- 磁盘写入总计：表示进程写入数据占用磁盘的总数。
- 磁盘读取：表示进程读取磁盘的速度。

- 磁盘写入：表示进程写入磁盘的速度。
- 优先级：表示进程的优先级。

用户可自行设置需要显示的属性信息，选中要修改的进程，单击鼠标右键则出现命令菜单，如图 7-9 所示。用户可以对属性进行查看，可以进行停止、结束、杀死、改变优先级等相应的操作。其中 bash 进程的属性如图 7-10 所示。

单击图 7-8 窗口中的“资源”选项卡，显示结果如图 7-11 所示。

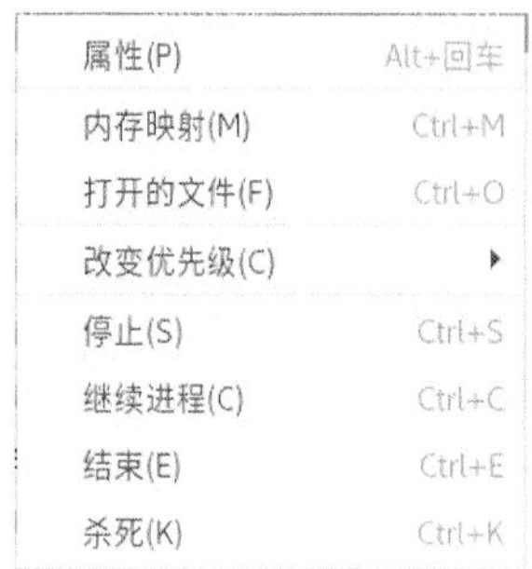

图 7-9　修改进程状态的命令菜单

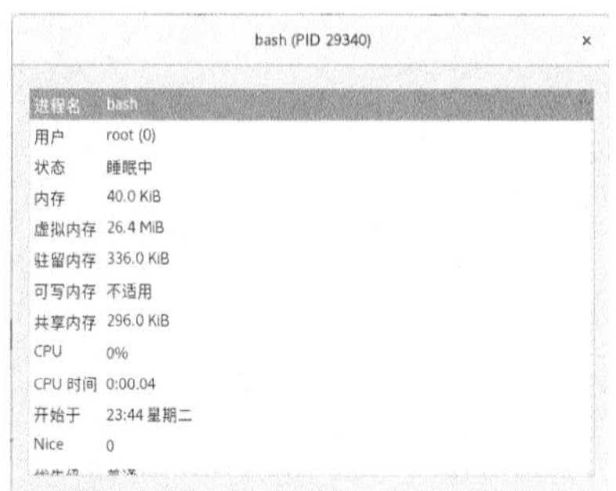

图 7-10　bash 进程的属性

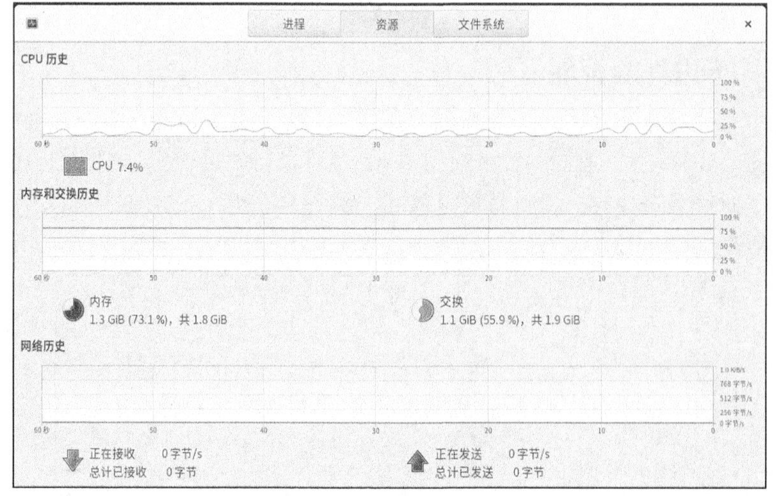

图 7-11　“资源”选项卡

单击图 7-8 窗口中的“文件系统”选项卡，可以查看整个文件系统的内容，如图 7-12 所示。

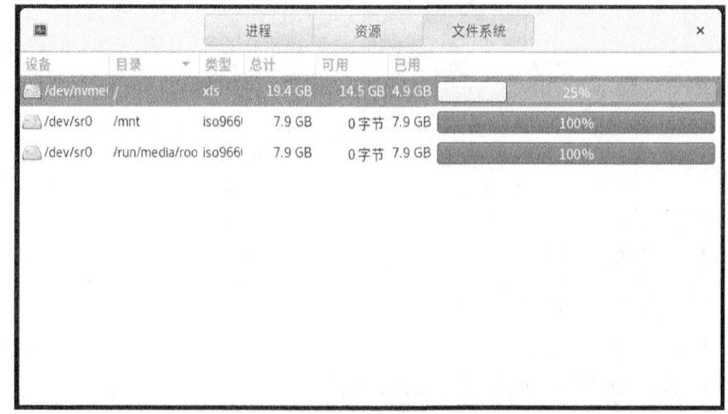

图 7-12　“文件系统”选项卡

7.3　案例 2：进程调度

【案例目的】学习用 at、cron 调度程序进行进程调度的方法。

【案例内容】

1）把当前时间改为 2021 年 5 月 26 日 10 点 30 分 30 秒。

2）利用 at 设置一个任务自动化，于当天 11:00 在根目录下自动创建一个 abc 目录，并在 abc 目录中建立一个空的文件 test，同时将该文件打包成 test.tar。

3）让该系统在每周一、三、五的 17:30 自动关闭系统。

4）让该系统在每月的 16 号自动启动 smb 服务。

5）root 用户查看 cron 调度内容。

6）root 用户删除 cron 调度。

【核心知识】at、batch、cron 的使用方法。

Linux 系统允许用户根据需要在指定的时间自动运行指定的进程，也允许用户将非常消耗资源和时间的进程安排到系统比较空闲的时间来执行。进程调度有利于提高资源的利用率，均衡系统负载，并提高系统管理的自动化程度。用户可采用以下方法实现进程调度:

- 对于偶尔运行的进程采用 at 或 batch 调度。
- 对于特定时间重复运行的进程采用 cron 调度。

7.3.1　at 调度

功能：安排系统在指定时间运行程序。

格式：

```
at    [参数]   时间
```

参数及含义如下。

- -d （delete）：删除指定的调度作业。
- -m （mail）：任务结束后会发送 mail 通知用户。
- -f 文件名（file）：从指定文件中读取执行的命令。
- -q [a-z]：指定使用的队列。
- -l （list）：显示等待执行的调度作业。

1．时间的绝对表示方法

在命令中，时间可以采用“小时:分钟”的绝对表示方式。时间可以是 24 小时制。如果采用 12 小时制，则时间后面需要加上 AM（上午）或 PM（下午），格式如下。

```
HH:MM
```

此外，还可采用“MMDDYY”或“MM/DD/YY”或“DD.MM.YY”的格式指定具体的日期，必须写在具体时间之后。

2．时间的相对表示方法

可以使用“Now+时间间隔”的样式来相对表示时间。时间单位为 minutes（分钟）、hours（时）、day（天）、week（星期）。

```
now+n minutes    //从现在起向后 n 分钟
now+n days       //从现在起向后 n 天
now+n hours      //从现在起向后 n 小时
now+n weeks      //从现在起向后 n 周
```

例如，设置 at 调度，要求在 2022 年 12 月 31 日 23 时 59 分向登录到系统上的所有用户发送“happy new year”信息：

```
[root@localhost~]#at  23:59  12/31/2022
at>who
at>all happy new year!
at> <EOF>          // ctrl+d 结束作业
Job 1 at 2022-12-31 23:59
```

输入 at 命令后，系统将出现“at”提示符，等待用户输入将执行的命令。输入完成后按〈Ctrl+D〉组合键结束，屏幕将显示 at 调度的执行时间。

与 at 相关的还有显示队列中的作业信息命令 atq 和删除队列作业的命令 atrm：

```
//显示 at 等待队列的作业信息
[root@localhost /]#atq
1 2022-08-25  23:00 a root
2 2022-08-25  00:00 a root
//删除 at 等待队列中序号为 1 的作业
[root@localhost /]#atrm  1
```

案例分解 1

1）把当前时间改为 2022 年 5 月 26 日 10 点 30 分 30 秒。

```
[root@localhost~]# date  052620221030.30
```

2）利用 at 设置一个任务自动化，在当天 11:00，在根目录下自动创建一个 abc 目录，并进入到 abc 目录中，建立一个空的文件 test，同时将该文件打包成 test.tar。

```
[root@localhost~]# at 11: 00
at> mkdir /abc
at> cd /abc
at> touch test
at> tar -cvf test.tar test
at> [EOF]
job 1 at 2022-5-26 11: 00
```

7.3.2　batch 调度

功能：和 at 命令功能几乎相同，唯一区别是如果不指定运行时间，进程将在系统较空闲时运行。batch 调度适合于时间上要求不高，但运行时占用系统资源较多的工作。

格式：

```
batch [选项][时间]
```

batch 命令选项与 at 命令相同。

7.3.3　cron 调度

at 调度和 batch 调度中指定的命令只能执行一次。但实际的系统管理中有些命令需要在指定的日期和时间重复执行。例如，每天例行要做的数据备份。cron 调度正可以满足这种要求。cron 调度与 cron 进程、crontab 命令和 crontab 配置文件有关。

功能：安排作业，让系统在指定时间周期运行。

原理：cron 进程，每隔一分钟，检查/var/spool/cron 目录下用户提交的作业文件中有无任务需要运行。

1. crontab 配置文件

crontab 配置文件保留 cron 调度的内容，共有 6 个字段，从左到右依次为分钟、时、日期、月份、星期和命令共 6 个域，其中前 5 个域是指定命令被执行的时间，最后一个域是要被执行的命令。如表 7-2 所示。

表 7-2 crontab 文件格式

字 段	分 钟	时	日 期	月 份	星 期	命 令
取值范围	0-59	0-23	01-31	01-12	0-6,0 为星期天	

所有字段不能为空，字段之间用空格分开，如果不指定字段内容，则使用“*”符号。

可以使用“-”符号表示一段时间。如果在日期中输入“1-5”则表示每个月前 5 天每天都要执行该命令。

可以使用“,”符号来表示指定的时间。如果在日期栏中输入“5，15，25”则表示每个月的 5 日、15 日和 25 日都要执行该命令。“0-23/2”表示每隔 2 小时，即 0:25，2:25，4:25，…都要执行该命令。

如果执行的命令未使用输出重定向，那么系统将会把执行结果以邮件的方式发给 crontab 文件的所有者。

用户的 crontab 文件保存在/var/spool/cron 目录中，其文件名和用户名相同。

2. crontab 命令

功能：维护用户的 crontab 配置文件。

格式：

```
crontab  [ 参数]  文件名
```

参数说明如下。

- -u 用户名：指定具体用户的 cron 文件。
- -r（erase）：删除用户的 crontab 文件。
- -e（edit）：创建并编辑 crontab 配置文件。
- -l（list）：显示 crontab 配置文件内容。

3. cron 进程

cron 进程在系统启动时自动启动，并一直运行于后台。cron 进程负责检测 crontab 配置文件，并按照其设置内容，定期重复执行指定的 cron 调度工作。

例如：要求 root 用户在每周二、四、六的早上 3 点启动系统。

（1）建立 crontab 文件

```
[root@localhost~]# vim /root/root.cron   //以 root 用户登录
```

格式： 分 时 日 月 星期 要运行的程序

实例： 0 3 * * 2,4,6 /sbin/shutdown -r now

（2）运行 crontab 文件

```
[root@localhost~]# crontab  /root/root.cron  //建立当前标准格式用户 crontab 文件
```

crontab 命令提交的调度任务存放在/var/spool/cron 目录中，并且以提交的用户名称命名，等待 cron 进程来调度执行。

通过/etc/at.deny 和/etc/at.allow 文件可以控制执行 at 命令的用户，at.deny 存放禁止执行 at 命令的用户名；at.allow 存放允许执行 at 命令的用户名。

如禁止 user1 用户执行 at 命令安排调度任务：

```
[root@localhost~]#vim  /etc/at.deny
```

```
//向文件中添加如下内容
user1
```

然后保存文件。

```
//root 用户修改 cron 配置文件
[root@localhost ~]# crontab -e
```

用户输入“crontab –e”命令后，自动启动 vim 编辑器，显示出 crontab 文件内容，则用户编辑内容后保存退出。

```
//root 用户显示 cron 配置文件内容
[root@localhost ~]# crontab -l
0 3 * * 2, 4, 6 /sbin/shutdown -r now
//root 用户删除 cron 调度
[root@localhost ~]# crontab -r
[root@localhost ~]# crontab -l
no crontab for root
```

案例分解 2

3）让该系统在每周一、三、五的 17:30 自动关闭该系统。

① 建立 crontab 文件。

```
[root@localhost ~]# vim /root/root.cron   //以 root 用户登录
    30   17    *    *   1,3,5    /sbin/shutdown  -h  now
```

② 运行 crontab 文件。

```
[root@localhost ~]# crontab  /root/root.cron
//建立当前标准格式用户 crontab 文件
```

4）让该系统在每月的 16 号自动启动 smb 服务。

① 建立 crontab 文件。

```
[root@localhost ~]# vim /u1.cron   //以 u1 用户登录
    00   00   16    *    *    service smb start
```

② 运行 crontab 文件。

```
[root@localhost ~]# crontab   /root/root.cron
//建立当前标准格式用户 crontab 文件
```

5）root 用户显示 cron 调度内容。

```
[root@localhost ~]# crontab-t
```

6）root 用户删除 cron 调度。

```
[root@localhost ~]# crontab-r
[root@localhost ~]# crontab-t
```

7.4　上机实训

9

1. 实训目的

熟练掌握 Linux 利用命令方式实现进程的管理。

2. 实训内容

1）利用 vim 在前台打开一个文件，把该进程转入到后台。

2）使用 ps 命令查看进程。

3）用 kill 命令删除 vim 进程。

4）在当天 11:00，在根目录下自动创建一个 abc 目录，并进入到 abc 目录中建立一个空文件 file，同时将该文件打包成 file.tar。

5）在每周一、三、五的下午 17:30 自动关闭系统。

6）该系统在每月的 16 号自动启动 samba 服务。

7）查看进程列表。

3．实训总结

通过本次实训，让用户掌握进程管理命令及任务自动化管理。为用户学习后续课程打下基础。

7.5　课后习题

一、选择题

1．进程和程序的区别是（　　）。

A．程序是一组有序的静态指令，进程是一次程序的执行过程。

B．程序只能在前台运行，而进程可以在前台或后台运行。

C．程序可以长期保存，进程是暂时的。

D．程序没有状态，而进程是有状态的。

2．ps 命令显示结果 STAT 项中的 S 代表（　　）。

A．运行　　B．休眠　　C．终止　　D．挂起

3．从后台启动进程，应在命令的结尾加上（　　）。

A．&　　B．@　　C．#　　D．$

4．终止一个前台进程，可用（　　）组合键。

A．Ctrl+C　　B．Ctrl+Z　　C．Alt+C　　D．Alt+Z

5．希望把某个挂起的作业转到后台继续运行，可使用（　　）。

A．nice　　B．fg　　C．bg　　D．renice

6．at 8:00 pm 是指（　　）。

A．当天早 8 点　　B．每天早 8 点　　C．每天晚上 8 点　　D．当天晚 8 点

7．在 cron 中若指定 00 07 * * 2，4，6，则 2，4，6 代表（　　）。

A．每月的 2，4，6　　B．每天的 2，4，6

C．每小时的 2，4，6　　D．每周的 2，4，6

8．Linux 中自动安排任务不能使用（　　）命令。

A．at　　B．batch　　C．cron　　D．time

9．在 shell 中，当用户准备结束登录对话进程时，可用（　　）命令。

A．logout　　B．exit　　C．Ctrl+D　　D．shutdown

10．一般关机的命令有（　　）。

A．init 0　　B．shutdown-now　　C．halt　　D．poweroff

二、问答题

某系统管理员每天做一定的重复工作，请按照下列要求，编制一个解决方案。

（1）在下午 4 点删除/abc 目录下的全部子目录和全部文件。

（2）从早晨 8:00 到下午 4:00 每小时读取/xyz 目录下 x1 文件中最后 5 行的全部数据加入到/backup 目录下的 bak01.txt 文件内。

（3）每逢星期一下午 5:00 将/data 目录下的所有目录和文件归档并压缩为文件 backup.tar.gz。

第8章　外 存 管 理

Linux 中无论硬盘还是其他存储介质都必须经过挂载才能进行文件存取操作。所谓挂载就是将存储介质的内容映射到指定的目录中，此目录即为设备的挂载点。对介质的访问就变成对挂载点目录的访问。一个挂载点一次只能挂载一个设备。

8.1　磁盘管理的 shell 命令

1. free 命令

功能：查看内存使用情况，包括虚拟内存、物理内存和缓冲区。

格式：

```
free  [选项]
```

选项说明如下。

- -b：以字节为单位，默认选项。
- -k：以 KB 为单位。
- -m：以 MB 为单位。

例如：

```
    [root@localhost  ~] #free -m        // 以 MB 为单位，显示内存使用情况
          Total      used      free     shared  buffer   cached
 Mem:       186      181         4          0       56       58
-/+ buffers/cache:         65       120
  Swap:     376       39       337
```

2. du 命令

功能：显示目录中文件的容量大小。

格式：

```
du [参数] [路径名]
```

参数说明如下。

- -m　以 MB 为单位，统计文件的容量（默认为 KB）。

例如：

```
[root@localhost  ~] #du            //显示当前路径下文件的容量
[root@localhost  ~] #du  /etc      //显示/etc 目录下文件的容量
```

3. df 命令

功能：统计分区的使用情况。

格式：

```
#df [参数] [分区号/装载点]
```

主要参数说明如下。

- -m：以 MB 为单位，统计使用情况
- -a（all）：显示全部文件系统的使用情况。

- -t 文件系统类型：显示指定类型文件系统的使用情况。
- -x 文件系统类型（type）：仅显示指定文件系统。
- -h 文件系统：显示除指定文件系统以外的其他文件系统的使用情况。

例如：显示全部文件系统的相关信息。

```
[root@localhost ~]# df -Th
文件系统      类型       容量   已用    可用    已用%   挂载点
devtmpfs      devtmpfs   874M    0      874M    0%      /dev
tmpfs         tmpfs      901M    0      901M    0%      /dev/shm
tmpfs         tmpfs      901M   9.7M    891M    2%      /run
tmpfs         tmpfs      901M    0      901M    0%      /sys/fs/cgroup
/dev/sda2     xfs        19G    4.4G    14G     25%     /
tmpfs         tmpfs      181M   1.2M    179M    1%      /run/user/42
tmpfs         tmpfs      181M   4.6M    176M    3%      /run/user/0
[root@localhost ~]#
```

又如：

```
[root@localhost  ~] #df          //显示当前所有已装载的分区使用情况
[root@localhost  ~] #df  /home   //显示/home 分区的使用情况
[root@localhost  ~] #df

文件系统       1K-块      已用      可用       已用%   挂载点
devtmpfs      894032       0      894032      0%      /dev
tmpfs         921916       0      921916      0%      /dev/shm
tmpfs         921916     9892     912024      2%      /run
tmpfs         921916       0      921916      0%      /sys/fs/cgroup
/dev/sda2     18953216 4591704    14361512    25%     /
tmpfs         184380     1168     183212      1%      /run/user/42
tmpfs         184380     4640     179740      3%      /run/user/0
```

4．检测文件系统 fsck

功能：检测并修复文件系统。

格式：

```
fsck  <设备文件名>
```

参数说明如下。

- -p：自动修复检测到的错误。

例如：

```
[root@localhost  ~] # fsck  -p  /dev/hda5   //检查硬盘某一分区上的文件系统
```

8.2　案例 1：Linux 磁盘分区管理

【案例目的】 利用 Linux 自带的分区工具 fdisk 查看分区，并利用 mount 实现设备的挂载。

【案例内容】

1）在虚拟机中添加一块 SCSI 类型的 8GB 的硬盘。

2）查看本机里面有几块硬盘，各有几个分区，分别如何表示。

3）对新加的硬盘进行分区，一个主分区，一个扩展分区。

4）将分区硬盘中的空间划分成两个逻辑分区 sdb5 与 sdb6，容量平均分。

5）查看分区情况并保存退出 fdisk。

6）把 sdb5 的文件系统创建为 ext2，把 sdb6 的文件系统创建为 ext3 并进行格式化。

7）把 sdb5 挂载到/mnt/hard1，把 sdb6 以只读的方式挂载到/mnt/hard2。

8）删除扩展分区。

【核心知识】 fdisk 的使用和 mount 的使用。

8.2.1　fdisk 磁盘分区工具

fdisk 是一个强大的磁盘分区工具，也是 Linux 自带的分区工具，不仅适用于 Linux，在 Windows 中也广泛适用。fdisk 命令格式如下。

```
fdisk  [参数]  [设备]
```

选项说明如下。

- -l：列出所有分区表。
- -s <分区编号>：指定分区。
- -v：版本信息。

例如：在虚拟机中添加 8GB 和 5GB 的磁盘，重启后，执行 fdisk -l 查看机器所挂硬盘个数及分区详细信息。

```
[root@localhost ~]# fdisk  -l
Disk /dev/sda: 20 GiB，21474836480 字节，41943040 个扇区
单元：扇区 / 1 * 512 = 512 字节
扇区大小(逻辑/物理)：512 字节 / 512 字节
I/O 大小(最小/最佳)：512 字节 / 512 字节
磁盘标签类型：dos
磁盘标识符：0x9f2cbb70
设备        启动    起点     末尾      扇区     大小     Id    类型
/dev/sda1          2048  4001791  3999744  1.9G    82 Linux swap / Solaris
/dev/sda2  *    4001792 41928703 3792691218.1G     83 Linux

Disk /dev/sdb: 8 GiB，8589934592 字节，16777216 个扇区
单元：扇区 / 1 * 512 = 512 字节
扇区大小(逻辑/物理)：512 字节 / 512 字节
I/O 大小(最小/最佳)：512 字节 / 512 字节

Disk /dev/sdc: 5 GiB，5368709120 字节，10485760 个扇区
单元：扇区 / 1 * 512 = 512 字节
扇区大小(逻辑/物理)：512 字节 / 512 字节
I/O 大小(最小/最佳)：512 字节 / 512 字节
```

从运行结果可以看到，有三块硬盘，分别是/dev/sda、/dev/sdb 和/dev/sdc，其中 sda 有两个分区，分别是/dev/sda1 和/dev/sda2，其中 sda1 为 swap，分区 sda2 分区的启动字段为"*"，为启动分区，用于引导系统启动；另外，新添加的磁盘为/dev/sdb，磁盘大小为 8GB；/dev/sdc 磁盘大小为 5GB，还没有分区。

案例分解 1

1）在虚拟机中添加一块 SCSI 类型的 8GB 的硬盘。

选择"虚拟机"→"设置"→选中硬盘，单击"添加"按钮，根据向导进行"下一步"，选择磁盘大小 8GB，然后单击"完成"按钮，最后单击"确定"按钮，重启系统后才能加载新硬盘。

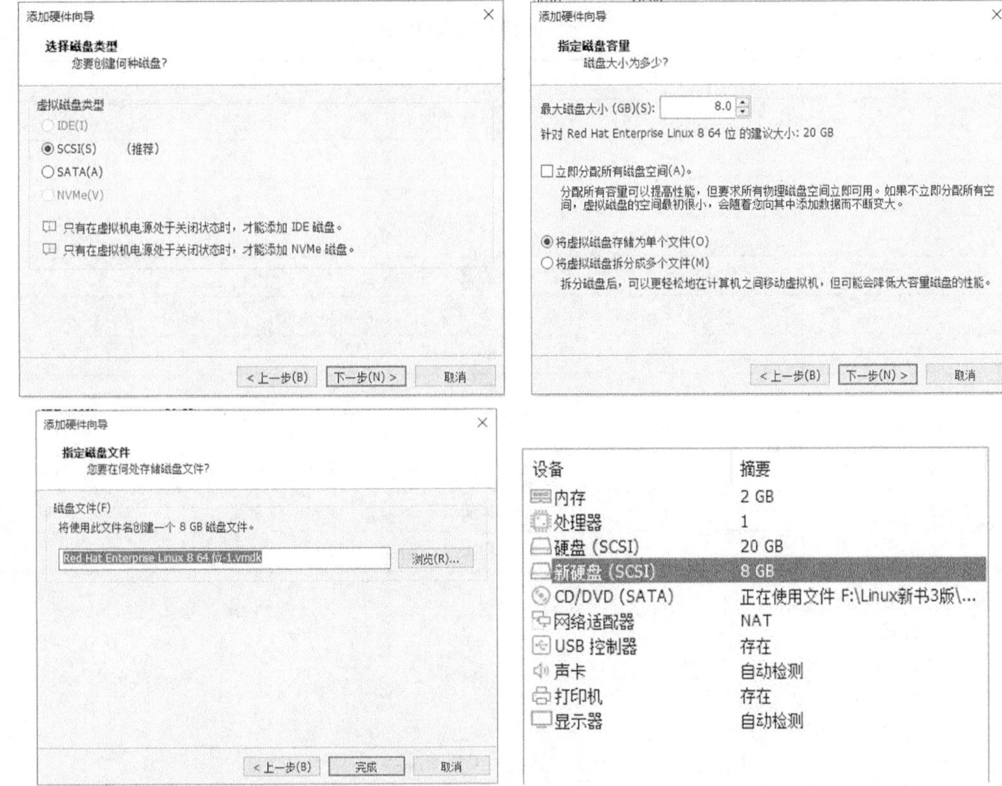

2）查看本机里面有几块硬盘，各有几个分区，分别如何表示。

```
[root@localhost  ~] # fdisk  -l
```

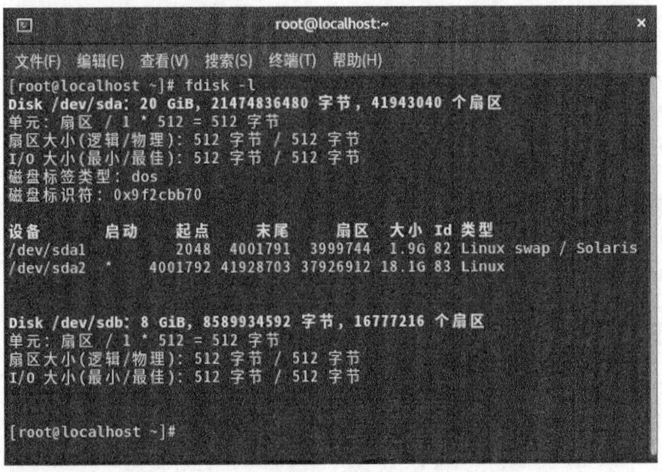

有两块 SCSI 类型的硬盘/dev/sda 和/dev/sdb，其中/dev/sda 有两个分区/dev/sda1 和/dev/sda2，/dv/sdb 没有分区。

下面以/dev/sdb 设备为例，讲解如何用 fdisk 来进行添加、删除分区等操作。

fdisk 操作硬盘的命令格式：

```
fdisk    设备文件名
```

fdisk 常用的交互命令如表 8-1 所示。

表 8-1　fdisk 常用交互命令

序号	命令	说明
1	m	获取帮助信息
2	n	创建新的分区
3	t	更改分区类型
4	p	打印分区表
5	w	将修改写入磁盘分区表并退出
6	q	不保存更改，退出 fdisk 命令
7	d	删除分区
8	A	切换分区是否为启动分区
9	F	列出未分区的空闲区
10	i	打印某个分区的相关信息
11	I	从 sfdisk 脚本文件加载磁盘布局
12	x	列出高级选项

```
[root@localhost ~]# fdisk  /dev/sdb              对/dev/sdb 进行分区
欢迎使用 fdisk (util-linux 2.32.1)。
更改将停留在内存中，直到您决定将更改写入磁盘。
使用写入命令前请三思。
设备不包含可识别的分区表。
创建了一个磁盘标识符为 0x870dc4d8 的新 DOS 磁盘标签。
命令(输入 m 获取帮助)：
```

1. 通过 fdisk 的“m”命令列出帮助信息

```
命令(输入 m 获取帮助)：m
帮助：
  DOS (MBR)
   a   开关可启动标志
   b   编辑嵌套的 BSD 磁盘标签
   c   开关 dos 兼容性标志
  常规
   d   删除分区
   F   列出未分区的空闲区
   l   列出已知分区类型
   n   添加新分区
   p   打印分区表
   t   更改分区类型
   v   检查分区表
   i   打印某个分区的相关信息
  杂项
   m   打印此菜单
   u   更改 显示/记录 单位
   x   更多功能(仅限专业人员)
  脚本
   I   从 sfdisk 脚本文件加载磁盘布局
   O   将磁盘布局转储为 sfdisk 脚本文件
  保存并退出
   w   将分区表写入磁盘并退出
   q   退出而不保存更改
```

```
新建空磁盘标签
  g   新建一份 GPT 分区表
  G   新建一份空 GPT (IRIX) 分区表
  o   新建一份的空 DOS 分区表
  s   新建一份空 Sun 分区表
```

2. 通过 fdisk 的“n”和“p”命令增加两个主分区

```
命令(输入 m 获取帮助): n
分区类型
   p   主分区 (0 个主分区，0 个扩展分区，4 空闲)
   e   扩展分区 (逻辑分区容器)
选择 (默认 p): p
分区号 (1-4, 默认  1): 1
第一个扇区 (2048-16777215, 默认 2048):
上个扇区，+sectors 或 +size{K,M,G,T,P} (2048-16777215, 默认 16777215): +2G
创建了一个新分区 1，类型为“Linux”，大小为 2GiB。
命令(输入 m 获取帮助): n
分区类型
   p   主分区 (1 个主分区，0 个扩展分区，3 空闲)
   e   扩展分区 (逻辑分区容器)
选择 (默认 p): p
分区号 (2-4, 默认  2): 2
第一个扇区 (4196352-16777215, 默认 4196352):
上个扇区，+sectors 或 +size{K,M,G,T,P} (4196352-16777215, 默认 16777215): +2G
创建了一个新分区 2，类型为“Linux”，大小为 2GiB。
命令(输入 m 获取帮助):
```

☞**注意：**

在增加主分区时，如果磁盘没有空间了或者是增加的分区大于磁盘剩余的空间，就会增加失败，所以只能增加逻辑分区了；

3. 通过 fdisk 的“n”和“e”命令创建一个扩展分区

```
命令(输入 m 获取帮助): n
分区类型
   p   主分区 (2 个主分区，0 个扩展分区，2 空闲)
   e   扩展分区 (逻辑分区容器)
选择 (默认 p): e
分区号 (3,4, 默认  3): 3
第一个扇区 (8390656-16777215, 默认 8390656):
上个扇区，+sectors 或 +size{K,M,G,T,P} (8390656-16777215, 默认 16777215): +2G
创建了一个新分区 3，类型为“Extended”，大小为 2GiB。
命令(输入 m 获取帮助):
```

4. 通过 fdisk 的“n”和“l”命令创建一个逻辑分区

```
   命令(输入 m 获取帮助): n
分区类型
   p   主分区 (2 个主分区，1 个扩展分区，1 空闲)
   l   逻辑分区 (从 5 开始编号)
选择 (默认 p): l
添加逻辑分区 5
第一个扇区 (8392704-12584959, 默认 8392704):
上个扇区，+sectors 或 +size{K,M,G,T,P} (8392704-12584959, 默认 12584959):
创建了一个新分区 5，类型为“Linux”，大小为 2GiB。
```

```
命令(输入 m 获取帮助):
```

案例分解 3

3）对新加的硬盘进行分区，一个主分区，一个扩展分区。

```
[root@localhost ~]# fdisk /dev/sdb

欢迎使用 fdisk (util-linux 2.32.1)。
更改将停留在内存中，直到您决定将更改写入磁盘。
使用写入命令前请三思。

设备不包含可识别的分区表。
创建了一个磁盘标识符为 0xc655d6f2 的新 DOS 磁盘标签。

命令(输入 m 获取帮助): n
分区类型
   p   主分区 (0个主分区，0个扩展分区，4空闲)
   e   扩展分区 (逻辑分区容器)
选择 (默认 p): p
分区号 (1-4, 默认  1): 1
第一个扇区 (2048-16777215, 默认 2048):
上个扇区，+sectors 或 +size{K,M,G,T,P} (2048-16777215, 默认 16777215): +2G

创建了一个新分区 1，类型为"Linux"，大小为 2 GiB。

命令(输入 m 获取帮助): n
分区类型
   p   主分区 (1个主分区，0个扩展分区，3空闲)
   e   扩展分区 (逻辑分区容器)
选择 (默认 p): e
分区号 (2-4, 默认  2): 2
第一个扇区 (4196352-16777215, 默认 4196352):
上个扇区，+sectors 或 +size{K,M,G,T,P} (4196352-16777215, 默认 16777215): +3G

创建了一个新分区 2，类型为"Extended"，大小为 3 GiB。

命令(输入 m 获取帮助):
```

4）将分区硬盘中的空间划分或两个逻辑分区 sdb5 与 sdb6，容量平均分。

```
命令(输入 m 获取帮助): n
分区类型
   p   主分区 (1个主分区，1个扩展分区，2空闲)
   l   逻辑分区 (从 5 开始编号)
选择 (默认 p): l

添加逻辑分区 5
第一个扇区 (4198400-10487807, 默认 4198400):
上个扇区，+sectors 或 +size{K,M,G,T,P} (4198400-10487807, 默认 10487807): +1.5G

创建了一个新分区 5，类型为"Linux"，大小为 1.5 GiB。

命令(输入 m 获取帮助): n
分区类型
   p   主分区 (1个主分区，1个扩展分区，2空闲)
   l   逻辑分区 (从 5 开始编号)
选择 (默认 p): l

添加逻辑分区 6
第一个扇区 (7321600-10487807, 默认 7321600):
上个扇区，+sectors 或 +size{K,M,G,T,P} (7321600-10487807, 默认 10487807): +1.5G

创建了一个新分区 6，类型为"Linux"，大小为 1.5 GiB。

命令(输入 m 获取帮助):
```

5. 通过 fdisk 的“p”命令列出当前操作硬盘的分区情况

命令(输入 m 获取帮助)：p

```
Disk /dev/sdb：8GiB，8589934592 字节，16777216 个扇区
单元：扇区 / 1 * 512 = 512 字节
扇区大小(逻辑/物理)：512 字节 / 512 字节
I/O 大小(最小/最佳)：512 字节 / 512 字节
磁盘标签类型：dos
磁盘标识符：0x7454a6f3
设备        启动  起点     末尾      扇区     大小   Id  类型
/dev/sdb1         2048     4196351   4194304  2G     83  Linux
/dev/sdb2         4196352  8390655   4194304  2G     83  Linux
/dev/sdb3         8390656  12584959  4194304  2G     5   扩展
/dev/sdb5         8392704  12584959  4192256  2G     83  Linux
```

从运行结果来看，已经创建了两个主分区/dev/sdb1 和/dev/sdb2，一个扩展分区/dev/sdb3 和一个

逻辑分区/dev/sdb5，逻辑分区的扇区都是在扩展分区划分的。

案例分解 4

5）查看分区情况并保存退出 fdisk。

```
命令(输入 m 获取帮助): p
Disk /dev/sdb: 8 GiB, 8589934592 字节, 16777216 个扇区
单元: 扇区 / 1 * 512 = 512 字节
扇区大小(逻辑/物理): 512 字节 / 512 字节
I/O 大小(最小/最佳): 512 字节 / 512 字节
磁盘标签类型: dos
磁盘标识符: 0xc655d6f2

设备        启动    起点     末尾     扇区  大小 Id 类型
/dev/sdb1           2048  4196351 4194304    2G 83 Linux
/dev/sdb2        4196352 10487807 6291456    3G  5 扩展
/dev/sdb5        4198400  7319551 3121152 1.5G 83 Linux
/dev/sdb6        7321600 10442751 3121152 1.5G 83 Linux

命令(输入 m 获取帮助): w
分区表已调整。
将调用 ioctl() 来重新读分区表。
正在同步磁盘。
```

6. 通过 fdisk 的“t”命令转换分区类型

例如，把/sdb5 转换为 swap,swap 交换分区的 Hex 代码为 82。

```
命令(输入 m 获取帮助)：t
分区号 (1-3,5, 默认 5): 5
Hex 代码(输入 L 列出所有代码)：82
已将分区“Linux”的类型更改为“Linux swap / Solaris”。
命令(输入 m 获取帮助)：p
Disk /dev/sdb：8GiB，8589934592 字节，16777216 个扇区
单元：扇区 / 1 * 512 = 512 字节
扇区大小(逻辑/物理)：512 字节 / 512 字节
I/O 大小(最小/最佳)：512 字节 / 512 字节
磁盘标签类型：dos
磁盘标识符：0x7454a6f3
设备        启动   起点       末尾       扇区      大小 Id   类型
/dev/sdb1          2048       4196351    4194304   2G   83   Linux
/dev/sdb2          4196352    8390655    4194304   2G   83   Linux
/dev/sdb3          8390656    12584959   4194304   2G   5    扩展
/dev/sdb5          8392704    12584959   4192256   2G   82   Linux swap / Solaris
```

从运行结果可知，/dev/sdb5 的类型已经改变了。

7. 通过 fdisk 的“d”命令删除一个分区

```
命令(输入 m 获取帮助)：d
分区号 (1-3,5, 默认 5): 5
分区 5 已删除。
命令(输入 m 获取帮助)：p
Disk /dev/sdb：8GiB，8589934592 字节，16777216 个扇区
单元：扇区 / 1 * 512 = 512 字节
扇区大小(逻辑/物理)：512 字节 / 512 字节
I/O 大小(最小/最佳)：512 字节 / 512 字节
磁盘标签类型：dos
磁盘标识符：0x7454a6f3
设备         启动   起点       末尾        扇区      大小   Id   类型
/dev/sdb1           2048      4196351     4194304   2G     83   Linux
/dev/sdb2          4196352    8390655     4194304   2G     83   Linux
/dev/sdb3          8390656    12584959    4194304   2G     5    扩展
```

☞注意：

删除分区时要小心，请看好分区的序号，如果删除了扩展分区，扩展分区之下的逻辑分区也会删除；所以操作时一定要小心；如果知道自己操作错了，也不要惊慌，可以用 q 不保存退出；在分区操作发生错误时，千万不要输入 w 保存退出！

8．通过 fdisk 的“w”命令保存分区并退出 fdisk 命令

```
命令(输入 m 获取帮助)：w
分区表已调整。
将调用 ioctl() 来重新读分区表。
正在同步磁盘。
```

8.2.2　parted 磁盘分区工具

RHEL 8 支持 fdisk 和 parted 两种分区命令。parted 命令同样可以进行建立、修改、调整等磁盘操作，它比 fdisk 命令更加灵活，功能更加丰富，fdisk 命令只能划分单个分区小于 2TB 磁盘，对于大于 2TB 的磁盘无能为力，而 parted 命令既可以划分单个分区大于 2TB 的全局唯一标识分区表 GPT（GUID Partition Table）格式的分区，也可以划分普通的磁盘主引导记录 MBR（Master Boot Record）格式的分区。在某些情况下，使用 fdisk 命令无法看到 parted 命令划分的 GPT 格式的分区。parted 子命令的说明见表 8-2。

表 8-2　parted 子命令说明

序号	命令	说明
1	help [command]	显示全部帮助信息或指定命令的帮助信息
2	mklabel	创建新的分区表
3	mkpart	创建分区
4	resizepart	更改分区的大小
5	print	显示分区信息
6	select	选择需要操作的磁盘
7	quit	退出 parted 命令
8	Rm [partion]	删除分区
9	toggle [partion flag]	切换分区的标识
10	set [partion flag state]	设置分区的标识
11	disk_toggle [flag]	切换硬盘标识
12	disk_set [flag state]	设置硬盘的标识
13	name	以指定的名字命名分区
14	version	显示所有支持的分区类型
15	unit	设置默认的硬盘容量单位
16	rescue	恢复丢失的分区
17	alignment	检查分区是否对齐

交互命令格式：

```
parted  [参数][设备][命令]
```

说明：parted 命令将带有“选项”的命令应用于“设备”，如果没有给出“命令”，则以交互模式运行。

例如：

```
#parted /dev/sdb print  //查看硬盘/dev/sdb 的分区信息
```

```
#parted -l                    //查看系统中所有硬盘信息及分区情况
```

1. 使用 parted 命令的“help”获取帮助信息

```
[root@localhost ~]# parted /dev/sdc
GNU Parted 3.2
使用 /dev/sdc
Welcome to GNU Parted! Type 'help' to view a list of commands.
(parted) help
 align-check TYPE N                        //检查分区是否对齐
      alignment
 help [COMMAND]                            //帮助命令
 mklabel,mktable LABEL-TYPE                //创建一个新的分区表
 mkpart PART-TYPE [FS-TYPE] START END      //创建一个分区
 name NUMBER NAME                          //以指定的 Name 给分区命令
 print [devices|free|list,all|NUMBER]      //显示分区表信息
 quit                                      //退出程序
 rescue START END                  rescue a lost partition near START and END
 resizepart NUMBER END                     //更改分区大小
 rm NUMBER                                 //删除一个分区
 select DEVICE                             //选择一个编辑的设备
 disk_set FLAG STATE                       //更改选择硬盘的标识
 disk_toggle [FLAG]                        //切换硬盘标识
 set NUMBER FLAG STATE                     //更改分区标识
 toggle [NUMBER [FLAG]]                    //切换分区标识
 unit UNIT                                 //设置默认的磁盘容量单位
 version                                   //显示版本
  information of GNU Parted
(parted)
```

2. 使用 parted 命令的“mklabel”创建新的分区列表

```
(parted) mklabel gpt                       // 创建新的分区列表，类型为 gpt
(parted) print                             //显示分区信息
Model: VMware, VMware Virtual S (scsi)
Disk /dev/sdc: 5369MB
Sector size (logical/physical): 512B/512B
Partition Table: gpt
Disk Flags:
Number  Start  End  Size  File system  Name  标志
```

3. 使用 parted 命令的“mkpart”创建一个新的 xfs 类型的分区

```
(parted) mkpart                   // 输入分区命令
分区名称？  []? test1             //输入分区名称 test1
文件系统类型？  [ext2]? xfs       //输入分区类型 xfs
起始点？ 2048s                    //分区起始点，建议从 2048s 开始，避免出现警告
结束点？ 1024M                    //分区大小 1024MB
(parted) print                    //显示分区信息
Model: VMware, VMware Virtual S (scsi)
Disk /dev/sdc: 5369MB
Sector size (logical/physical): 512B/512B
Partition Table: gpt
Disk Flags:

Number  Start   End     Size     File system  Name   标志
 1      1049kB  1024MB  1023MB   xfs          test1
```

```
(parted)
```

4. 使用 parted 命令的“mkpart”创建一个新的 ext4 类型的分区

```
(parted) mkpart
分区名称?  []? test2
文件系统类型?  [ext2]? ext4
起始点? 1024M                          //从上次分区结束的位置开始新的分区
结束点? 2048M                          //分区空间大小为 1024MB
(parted) print                         //显示分区信息
Model: VMware, VMware Virtual S (scsi)
Disk /dev/sdc: 5369MB
Sector size (logical/physical): 512B/512B
Partition Table: gpt
Disk Flags:

Number  Start   End     Size    File system    Name    标志
 1      1049kB  1024MB  1023MB  xfs            test1
 2      1024MB  2048MB  1023MB  ext4           test2
```

5. 使用 parted 命令的“resizepart”更改分区大小

```
(parted) resizepart                //更改分区的命令
分区编号? 2                        //要更改的分区编号
结束点?  [2048MB]? 4096MB          //设置分区大小
(parted) print                     //显示分区信息，分区空间已改为 3072MB
Model: VMware, VMware Virtual S (scsi)
Disk /dev/sdc: 5369MB
Sector size (logical/physical): 512B/512B
Partition Table: gpt
Disk Flags:
Number  Start   End     Size    File system    Name    标志
 1      1049kB  1024MB  1023MB  xfs            test1
 2      1024MB  4096MB  3072MB  ext4           test2
```

6. 使用 parted 命令的“name”设置分区名称

```
(parted) name              //输入设置分区名称命令
分区编号? 2                //要更改的分区编号
分区名称?  [test2]? tt     //新的分区名称 tt
(parted) print             //显示分区名称已更改为 tt
Model: VMware, VMware Virtual S (scsi)
Disk /dev/sdc: 5369MB
Sector size (logical/physical): 512B/512B
Partition Table: gpt
Disk Flags:
Number  Start   End     Size    File system  Name    标志
 1      1049kB  1024MB  1023MB  xfs          test1
 2      1024MB  4096MB  3072MB  ext4         tt
```

7. 使用 parted 命令的“rm”删除分区

```
    (parted) rm                    //输入删除分区命令
分区编号? 2                        //输入要删除的分区号 2
(parted) print                     //显示分区信息，分区 2 已删除
Model: VMware, VMware Virtual S (scsi)
Disk /dev/sdc: 5369MB
Sector size (logical/physical): 512B/512B
Partition Table: gpt
```

```
Disk Flags:

Number  Start   End     Size    File system   Name    标志
 1      1049kB  1024MB  1023MB  xfs           test1
```

8．使用 parted 命令的“quit”退出分区命令

```
(parted) quit
信息：You may need to update /etc/fstab.
```

8.2.3　mkfs 创建文件系统

磁盘分区完成后，需要为磁盘创建文件系统，创建文件系统时需要确认分区上的数据是否可用，创建后会删除分区内容原有的数据，且数据不可恢复。

格式：

```
mkfs  [选项]  设备
```

选项说明如下。

- -t：文件系统类型，指定要创建的文件系统类型。
- -c：创建文件系统前先检测。
- -v：显示创建文件系统的详细信息。

RHEL 8 版本之后，Linux 系统默认的文件系统类型是 xfs，可以用 mkfs 命令格式化成用户需要的任何 Linux 系统支持的类型。

例如：按两次〈tab〉键可以查看系统支持的文件系统。

```
[root@localhost ~]# mkfs
mkfs         mkfs.ext2   mkfs.ext4   mkfs.minix   mkfs.vfat
mkfs.cramfs  mkfs.ext3   mkfs.fat    mkfs.msdos   mkfs.xfs
```

例如：在/dev/sdc1 上建立文件系统，如果不给参数默认建立 ext2 文件系统。

```
[root@localhost ~]# mkfs  /dev/sdc1
mke2fs 1.45.4 (23-Sep-2019)
创建含有 249856 个块（每块 4k）和 62464 个 inode 的文件系统
文件系统 UUID：32ba8155-f037-479f-a6f2-559dc8a46643
超级块的备份存储于下列块：
32768, 98304, 163840, 229376
正在分配组表： 完成
正在写入 inode 表： 完成
写入超级块和文件系统账户统计信息： 已完成
[root@localhost ~]# parted /dev/sdc1 print
Model: 未知 (unknown)
Disk /dev/sdc1: 1023MB
Sector size (logical/physical): 512B/512B
Partition Table: loop
Disk Flags:
Number  Start  End     Size    File system  标志
 1      0.00B  1023MB  1023MB  ext2
```

例如：在/dev/sdb1 上建立文件 xfs 系统。

```
[root@localhost ~]# mkfs  -t  xfs  /dev/sdb1
meta-data=/dev/sdb1              isize=512    agcount=4, agsize=131072 blks
         =                       sectsz=512   attr=2, projid32bit=1
         =                       crc=1        finobt=1, sparse=1, rmapbt=0
         =                       reflink=1
```

```
data     =                     bsize=4096   blocks=524288, imaxpct=25
         =                     sunit=0      swidth=0 blks
naming   =version 2            bsize=4096   ascii-ci=0, ftype=1
log      =internal log         bsize=4096   blocks=2560, version=2
         =                     sectsz=512   sunit=0 blks, lazy-count=1
realtime =none                 extsz=4096   blocks=0, rtextents=0
[root@localhost ~]# parted /dev/sdb1 print
Model: 未知 (unknown)
Disk /dev/sdb1: 2147MB
Sector size (logical/physical): 512B/512B
Partition Table: loop
Disk Flags:
Number  Start   End     Size    File system  标志
 1      0.00B  2147MB  2147MB  xfs
```

案例分解 5

6）把 sdb5 的文件系统创建为 ext2，把 sdb6 的文件系统创建为 ext3 并进行格式化。

```
[root@localhost ~]# mkfs -t ext2 /dev/sdb5
mke2fs 1.45.4 (23-Sep-2019)
创建含有 390144 个块（每块 4k）和 97536 个inode的文件系统
文件系统UUID: 9b20fef2-ed0b-422d-aa17-7ef62a2fd4c4
超级块的备份存储于下列块：
        32768, 98304, 163840, 229376, 294912

正在分配组表： 完成
正在写入inode表： 完成
写入超级块和文件系统账户统计信息： 已完成

[root@localhost ~]# mkfs -t ext3 /dev/sdb6
mke2fs 1.45.4 (23-Sep-2019)
创建含有 390144 个块（每块 4k）和 97536 个inode的文件系统
文件系统UUID: b7707cf7-aa66-4493-a793-1360db770bcf
超级块的备份存储于下列块：
        32768, 98304, 163840, 229376, 294912

正在分配组表： 完成
正在写入inode表： 完成
创建日志（8192 个块）完成
写入超级块和文件系统账户统计信息： 已完成

[root@localhost ~]#
```

8.2.4 装载/卸载文件系统

创建好文件系统的存储设备并不能马上使用，必须把它挂载到文件系统中才可以使用。在 Linux 系统中无论是硬盘、光盘还是 U 盘，都必须经过挂载才能进行文件系统存取操作。所谓挂载就是将存储介质的内容映射到指定的目录中，此目录为该设备的挂载点，这样，对存储介质的访问就变成了对挂载点目录的访问。一个挂载点多次挂载不同设备或分区时，最后一次有效；一个设备或分区可以多次挂载到不同的挂载点。

通常，硬盘上的系统分区会在 Linux 的启动过程中自动挂载到指定的目录，并在关机时自动卸载，光盘等可移动存储介质可以在启动时自动挂载。也可以在需要时手动挂载或卸载。挂载文件系统，目前有两种方法：一是通过 mount 命令手动挂载，另一种方法是通过/etc/fstab 文件开机时自动挂载。

1．手动命令装载

格式：

```
mount [选项] [设备名] [装载点]
```

功能：装载文件系统到指定的目录，该目录即为此设备的挂载点。挂载点目录可以不为空，但必须已存在。文件系统挂载后，该挂载点目录的原文件暂时不能显示且不能访问，取代它的是挂在设备上的文件。原目录上的文件待到挂载设备卸载后，才能重新访问。

主要选项说明如下。

- -a：挂载所有在配置文件/etc/fstab 中提到的文件系统。
- -t：文件系统类型（type），挂载指定文件系统类型。
- -o：ro 为只读方式；rw 为读写方式；iocharset=gb2312 为显示中文。

Linux 在启动时一定会自动挂载硬盘上的根分区，如果安装时建立多个分区，那么也可以查看多个分区的挂载情况。另外，根据系统运行的需要，系统还会自动挂载多个与存储设备无关的文件系统。又如挂载光盘：

```
[root@localhost ~] # mkdir  /mnt/cdrom
[root@localhost ~] # mount  /dev/cdrom  /mnt/cdrom
[root@localhost ~] # ls  /mnt/cdrom                //显示光盘中的内容
```

如挂载 U 盘：

```
[root@localhost ~] # mkdir  /mnt/usb               // 创建目录
[root@localhost ~] # mount  /dev/sdc1  /mnt/usb // 挂载 U 盘
[root@localhost ~] # ls  /mnt/usb                  // 显示 U 盘中的内容
```

U 盘设备在 Linux 通常表示为 SCSI 设备，如 /dev/sdb1、/dev/sdc1 等，如果 U 盘中的文件产生于 Windows 环境，则可用“-t vfat 选项”。

通过 mount 还可以挂载硬盘分区或逻辑卷。

```
[root@localhost ~]# mount /dev/sdb1 /mnt //将/dev/sdb1 分区挂载到/mnt 目录
[root@localhost ~]# df
文件系统        容量   已用    可用    已用%    挂载点
devtmpfs        874M    0     874M    0%      /dev
tmpfs           901M    0     901M    0%      /dev/shm
tmpfs           901M   9.7M   891M    2%      /run
tmpfs           901M    0     901M    0%      /sys/fs/cgroup
/dev/sda2        19G   4.4G   14G     25%     /
tmpfs           181M   1.2M   179M    1%      /run/user/42
tmpfs           181M   4.6M   176M    3%      /run/user/0
/dev/sdb1       2.0G   47M    2.0G    3%      /mnt
```

☞**提示：**

一个设备可以同时被装载到不同的目录中，一个目录也可以同时装载到不同的设备；一个目录一旦被装载，该目录下原有的内容将会被全部隐藏，如果取消装载，文件又会重现。

案例分解 6

7）把 sdb5 挂载到/mnt/hard1，把 sdb6 以只读的方式挂载到/mnt/hard2。

```
[root@localhost ~]# mkdir /mnt/hard1
[root@localhost ~]# mount /dev/sdb5  /mnt/hard1
[root@localhost ~]# mkdir /mnt/hard2
[root@localhost ~]# mount -o ro /dev/sdb6 /mnt/hard2
[root@localhost ~]# df
文件系统           1K-块    已用     可用 已用% 挂载点
devtmpfs          894032       0   894032    0% /dev
tmpfs             921916       0   921916    0% /dev/shm
tmpfs             921916    9880   912036    2% /run
tmpfs             921916       0   921916    0% /sys/fs/cgroup
/dev/sda2       18953216 4592448 14360768   25% /
tmpfs             184380    1168   183212    1% /run/user/42
tmpfs             184380    4640   179740    3% /run/user/0
/dev/sdb5        1536048    2304  1455716    1% /mnt/hard1
/dev/sdb6        1503280    2340  1422912    1% /mnt/hard2
[root@localhost ~]#
```

从运行结果可以看出，/dev/sdb5 和/dev/sdb6 已成功挂载到相应目录下。

8）删除扩展分区。

删除扩展分区可以依次删除逻辑分区，也可以直接输入扩展分区号直接删除，逻辑分区也会被删除。

```
[root@localhost ~]# fdisk /dev/sdb

欢迎使用 fdisk (util-linux 2.32.1)。
更改将停留在内存中，直到您决定将更改写入磁盘。
使用写入命令前请三思。


命令(输入 m 获取帮助): d
分区号 (1,2,5,6, 默认 6): 6

分区 6 已删除。

命令(输入 m 获取帮助): p
Disk /dev/sdb: 8 GiB, 8589934592 字节, 16777216 个扇区
单元: 扇区 / 1 * 512 = 512 字节
扇区大小(逻辑/物理): 512 字节 / 512 字节
I/O 大小(最小/最佳): 512 字节 / 512 字节
磁盘标签类型: dos
磁盘标识符: 0xc655d6f2

设备       启动    起点     末尾     扇区  大小 Id 类型
/dev/sdb1          2048  4196351 4194304   2G 83 Linux
/dev/sdb2       4196352 10487807 6291456   3G  5 扩展
/dev/sdb5       4198400  7319551 3121152 1.5G 83 Linux
```

```
命令(输入 m 获取帮助): d
分区号 (1,2,5, 默认 5): 2

分区 2 已删除。

命令(输入 m 获取帮助): p
Disk /dev/sdb: 8 GiB, 8589934592 字节, 16777216 个扇区
单元: 扇区 / 1 * 512 = 512 字节
扇区大小(逻辑/物理): 512 字节 / 512 字节
I/O 大小(最小/最佳): 512 字节 / 512 字节
磁盘标签类型: dos
磁盘标识符: 0xc655d6f2

设备       启动  起点    末尾    扇区 大小 Id 类型
/dev/sdb1        2048 4196351 4194304   2G 83 Linux

命令(输入 m 获取帮助):
```

2. 卸载文件系统 umount

格式：

```
umount  [选项]  装载点
```

功能：卸载指定的设备，既可使用设备名也可使用挂载目录名。

参数说明如下。

- -t：文件系统类型，指定文件系统类型。

例如：

```
[root@localhost  ~] # umount  /mnt/cdrom        //卸载光盘
[root@localhost  ~] # umount /mnt/usb           //卸载 U 盘
```

进行卸载操作时，如果挂在设备中的文件正被使用，或者当前目录正是挂载点目录，系统会显示“设备正忙”的提示信息。用户必须关闭相关文件，或切换到其他目录才能进行卸载操作。

3. 自动装载

系统启动时会自动装载文件系统，装载的文件系统放在/etc/fstab 中。

fstab 文件结构如下。

卷标	装载点	类型	装载选项	备份选项	检查顺序
/dev/hda5	/abc	ext3	defaults	0	1

选项说明如下。

- 卷标：系统分区的表示。
- 装载选项： defaults 表示默认启动时自动装载；auto 表示自动挂载文件系统；noauto 表示设定启动时不装载；rw 表示读写方式装载；ro 表示只读方式装载；usrquota 表示设定用户配额；grpquota 表示设定组配额。
- 备份选项：针对 ext2，默认值是 0，表示不备份。
- 检查顺序：指 fsck 检查顺序，0 表示不检查。

例如：把/dev/hda5 在系统启动时自动装载到目录/abc 下，且备份选项为 0，检查顺序为 1：

```
[root@localhost  ~] # vim /etc/fstab
```

添加如下内容：

```
/dev/hda5    /abc    ext2    defaults    0    1
```

系统中的/etc/fstab 用于记录系统已经装载的文件系统。

例如：查看 RHEL 中的自动装载文件。

```
[root@localhost ~]# cat /etc/fstab
# /etc/fstab
# Created by anaconda on Sat Jan 30 05:38:11 2021
#
# Accessible filesystems, by reference, are maintained under '/dev/disk/'.
# See man pages fstab(5), findfs(8), mount(8) and/or blkid(8) for more info.
#
# After editing this file, run 'systemctl daemon-reload' to update systemd
# units generated from this file.
#
UUID=214069dd-7574-4471-911c-a835f5170896 /       xfs    defaults    0 0
UUID=b81d87e8-9814-4c39-8511-4e76278e03be swap    swap   defaults    0 0
```

fstab 文件的每一行表示一个文件系统，每个文件系统的信息用 6 个字段来表示，字段之间用空格隔开。

8.3　案例 2：LVM 逻辑卷管理

【案例目的】对磁盘进行逻辑卷管理。

【案例内容】

1）在虚拟机中添加一块 5GB 的硬盘/dev/sdb 和一块 3GB 的硬盘/dev/sdc。

2）对新添加的硬盘进行分区/dev/sdb1 和/dev/sdc1。

3）对这两块硬盘进行 LVM 管理（卷组名 VGRHEL，逻辑卷名为 VGRL1，容量为 200MB，文件系统格式为 ext4，挂载点为/mnt/lv)。

4）将 VGRL1 扩大到 500MB。

5）将 VGRL1 缩减到 400MB。

6）删除逻辑卷 VGRL1。

【核心知识】如何进行磁盘逻辑卷管理。

8.3.1　LVM 逻辑卷管理器概述

随着应用水平的不断深入，人们提出了一种对硬盘存储设备进行管理的机制——逻辑卷管理器（Logical Volume Manager，LVM），目的是解决硬盘设备在创建分区后不易修改分区大小的缺陷。LVM 技术是在硬盘分区和文件系统之间添加了一个逻辑层，它提供了一个抽象的卷组，可以把多块硬盘进行卷组合并。这样一来，用户不必关心物理硬盘设备的底层架构和布局，就可以实现硬盘空间的动态划分和调整。LVM 的技术架构如图 8-1 所示。

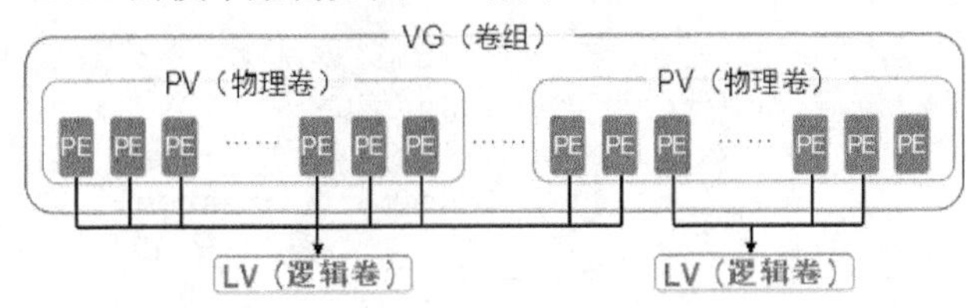

图 8-1　LVM 的技术架构

1）物理卷（Physical Volume，PV)：在 LVM 中处于最底层，它可以是磁盘、磁盘分区，也可以是 RAID 设备，它是 LVM 的基本存储逻辑块，但和基本的物理存储介质（如分区、磁盘等）比较，却包含有和 LVM 相关的管理参数。

2）卷组（Volume Group，VG)：建立在物理卷（PV）之上，一个卷组由一个或多个物理卷组成，在卷组建立之后可动态添加物理卷到卷组中。一个逻辑卷管理系统工作中可以只有一个卷组，也可以有多个卷组。

3）逻辑卷（Logical Volume，LV）：建立在卷组（VG）之上，可以在逻辑卷（LV）之上建立文件系统，卷组中未分配的空间可以用于建立新的逻辑卷，逻辑卷建立之后可以动态扩展和缩小空间，系统中的多个逻辑卷可以属于同一个卷组，也可以属于不同的卷组。

4）物理区域（Physical Extents，PE）：是物理卷中可以分配的最小存储单元，具有唯一编号的PE 是可以被 LVM 寻址的最小单元，PE 的大小是可以指定的，默认为 4MB。

在 LVM 中，PE 是卷的最小单位，就像数据是以页的形式存在一样，卷以 PE 的形式存储。PV是物理卷，如果要使用 LV，首先就是要将物理磁盘或物理分区格式化成 PV，格式化后 PV 就可以为 LV 提供 PE 了，PE 是可以跨磁盘的。VG 是卷组，它可以将很多 PE 组合在一起生成一个 VG。LV 是逻辑卷给用户使用。LVM 管理常用的命令如表 8-3 所示。

表 8-3　LVM 管理常用命令

功能/命令	物理卷管理	卷组管理	逻辑卷管理
扫描	pvscan	vgscan	lvscan
建立	pvcreate	vgcreate	lvcreate
显示	pvdisplay	vgdisplay	lvdisplay
删除	pvremove	vgremove	lvremove
扩展		vgextend	lvextend
缩小		vgreduce	lvreduce

8.3.2　LVM 管理磁盘

1. 规划并创建分区

系统中新添加两块硬盘，其中一块是/dev/sdb，大小为 4GB，另一块是/dev/sdc，大小为 2GB，并使用分区命令分区。

```
[root@localhost ~]# fdisk -l
/dev/sdb1       2048 8390655 8388608   4G 83 Linux
/dev/sdc1       2048 4196351 4194304   2G 83 Linux
```

2. 管理物理卷 PV

利用 pvcreate 创建 PV，让希望添加卷组的所有分区转换为 PV，让硬盘支持 LVM 技术。然后使用 pvdisplay、pvscan 查看 PV 的创建情况，如果需要可以使用 pvremove 命令删除 PV。

（1）创建 PV

```
[root@localhost ~]# pvcreate /dev/sdb1    //将/dev/sdb1 创建为物理卷
 Physical volume "/dev/sdb1" successfully created.    //创建成功
[root@localhost ~]# pvcreate /dev/sdc1
 Physical volume "/dev/sdc1" successfully created.
[root@localhost ~]# pvscan                   //查看已经存在的 PV 信息
  PV /dev/sdb1                      lvm2 [4.00 GiB]
  PV /dev/sdc1                      lvm2 [2.00 GiB]
  Total: 2 [6.00 GiB] / in use: 0 [0   ] / in no VG: 2 [6.00 GiB]
```

（2）删除 PV

```
[root@localhost ~]# pvremove /dev/sdc1   //删除物理卷
```

3. 管理卷组 VG

利用 VG 可以把多个 PV 创建为一个完整的卷组，创建卷组时，设置使用大小为 4MB 的 PE（默认为 4MB)，表示卷组 VG 上创建的所有逻辑卷都以 4MB 为增量单位进行扩充和缩减。创建成功后可以使用 vgdisplay、vgscan、vgremove 和 vgextend、vgreduce 对卷组进行管理操作。

（1）创建 VG

```
[root@localhost ~]# vgcreate test/dev/sdb1 /dev/sdc1 //创建名字为 test 的卷组
  Volume group "test" successfully created          //创建成功
[root@localhost ~]# vgs                              //查看存在的 VG 信息
  VG   #PV #LV #SN Attr   VSize VFree
  test   2   0   0 wz--n- 5.99g 5.99g
```

（2）扩展 VG

```
[root@localhost ~]# vgextend
```

（3）删除 VG

```
 [root@localhost ~]# vgremove  test          //删除卷组 test
Volume group "test" successfully removed     //删除成功
```

4. 管理逻辑卷 LV

使用 lvcreate 命令创建逻辑卷，在对逻辑卷进行切割时有两种计量单位。第一种是以容量为单位，所使用的参数为-L，其参数为磁盘容量单位的数值（MB、GB 等）。例如，使用-L 150M 生成一个大小为 150MB 的逻辑卷。另外一种是以基本单元的个数为单位，所使用的参数为-l。每个基本单元的大小默认为 4MB。例如，使用-l 37 可以生成一个大小为 37×4MB=148MB 的逻辑卷。创建成功后可以使用 lvdisplay、lvs、lvremove、lvextend、lvreduce 对逻辑卷进行操作。

格式：

lvcreate -n 逻辑卷名 -l 逻辑卷包括的 PE 数 卷组名

格式：

lvcreate -n 逻辑卷名 -L 磁盘容量数值 卷组名

（1）创建基本逻辑卷（线性逻辑卷）

```
[root@localhost ~]# lvcreate -n test1 -l 200 test
//在卷组 test 上创建一个包括 200 个 PE、名为 test1 的逻辑卷
  Logical volume "test1" created.        //创建成功
[root@localhost ~]# lvs                  //显示逻辑卷
  LV    VG   Attr    LSize   Pool Origin Data% Meta% Move Log Cpy%Sync Convert
  test1 test -wi-a----- 800.00m
```

（2）删除逻辑卷

```
[root@localhost ~]# lvremove  /dev/test/test1       //删除逻辑卷 test1
Do you really want to remove active logical volume test/test1? [y/n]: y
  Logical volume "test1" successfully removed
```

（3）创建条状逻辑卷

```
[root@localhost ~]# lvcreate -n test2 -L 100M test
//在卷组 test 上创建 100MB 的逻辑卷 test2
      Logical volume "test2" created.
[root@localhost ~]# lvs
       LV   VG Attr LSize   Pool Origin Data% Meta% Move Log Cpy%Sync Convert
test2 test -wi-a----- 100.00m
```

（4）改变逻辑卷容量（针对 ext 格式）

使用 lvextend 命令可以扩充逻辑卷容量，使用 lvreduce 命令可以缩减逻辑卷容量，使用 lvresize 命令既可以扩充也可以缩减逻辑卷的容量。

例如，扩充逻辑卷容量：

```
[root@localhost ~]# lvextend -L 200M  /dev/test/test2
  Size of logical volume test/test2 changed from 100.00 MiB (25 extents) to 200.00 MiB (50 extents).
  Logical volume test/test2 successfully resized.
[root@localhost ~]# lvs
  LV  VG  Attr LSize   Pool Origin Data%  Meta%  Move Log Cpy%Sync Convert
  test2 test -wi-a----- 200.00m
```

例如，缩减逻辑卷容量：

```
[root@localhost ~]# lvreduce -L 150M /dev/test/test2
//缩减逻辑卷 test2 容量 200MB 到 150MB
  Rounding size to boundary between physical extents: 152.00 MiB.
  WARNING: Reducing active logical volume to 152.00 MiB.
  THIS MAY DESTROY YOUR DATA (filesystem etc.)
Do you really want to reduce test/test2? [y/n]: y
  Size of logical volume test/test2 changed from 200.00 MiB (50 extents) to 152.00 MiB (38 extents).
  Logical volume test/test2 successfully resized.
[root@localhost ~]# lvs
  LV  VG  Attr   LSize   Pool Origin Data%  Meta%  Move Log Cpy%Sync Convert
  test2 test -wi-a----- 152.00m
```

例如，查看逻辑卷信息：

```
[root@localhost ~]# fdisk -l
Disk /dev/mapper/test-test2: 152 MiB, 159383552 字节, 311296 个扇区
单元：扇区 / 1 * 512 = 512 字节
扇区大小（逻辑 / 物理）：512 字节 / 512 字节
I/O 大小(最小/最佳)：512 字节 / 512 字节
```

☞注意：

如果挂载了的文件系统想改变逻辑卷容量，对于 ext 格式文件系统，容量改变需要先卸载，然后进行容量改变。

5. 在逻辑卷上建立文件系统

逻辑卷建立好以后，要在逻辑卷上建立文件系统才能使用。

```
[root@localhost ~]# mkfs.ext3  /dev/mapper/test-test2
//把逻辑卷 test2 格式化为 ext3 类型
mke2fs 1.45.4 (23-Sep-2019)
创建含有 155648 个块（每块 1k）和 38912 个 inode 的文件系统
文件系统 UUID：f242f09b-9e8b-4b78-8d08-37d0c9ef0d3b
超级块的备份存储于下列块：
     8193, 24577, 40961, 57345, 73729
正在分配组表： 完成
正在写入 inode 表： 完成
创建日志（4096 个块）完成
写入超级块和文件系统账户统计信息： 已完成
```

6. 将文件系统挂载到 Linux 操作系统的目录中

```
[root@localhost ~]# mkdir /mnt/lv
[root@localhost ~]# mount /dev/mapper/test-test2 /mnt/lv
[root@localhost ~]# df
文件系统                1K-块      已用      可用       已用%     挂载点
devtmpfs               894032        0   894032       0%      /dev
```

```
tmpfs                      921916        0   921916   0%   /dev/shm
tmpfs                      921916     9888   912028   2%   /run
tmpfs                      921916        0   921916   0%   /sys/fs/cgroup
/dev/sda2                18953216  4592104 14361112  25%   /
tmpfs                      184380     1168   183212   1%   /run/user/42
tmpfs                      184380     4636   179744   3%   /run/user/0
/dev/mapper/test-test2   146637     1567   137288   2%   /mnt/lv
```

☞注意：

如果不再使用逻辑卷了，可以删除逻辑卷，先卸载逻辑卷、删除逻辑卷，然后删除卷组、删除物理卷，最后删除物理分区。否则，删除会出现提示错误。

案例分解 1

1）在虚拟机中添加一块 5GB 的硬盘/dev/sdb 和一块 3GB 的硬盘/dev/sdc。

参照 8.2 节中的案例步骤添加两块硬盘，并按要求分别设置大小。

2）对新添加的硬盘进行分区/dev/sdb1 和/dev/sdc1。

可以参照 8.2 节使用 fdisk 命令进行磁盘分区。

这里使用 parted 命令进行磁盘分区。首先查看磁盘情况。

```
[root@localhost ~]# parted -l
Model: VMware, VMware Virtual S (scsi)
Disk /dev/sda: 21.5GB
Sector size (logical/physical): 512B/512B
Partition Table: msdos
Disk Flags:

Number  Start   End     Size    Type     File system     标志
 1      1049kB  2049MB  2048MB  primary  linux-swap(v1)
 2      2049MB  21.5GB  19.4GB  primary  xfs             启动


错误：/dev/sdb: unrecognised disk label
Model: VMware, VMware Virtual S (scsi)
Disk /dev/sdb: 5369MB
Sector size (logical/physical): 512B/512B
Partition Table: unknown
Disk Flags:

错误：/dev/sdc: unrecognised disk label
Model: VMware, VMware Virtual S (scsi)
Disk /dev/sdc: 4295MB
Sector size (logical/physical): 512B/512B
Partition Table: unknown
Disk Flags:

警告：无法以读写方式打开 /dev/sr0 (只读文件系统)。/dev/sr0 已按照只读方式打开。
Model: NECVMWar VMware SATA CD01 (scsi)
Disk /dev/sr0: 8437MB
Sector size (logical/physical): 2048B/2048B
Partition Table: msdos
Disk Flags:

Number  Start   End     Size    Type     File system  标志
 2      48.9MB  90.7MB  41.7MB  primary               esp
```

然后分别对/dev/sdb 和/dev/sdc 进行分区为/dev/sdb1 和/dev/sdc1，如下所示。

```
[root@localhost ~]# parted /dev/sdb
GNU Parted 3.2
使用 /dev/sdb
Welcome to GNU Parted! Type 'help' to view a list of commands.
(parted) mkpart
错误：/dev/sdb: unrecognised disk label
(parted) mklabel
新的磁盘标签类型？ msdos
(parted) mkpart
分区类型？  primary/主分区/extended/扩展分区？ p
文件系统类型？  [ext2]? ext3
起始点？ 2048s
结束点？ 4096M
(parted) print
Model: VMware, VMware Virtual S (scsi)
Disk /dev/sdb: 5369MB
Sector size (logical/physical): 512B/512B
Partition Table: msdos
Disk Flags:

Number  Start   End     Size    Type     File system  标志
 1      1049kB  4096MB  4095MB  primary  ext3         lba

(parted) quit
信息：You may need to update /etc/fstab.

[root@localhost ~]#
```

```
[root@localhost ~]# parted /dev/sdc
GNU Parted 3.2
使用 /dev/sdc
Welcome to GNU Parted! Type 'help' to view a list of commands.
(parted) mklabel msdos
(parted) mkpart
分区类型？  primary/主分区/extended/扩展分区？ p
文件系统类型？  [ext2]? ext3
起始点？ 2048s
结束点？ 2048M
(parted) print
Model: VMware, VMware Virtual S (scsi)
Disk /dev/sdc: 4295MB
Sector size (logical/physical): 512B/512B
Partition Table: msdos
Disk Flags:

Number  Start   End     Size    Type     File system  标志
 1      1049kB  2048MB  2047MB  primary  ext3         lba

(parted) quit
信息：You may need to update /etc/fstab.

[root@localhost ~]#
```

再使用 fdisk 命令查看，结果同 parted。

```
[root@localhost ~]# fdisk -l
Disk /dev/sda: 20 GiB, 21474836480 字节, 41943040 个扇区
单元: 扇区 / 1 * 512 = 512 字节
扇区大小(逻辑/物理): 512 字节 / 512 字节
I/O 大小(最小/最佳): 512 字节 / 512 字节
磁盘标签类型: dos
磁盘标识符: 0x9f2cbb70

设备        启动    起点     末尾     扇区  大小 Id 类型
/dev/sda1          2048  4001791  3999744  1.9G 82 Linux swap / Solaris
/dev/sda2   *   4001792 41928703 37926912 18.1G 83 Linux

Disk /dev/sdb: 5 GiB, 5368709120 字节, 10485760 个扇区
单元: 扇区 / 1 * 512 = 512 字节
扇区大小(逻辑/物理): 512 字节 / 512 字节
I/O 大小(最小/最佳): 512 字节 / 512 字节
磁盘标签类型: dos
磁盘标识符: 0x31d62ff5

设备        启动 起点    末尾    扇区 大小 Id 类型
/dev/sdb1       2048 7999487 7997440 3.8G 83 Linux

Disk /dev/sdc: 4 GiB, 4294967296 字节, 8388608 个扇区
单元: 扇区 / 1 * 512 = 512 字节
扇区大小(逻辑/物理): 512 字节 / 512 字节
I/O 大小(最小/最佳): 512 字节 / 512 字节
磁盘标签类型: dos
磁盘标识符: 0xd8fc6f82

设备        启动 起点    末尾    扇区 大小 Id 类型
/dev/sdc1       2048 3999743 3997696 1.9G 83 Linux
```

3）对这两块硬盘进行 LVM 管理（卷组名 VGRHEL，逻辑卷名为 VGRL1，容量为 200MB，文件系统格式为 ext4，挂载点为/mnt/lv）

第一步：让两块硬盘支持 LVM 技术。

```
[root@localhost ~]# pvcreate /dev/sdb1  /dev/sdc1
  Physical volume "/dev/sdb1" successfully created.
  Physical volume "/dev/sdc1" successfully created.
[root@localhost ~]#
```

第二步：创建卷组 VG，卷组名为 VGRHEL。

```
[root@localhost ~]# vgcreate VGRHEL /dev/sdb1 /dev/sdc1
  Volume group "VGRHEL" successfully created
[root@localhost ~]#
```

第三步：创建逻辑卷 LV，逻辑卷名为 VGRL1，大小为 200MB。

```
[root@localhost ~]# lvcreate -n VGRL1 -L 200M VGRHEL
  Logical volume "VGRL1" created.
[root@localhost ~]#
```

第四步：把生成好的逻辑卷进行格式化，文件系统类型 ext4。

```
[root@localhost ~]# mkfs.ext4 /dev/VGRHEL/VGRL1
mke2fs 1.45.4 (23-Sep-2019)
创建含有 204800 个块（每块 1k）和 51200 个inode的文件系统
文件系统UUID: 881b6c93-0528-4157-81f4-0c9782185dc5
超级块的备份存储于下列块:
        8193, 24577, 40961, 57345, 73729

正在分配组表: 完成
正在写入inode表: 完成
创建日志（4096 个块）完成
写入超级块和文件系统账户统计信息: 已完成

[root@localhost ~]#
```

第五步：挂载使用，挂载点为/mnt/lv。

```
[root@localhost ~]# mkdir /mnt/lv
[root@localhost ~]# mount /dev/VGRHEL/VGRL1  /mnt/lv
[root@localhost ~]# df -h
文件系统                    容量  已用  可用 已用% 挂载点
devtmpfs                    873M     0  873M    0% /dev
tmpfs                       900M     0  900M    0% /dev/shm
tmpfs                       900M  9.7M  891M    2% /run
tmpfs                       900M     0  900M    0% /sys/fs/cgroup
/dev/sda2                    19G  4.4G   14G   25% /
tmpfs                       180M  1.2M  179M    1% /run/user/42
tmpfs                       180M  4.6M  176M    3% /run/user/0
/dev/sr0                    7.9G  7.9G     0  100% /run/media/root/RHEL-8-2-0-BaseOS-x86_64
/dev/mapper/VGRHEL-VGRL1    190M  1.6M  175M    1% /mnt/lv
[root@localhost ~]#
```

7. Linux扩容逻辑卷xfs格式

1）xfs格式只能扩容，不能减小。

2）xfs格式无需卸载，支持在线扩容。

第一步：创建一个逻辑卷并格式化为xfs格式。

```
[root@localhost ~]# pvcreate /dev/sdb1 /dev/sdc1
  Physical volume "/dev/sdb1" successfully created.
  Physical volume "/dev/sdc1" successfully created.
[root@localhost ~]# vgcreate vgken /dev/sdb1 /dev/sdc1
  Volume group "vgken" successfully created
[root@localhost ~]# lvcreate -n kenxfs -L 300M vgken
WARNING: ext4 signature detected on /dev/vgken/kenxfs at offset 1080. Wipe it? [y/n]: y
  Wiping ext4 signature on /dev/vgken/kenxfs.
  Logical volume "kenxfs" created.
[root@localhost ~]# mkfs.xfs /dev/vgken/kenxfs
meta-data=/dev/vgken/kenxfs  isize=512    agcount=4, agsize=19200 blks
         =                   sectsz=512   attr=2, projid32bit=1
         =                   crc=1        finobt=1, sparse=1, rmapbt=0
         =                   reflink=1
data     =                   bsize=4096   blocks=76800, imaxpct=25
         =                   sunit=0      swidth=0 blks
naming   =version 2          bsize=4096   ascii-ci=0, ftype=1
log      =internal log       bsize=4096   blocks=1368, version=2
         =                   sectsz=512   sunit=0 blks, lazy-count=1
realtime =none               extsz=4096   blocks=0, rtextents=0
```

第二步：挂载使用。

```
[root@localhost ~]# mkdir /mnt/lvxfs
[root@localhost ~]# mount /dev/vgken/kenxfs  /mnt/lvxfs
[root@localhost ~]# df -h
文件系统                   容量   已用   可用   已用%  挂载点
devtmpfs                   873M     0   873M   0%     /dev
tmpfs                      900M     0   900M   0%     /dev/shm
tmpfs                      900M  9.7M   891M   2%     /run
tmpfs                      900M     0   900M   0%     /sys/fs/cgroup
/dev/sda2                   19G  4.4G   14G    25%    /
tmpfs                      180M  1.2M   179M   1%     /run/user/42
tmpfs                      180M  4.6M   176M   3%     /run/user/0
/dev/sr0                   7.9G  7.9G   0      100%
/run/media/root/RHEL-8-2-0-BaseOS-x86_64
/dev/mapper/vgken-kenxfs   295M   18M   278M   6%     /mnt/lvxfs
```

第三步：在线扩容至600MB。

```
[root@localhost ~]# lvextend -L 600M /dev/vgken/kenxfs
  Size of logical volume vgken/kenxfs changed from 300.00 MiB (75 extents) to 600.00 MiB (150 extents).
  Logical volume vgken/kenxfs successfully resized.
```

第四步：查看磁盘信息，发现xfs格式的逻辑卷已经扩容至600MB。

```
[root@localhost ~]# df
文件系统                   容量   已用   可用   已用%  挂载点
devtmpfs                   873M   0      873M   0%     /dev
```

```
tmpfs                    180M     1.2M    179M    1%       /run/user/42
tmpfs                    180M     4.6M    176M    3%       /run/user/0
/dev/sr0                  7.9G    7.9G    0       100%
/run/media/root/RHEL-8-2-0-BaseOS-x86_64
/dev/mapper/vgken-kenxfs 295M     18M     278M    6%       /mnt/lvxfs
[root@localhost ~]# fdisk -l
Disk /dev/mapper/vgken-kenxfs: 600 MiB, 629145600 字节, 1228800 个扇区
单元: 扇区 / 1 * 512 = 512 字节
扇区大小(逻辑/物理): 512 字节 / 512 字节
I/O 大小(最小/最佳): 512 字节 / 512 字节
```

案例分解 2

4）将 VGRL1 扩大到 500MB。

第一步：卸载挂载目录。

第二步：将逻辑卷扩展到 500MB。

```
[root@localhost ~]# umount /mnt/lv
[root@localhost ~]# lvextend -L 500M /dev/VGRHEL/VGRL1
  Size of logical volume VGRHEL/VGRL1 changed from 200.00 MiB (50 extents) to 500.00 MiB (125 extents).
  Logical volume VGRHEL/VGRL1 successfully resized.
[root@localhost ~]#
```

第三步：检查磁盘完整性。

```
[root@localhost ~]# e2fsck -f /dev/VGRHEL/VGRL1
e2fsck 1.45.4 (23-Sep-2019)
第 1 步: 检查inode、块和大小
第 2 步: 检查目录结构
第 3 步: 检查目录连接性
第 4 步: 检查引用计数
第 5 步: 检查组概要信息
/dev/VGRHEL/VGRL1: 11/51200 文件（0.0% 为非连续的）， 12115/204800 块
[root@localhost ~]#
```

第四步：重置硬盘容量。

```
[root@localhost ~]# resize2fs /dev/VGRHEL/VGRL1
resize2fs 1.45.4 (23-Sep-2019)
将 /dev/VGRHEL/VGRL1 上的文件系统调整为 512000 个块（每块 1k）。
/dev/VGRHEL/VGRL1 上的文件系统现在为 512000 个块（每块 1k）。

[root@localhost ~]#
```

第五步：重新挂载，可以发现现在已经是 500MB 了。

```
[root@localhost ~]# mount /dev/VGRHEL/VGRL1 /mnt/lv
[root@localhost ~]# df -h
文件系统                  容量  已用  可用 已用% 挂载点
devtmpfs                  873M     0  873M    0% /dev
tmpfs                     900M     0  900M    0% /dev/shm
tmpfs                     900M  9.7M  891M    2% /run
tmpfs                     900M     0  900M    0% /sys/fs/cgroup
/dev/sda2                  19G  4.4G   14G   25% /
tmpfs                     180M  1.2M  179M    1% /run/user/42
tmpfs                     180M  4.6M  176M    3% /run/user/0
/dev/sr0                  7.9G  7.9G     0  100% /run/media/root/RHEL-8-2-0-BaseOS-x86_64
/dev/mapper/VGRHEL-VGRL1  481M  2.3M  449M    1% /mnt/lv
[root@localhost ~]#
```

案例分解 3

5）将 VGRL1 缩减到 400MB。

第一步：卸载挂载目录。

第二步：检查系统完整性。

```
[root@localhost ~]# umount /mnt/lv
[root@localhost ~]# e2fsck -f /dev/VGRHEL/VGRL1
e2fsck 1.45.4 (23-Sep-2019)
第 1 步：检查inode、块和大小
第 2 步：检查目录结构
第 3 步：检查目录连接性
第 4 步：检查引用计数
第 5 步：检查组概要信息
/dev/VGRHEL/VGRL1: 11/129024 文件（0.0% 为非连续的）， 22696/512000 块
[root@localhost ~]#
```

第三步：大小重置为400MB。

```
[root@localhost ~]# resize2fs /dev/VGRHEL/VGRL1 400M
resize2fs 1.45.4 (23-Sep-2019)
将 /dev/VGRHEL/VGRL1 上的文件系统调整为 409600 个块（每块 1k）。
/dev/VGRHEL/VGRL1 上的文件系统现在为 409600 个块（每块 1k）。

[root@localhost ~]#
```

第四步：缩小到400MB。

```
[root@localhost ~]# lvreduce -L 400M /dev/VGRHEL/VGRL1
  WARNING: Reducing active logical volume to 400.00 MiB.
  THIS MAY DESTROY YOUR DATA (filesystem etc.)
Do you really want to reduce VGRHEL/VGRL1? [y/n]: y
  Size of logical volume VGRHEL/VGRL1 changed from 500.00 MiB (125 extents) to 400.00 MiB (100 extents).
  Logical volume VGRHEL/VGRL1 successfully resized.
[root@localhost ~]#
```

第五步：重新挂载使用，可以发现现在已经是400MB了。

```
[root@localhost ~]# mount  /dev/VGRHEL/VGRL1  /mnt/lv
[root@localhost ~]# df -h
文件系统                    容量  已用  可用 已用% 挂载点
devtmpfs                   873M     0  873M    0% /dev
tmpfs                      900M     0  900M    0% /dev/shm
tmpfs                      900M  9.7M  891M    2% /run
tmpfs                      900M     0  900M    0% /sys/fs/cgroup
/dev/sda2                   19G  4.4G   14G   25% /
tmpfs                      180M  1.2M  179M    1% /run/user/42
tmpfs                      180M  4.6M  176M    3% /run/user/0
/dev/sr0                   7.9G  7.9G     0  100% /run/media/root/RHEL-8-2-0-BaseOS-x86_64
/dev/mapper/VGRHEL-VGRL1   384M  2.3M  358M    1% /mnt/lv
[root@localhost ~]#
```

6）删除逻辑卷VGRL1。

第一步：取消挂载。

```
[root@localhost ~]# umount /mnt/lv
```

第二步：删除逻辑卷设备。

```
[root@localhost ~]# lvremove /dev/VGRHEL/VGRL1
Do you really want to remove active logical volume VGRHEL/VGRL1? [y/n]: y
  Logical volume "VGRL1" successfully removed
[root@localhost ~]#
```

第三步：删除卷组。

```
[root@localhost ~]# vgremove VGRHEL
  Volume group "VGRHEL" successfully removed
[root@localhost ~]#
```

第四步：删除物理卷。

```
[root@localhost ~]# pvremove /dev/sdb1 /dev/sdc1
  Labels on physical volume "/dev/sdb1" successfully wiped.
  Labels on physical volume "/dev/sdc1" successfully wiped.
[root@localhost ~]#
```

8.4　案例 3：磁盘配额

【案例目的】对磁盘进行配额管理。

【案例内容】

1）在虚拟机中添加新硬盘/dev/sdb，并对它分区为/dev/sdb1。

2）把/dev/sdb1 分区挂载在/abc 下，对该分区做磁盘配额。

3）建立 ah 与 xh 用户和组。

4）设定 ah 用户在/abc 下只允许使用空间为 50MB，使用的节点数为 0。

5）设定 xh 用户在/abc 下允许使用空间为 100MB，使用的节点数为 0。

6）分别用两个用户登录，来进行测试。

【核心知识】如何进行磁盘硬配额和软配额的配置。

8.4.1　磁盘配额概述

文件系统配额是一种磁盘空间的管理机制。使用文件系统配额可限制用户或组群在某个特定文件系统中所能使用的最大空间。文件系统的配额管理可以保证所有用户都拥有自己独占的文件系统空间。Linux 针对不同的限制对象，可进行用户级和群组级的配额管理。配额管理文件保存于实施配额管理的那个文件系统的挂载目录中，其中 aquota.user 文件保存用户级配额的内容，而 aquota.group 文件保存组群级配额的内容。对文件系统可以只采用用户级配额管理或群组级配额管理，也可以同时采用用户级和组群级配额管理。

Linux 系统中，对 EXT 文件系统，配额是针对这个文件系统，无法对单一目录进行配额管理，而在 XFS 文件系统中，可以对目录进行配额管理，做配额时一定要检查文件系统类型。

磁盘配额对普通用户有效，对 root 用户不起作用。若启用 SELinux 功能，默认仅能对/home 目录进行设定，其他目录不能。根据配额特性不同，可将配额分为硬配额和软配额。

- 硬配额是用户和组群可使用空间的最大值。用户在操作过程中一旦超出硬配额的界限，系统将发出警告信息，并立即结束写入操作。
- 软配额也定义用户和组群的可使用空间，但与硬配额不同的是，系统允许软配额在一段时期内被超过。这段时间称为过渡期，默认为 7 天。到过渡期后，如果用户所使用的空间仍超过软配额，那么用户就不能写入更多文件。通常硬配额大于软配额。

只有采用 Linux 的文件系统才能进行配额管理。因为/home 目录包含所有普通用户的默认主目录文件，所以应对/home 目录所对应的文件系统进行配额管理，也就是说安装 Linux 时需要建立独立的/home 分区。通常对/、/boot 等文件系统不进行配额管理。

8.4.2　设置文件系统配额

超级用户必须首先编辑/etc/fstab 文件，指定实施配额管理的文件系统及其实施何种配额管理，其次应执行 quotacheck 命令来检查进行配额管理的文件系统并创建配额管理文件，然后利用 edquota 命令编辑配额管理文件，最后启动配额管理即可。其中需要使用以下命令。

1．quotacheck 命令

格式：

```
quotacheck [选项]
```

功能：检查文件系统的配额限制，并可创建配额管理文件。

主要选项说明如下。

- -a (all)：检查/etc/fstab 文件中需要进行配额管理的分区。
- -g (group)：检查文件系统中文件和目录的数目，并可创建 quota.group 文件。
- -u (user)：检查文件系统中文件和目录的数目，并可创建 quota.user 文件。
- -v (verbose)：显示命令的执行过程。

2．edquota 命令

格式：

```
edquota  [选项]
```

功能：编辑配额管理文件。

主要选项说明如下。

- -u (user)　用户名：设定指定用户的配额。
- -g (group)　组群名：设定指定组群的配额。
- -p　用户名 1　用户名 2：将用户 1 的配额设置复制给用户 2。

3．quotaon 命令

格式：

```
quotaon  [选项]
```

功能：启动配额管理，其主要选项与 quotacheck 命令相同。

8.4.3 磁盘配额配置步骤

1．检查 quota 软件包是否安装

```
[root@localhost ~]# rpm -qa|grep quota
quota-4.04-10.el8.x86_64          //文件存在，配额文件已经安装
quota-nls-4.04-10.el8.noarch
```

相关文件：

```
/sbin/quotacheck         生成配额文件
/sbin/quotaon            启动磁盘配额
/sbin/quotaoff           关闭磁盘配额
/usr/sbin/edquota        设定用户/组配额
/usr/bin/quota           显示用户/组的配额信息
```

2．修改 fstab 文件

目的是给相应的磁盘分区设定限额信息，即在装载选项中加入 usrquota 或者 grpquota 参数。例如：

```
/dev/sda5  /abc  ext3   defaults,usrquota  0  1
```

3．重新启动系统使 fstab 更改生效

4．在实行配额限制的磁盘分区的挂载点下创建空的配额信息文件

```
[root@localhost  ~] # cd /abc
[root@localhost  abc] # touch aquota.user
[root@localhost  abc] # touch aquota.group
```

5．生成标准的配额信息文件

格式：

```
quotacheck [参数]  [挂载点]
```

参数说明如下。

- -a：所有实行配额的文件系统。
- -u：生成用户配额文件。
- -g：生成组配额文件。
- -v：显示详细信息。

例如：

```
[root@localhost  ~] # quotacheck  -uv   /abc
```

☞注意：

真正的磁盘配额是读取/etc/mtab 文件中的信息，而/etc/mtab 文件的内容是在系统重启后以/etc/fstab 文件的内容为基础进行改写的。

6. 设定用户或组的配额限制

格式：

```
edquota [参数] <用户名/组名>
```

参数说明如下。

- -u：设置用户的配额，这是预设的参数。
- -g：设置群组的配额。
- -t：修改宽限期
- -p：将 user1 的磁盘配额限制值复制给 user2。

例如：

```
[root@localhost  ~] # edquota -u  user1
Filesystem    blocks   soft   hard    inodes   soft  hard
/dev/hda5     2       1024    1026     3        0     0
```

配额选项解释: blocks 表示已有文件占磁盘空间大小，soft 表示软限制大小，hard 表示硬限制大小，inodes 表示已有文件数量多少，soft 表示软限制数量，hard 表示硬限制数量。

7. 启用用户或组配额限制

格式：

```
quotaon  [参数]  [挂载点]
```

参数说明如下。

- -a：所有实行配额的文件系统。
- -u：生成用户配额文件。
- -g：生成组配额文件。
- -v：显示详细信息。

例如：

```
[root@localhost  ~] # quotaon  -u  /abc
```

8. 其他相关命令

格式：

```
quotaoff  [参数]  [挂载点]
```

例如：

```
#quotaoff -uv /home            //关闭磁盘配额限制，参数同 quotaon
```

格式：

```
quota <用户名/ -g 组名>        //查看指定用户或组的磁盘配额信息
```

例如：

```
[root@localhost ~] # quota u1        // 显示 u1 用户的使用情况
[root@localhost ~] # quota           // 显示当前用户使用情况
```

例如：对硬盘/dev/sdc1 文件系统实施用户级配额管理，普通用户 tom 的软配额为 500MB，硬配额为 600MB。

1）准备工作。

```
[root@localhost /]# mkfs -t ext3 /dev/sdc1  //文件系统格式化为 ext3 类型
[root@localhost /]# mkdir /mnt/quota    //建立挂载点
[root@localhost /]# useradd tom         //建立 tom 用户
[root@localhost /]# passwd tom          //设置 tom 用户密码
```

2）编辑/etc/fstab 文件。

```
[root@localhost /]# vim /etc/fstab
# /etc/fstab
# Created by anaconda on Sat Jan 30 05:38:11 2021
#
# Accessible filesystems, by reference, are maintained under '/dev/disk/'.
# See man pages fstab(5), findfs(8), mount(8) and/or blkid(8) for more info.
#
# After editing this file, run 'systemctl daemon-reload' to update systemd
# units generated from this file.
#
UUID=214069dd-7574-4471-911c-a835f5170896 /    xfs   defaults        0 0
UUID=b81d87e8-9814-4c39-8511-4e76278e03be swap swap   defaul
/dev/sdc1                      /mnt/quota  ext3 defaults,usrquota  0 0
```

3）重新启动系统使修改的文件生效。

```
[root@localhost /]# mount -a
```

4）在实行配额限制的磁盘分区的挂载点下创建空的配额信息文件。

```
[root@localhost /]# cd /mnt/quota
[root@localhost quota]# touch aquota.user
```

5）利用 quotacheck 命令标准化 aquota.user 文件。

```
[root@localhost quota]# quotacheck -auv
quotacheck: Your kernel probably supports journaled quota but you are not using it. Consider switching to journaled quota to avoid running quotacheck after an unclean shutdown.
quotacheck: Scanning /dev/sdc1 [/mnt/quota] done
quotacheck: Old group file name could not been determined. Usage will not be subtracted.
quotacheck: Checked 3 directories and 1 files
```

6）利用 edquota 命令编辑 aquota.user 文件，设置用户 tom 的配额。

```
[root@localhost ~] # edquota -u tom
 Disk quotas for user tom (uid 1001):
  Filesystem     blocks    soft      hard     inodes     soft     hard
  /dev/sdc1        0       500M      600M       0          0        0
```

实施配额管理的文件系统的逻辑卷名/dev/sdc1，tom 用户已使用 0 的磁盘空间，设置 tom 用户的软硬配额，默认单位为 KB，最后保存修改并退出 vim。

7）启动配额管理。

```
[root@localhost quota]# quotaon -uv /mnt/quota
/dev/sdc1 [/mnt/quota]: user quotas turned on
```

8）查看配额。

```
[root@localhost quota]# repquota -uv /mnt/quota
*** Report for user quotas on device /dev/sdc1
Block grace time: 7days; Inode grace time: 7days
                    Block limits                File limits
User           used    soft    hard  grace    used  soft  hard  grace
----------------------------------------------------------------------
root     --      20       0       0              2     0     0
tom      --       0  512000  614400              0     0     0

Statistics:
Total blocks: 7
Data blocks: 1
Entries: 2
Used average: 2.000000
```

9）测试用户配额。

以普通用户 tom 身份登录，然后复制文件。当超过软配额时，文件仍然能够保存。

```
[root@localhost mnt]# chmod 777 /mnt/quota
[root@localhost mnt]# su tom
[tom@localhost mnt]$ cd /mnt/quota
[tom@localhost quota]$ dd if=/dev/zero of=15M_1.file bs=1M count=700

sdc1: warning, user block quota exceeded.
sdc1: write failed, user block limit reached.
dd: 写入'15M_1.file' 出错: 超出磁盘限额
记录了 600+0 的读入
记录了 599+0 的写出
628523008 bytes (629 MB, 599 MiB) copied, 3.50086 s, 180 MB/s
[tom@localhost quota]$
```

案例分解 1

1）在虚拟机中添加新硬盘/dev/sdb，并对它分区为/dev/sdb1。

按照 8.2 节中添加硬盘的方法添加硬盘并进行分区。

2）把/dev/sdb1 分区挂载在/abc 下，对该分区做磁盘配额。

第 1 步：格式化分区为 ext3 类型。

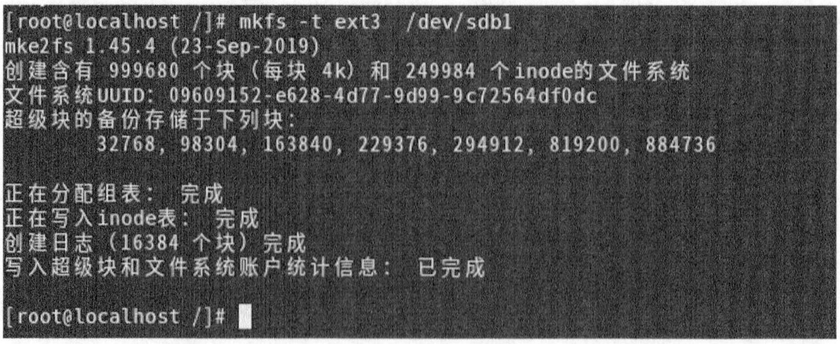

```
[root@localhost /]# mkfs -t ext3  /dev/sdb1
mke2fs 1.45.4 (23-Sep-2019)
创建含有 999680 个块（每块 4k）和 249984 个inode的文件系统
文件系统UUID: 09609152-e628-4d77-9d99-9c72564df0dc
超级块的备份存储于下列块：
        32768, 98304, 163840, 229376, 294912, 819200, 884736

正在分配组表： 完成
正在写入inode表： 完成
创建日志（16384 个块）完成
写入超级块和文件系统账户统计信息： 已完成

[root@localhost /]#
```

第 2 步：建立/abc 目录，并编辑/etc/fstab 文件。

```
[root@localhost /]# mkdir /abc
[root@localhost /]# vim /etc/fstab
```

```
#
# /etc/fstab
# Created by anaconda on Sat Jan 30 05:38:11 2021
#
# Accessible filesystems, by reference, are maintained under '/dev/disk/'.
# See man pages fstab(5), findfs(8), mount(8) and/or blkid(8) for more info.
#
# After editing this file, run 'systemctl daemon-reload' to update systemd
# units generated from this file.
#
UUID=214069dd-7574-4471-911c-a835f5170896 /                       xfs     defaults        0 0
UUID=b81d87e8-9814-4c39-8511-4e76278e03be swap                    swap    defaults        0 0
/dev/sdb1                                 /abc ext3               defaults,usrquota,grpquota 0 0
~
~
```

第 3 步：执行 mount -a，使更改生效。

```
[root@localhost /]# mount -a
[root@localhost /]#
```

第 4 步：生成磁盘配额文件。

```
[root@localhost /]# quotacheck -ugcv /dev/sdb1
quotacheck: Your kernel probably supports journaled quota but you are not using it. Consider switching
to journaled quota to avoid running quotacheck after an unclean shutdown.
quotacheck: Scanning /dev/sdb1 [/abc] done
quotacheck: Checked 3 directories and 2 files
[root@localhost /]#
```

3）建立 ah 与 xh 用户和组（密码长度不能少于 8 位）。

```
[root@localhost /]# useradd ah;useradd xh
[root@localhost /]# passwd ah
```

4）设定 ah 用户在/abc 下只允许使用空间为 50MB，使用的节点数为 0。

```
[root@localhost ~]# edquota -u ah
```

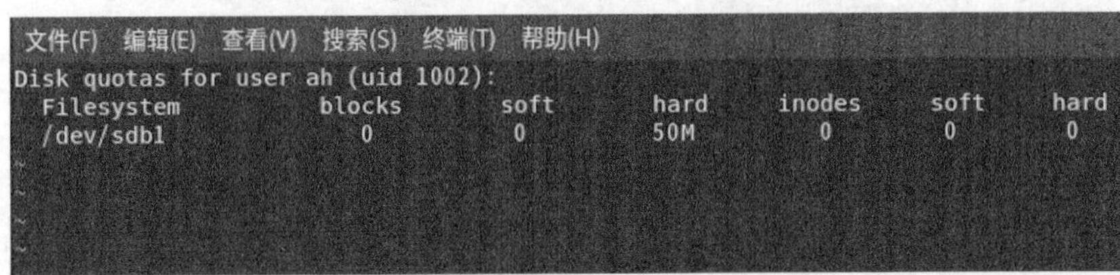

```
文件(F) 编辑(E) 查看(V) 搜索(S) 终端(T) 帮助(H)
Disk quotas for user ah (uid 1002):
  Filesystem          blocks       soft       hard     inodes     soft     hard
  /dev/sdb1                0          0        50M          0        0        0
~
~
~
~
```

```
[root@localhost ~]# edquota -g ah
```

```
文件(F) 编辑(E) 查看(V) 搜索(S) 终端(T) 帮助(H)
Disk quotas for group ah (gid 1002):
  Filesystem          blocks       soft       hard     inodes     soft     hard
  /dev/sdb1                0          0        50M          0        0        0
~
~
```

5）设定 xh 用户及组在/abc 下允许使用空间为 100MB，使用的节点数为 0。

```
[root@localhost ~]# edquota -u xh
```

```
文件(F) 编辑(E) 查看(V) 搜索(S) 终端(T) 帮助(H)
Disk quotas for user xh (uid 1003):
  Filesystem                  blocks       soft       hard     inodes     soft     hard
  /dev/sdb1                        0       100M          0          0        0        0
~
~
```

```
[root@localhost ~]# edquota -g xh
```

```
文件(F) 编辑(E) 查看(V) 搜索(S) 终端(T) 帮助(H)
Disk quotas for group xh (gid 1003):
  Filesystem                   blocks       soft       hard     inodes     soft     hard
  /dev/sdb1                         0       100M          0          0        0        0
```

所有用户和组配置完成后启用配额。

```
文件(F) 编辑(E) 查看(V) 搜索(S) 终端(T) 帮助(H)
[root@localhost abc]# quotaon -ugv /abc
/dev/sdb1 [/abc]: group quotas turned on
/dev/sdb1 [/abc]: user quotas turned on
[root@localhost abc]#
```

6）分别用两个用户登录，来进行测试。

修改目录权限，以两个用户身份登录（su ah; su xh），复制文件，测试使用磁盘空间。

由运行结果可知，ah 用户使用的是硬配额，只允许使用 50MB 空间，测试写入 70MB 数据提示超出配额限制；而 xh 用户使用的是软配额，允许使用的空间是 100MB，测试用的 105MB 数据全部写入，并没有提示超限。

切换到 ah 用户测试

```
[root@localhost abc]# chmod 777 /abc
[root@localhost abc]# su ah
[ah@localhost abc]$ dd if=/dev/zero of=/abc/big.txt bs=1M count=70
sdb1: write failed, user block limit reached.
dd: 写入'/abc/big.txt' 出错: 超出磁盘限额
记录了50+0 的读入
记录了49+0 的写出
52371456 bytes (52 MB, 50 MiB) copied, 0.084955 s, 616 MB/s
```

切换到 xh 用户测试

```
[ah@localhost abc]$ su xh
密码:
[xh@localhost abc]$ dd if=/dev/zero of=/abc/bigfile.txt bs=1M count=105
sdb1: warning, user block quota exceeded.
sdb1: warning, group block quota exceeded.
记录了105+0 的读入
记录了105+0 的写出
110100480 bytes (110 MB, 105 MiB) copied, 0.408148 s, 270 MB/s
[xh@localhost abc]$
```

☞注意：

在测试之前一定要将目录（这里挂载点/abc）的权限修改为 777，保证测试用户能够写入数据。

8.5 上机实训

1. 实训目的

1）熟练掌握磁盘分区方法。

2）熟练掌握挂载和卸载外部设备。

3）熟练掌握磁盘管理。

4）熟练掌握逻辑卷管理。

5）掌握磁盘配额的管理。

2. 实训内容

（1）磁盘管理

1）在虚拟机中添加两块容量分别为 4G 和 5G 的虚拟硬盘（SCSI）。

10

2）使用 fdisk 或 parted 命令对磁盘进行分区，分成一个 2G 的分区 sdb1。

3）为主分区创建文件系统，即把 sdb1 格式化为 ext4 文件系统类型。

4）创建目录/mnt/hard1，把 sdb1 挂载到该目录下，观察这个目录中的内容有什么变化？

11

5）卸载，再观察有什么变化？

（2）LVM 管理

1）把另一块硬盘分区为 sdc1。

2）对 sdb1 和 sdc1 两块硬盘建立卷组，卷组名为 VGRHEL。

3）建立逻辑卷名为 VGRL，容量为 500MB。

4）在逻辑卷上建立文件系统，文件系统格式为 ext4。

5）挂载点为/mnt/lv。

6）删除逻辑卷。

7）删除卷组。

8）删除物理卷。

12

（3）配额管理

1）把/dev/sdb1 分区挂载在/mnt/hard 下，对该分区做磁盘配额。

2）建立 user1 与 user2 用户。

3）设定 user1 用户在/hard 下只允许使用空间为 50MB，使用的节点数为 4。

4）设定 user2 用户在/hard 下允许使用空间为 100MB，使用的节点数为 5。

5）分别用两个用户登录，来进行测试。

3. 实训总结

通过本次实训，掌握磁盘分区，对操作系统进行合理的管理；掌握挂载和卸载外部设备，并有效进行资源和数据的共享；掌握逻辑卷管理，对磁盘进行合理的管理；掌握磁盘配额，对用户使用磁盘空间进行有效管理。

8.6　课后习题

1．光盘的文件系统是（　　）。

A．ext2　　B．ext3　　C．vfat　　D．iso9660

2．用户一般用（　　）工具来建立分区上的文件系统？

A．mknod　　B．fdisk　　C．format　　D．mkfs

3．在 shell 中，使用（　　）命令可显示磁盘空间。

A．df　　B．du　　C．dir　　D．tar

4．登录后希望重新加载 fstab 文件中的所有条目，用户可以以 root 身份执行（　　）命令。

A．mount -d　　B．mount -c　　C．mount -a　　D．mount -b

5．当一个目录作为一个挂载点被使用后，该目录上的原文件会（　　）。

A．被永久删除　　B．被隐藏，待挂载设备卸载后恢复

C．放入回收站　　D．被隐藏，待计算机重新启动后恢复

6．从当前文件系统中卸载一个已挂载的文件系统的命令是（　　）。

A．umount　　B．dismount

C．mount -u　　D．从 n/etc/fstab 文件中删除此文件系统项

7．quotacheck 的功能是（　　）。

A．检查启动了配额的文件系统，并可建立配额管理文件

B．创建启动了配额的文件系统，并可建立配额管理文件

C．修改启动了配额的文件系统，并可建立配额管理文件

D．删除启动了配额的文件系统，并可建立配额管理文件

8．强制用户使用组群软配额时，设置用户超过此数额的过渡期的命令是（　　）。

A．quotaon　　B．quota -u　　C．quota-l　　D．edquota-t

9．关于文件系统的挂载和卸载，下面描述正确的有（　　）。

A．启动时系统按照 fstab 文件描述的内容加载文件系统

B．挂载 U 盘时只能挂载到/media 目录

C．不管光驱中是否有光盘，系统都可以挂载光盘

D．mount-t iso9660/dev/cdrom/cdrom 中的 cdrom 目录会自动生成

10．/etc/fstab 文件的其中一行如下所示，在此文件中表示挂载点的是第（　　）列信息。

```
/dev/hda1  / ext3  defaults  1  2
```

A．4　　B．5　　C．3　　D．2

11．用于磁盘分区的命令是（　　）。

A．fdisk　　B．mount　　C．df　　D．parted

12．Linux 中可自动加载文件系统的是（　　）。

A．/etc/inittab　　B．/etc/profile

C．/etc/fstab　　D．/etc/nameconf

13．磁盘属于（　　）设备。

A．字符设备　　B．块设备　　C．网络设备　　D．终端设备

14．在使用 edquota 配置组用户磁盘配额内容时，需要加上（　　）参数。

A．-u　　B．-t　　C．-a　　D．-g

15．在/etc/fstab 文件中，不能看到以下（　　）信息。

A．文件系统名　　B．文件系统类型

C．文件系统大小　　D．文件系统在系统中被 fsck 检查的顺序

16．与磁盘定额服务有关的命令包括（　　）。

A．quotaon　　B．quotaoff　　C．quotacheck　　D．edquota

17．为了能够把新建立的文件系统挂载到系统目录中，还需要指定该文件系统的在整个目录结构中的位置，或称为（　　）。

A．子目录　　B．加载点　　C．新分区　　D．目录树

18．对/dev/sdb 硬盘进行分区,指定类型为 LVM，使用参数为（　　）。

A．8e　　B．-t　　C．-a　　D．-g

19．在 LVM 中，扫描 PV，并将 sdb1/sdb2 指定为 PV 格式，使用的命令是（　　）。

A．pvsan　　B．pvcreate　　C．vgcreate　　D．lvcreate

20．在 LVM 中，将磁盘分区 sdb2 加入到卷组 ckvg 中，使用的命令是（　　）。

A．vgextend　　B．lvextend　　C．vgreduce　　D．lvreduce

二、简答题

1．简述 LVM 管理及其优点。

2．简述 RHEL 8 支持的分区工具及其特点。

第 9 章　网络基础

9.1　Linux 网络配置基础

TCP/IP 是 Internet 网络的标准协议，也是全球使用最广泛、最重要的一种网络通信协议。目前无论是 UNIX 系统还是 Windows 系统都全面支持 TCP/IP。因此，Linux 将 TCP/IP 作为网络基础，并通过 TCP/IP 与网络中其他计算机进行信息交换。

接入 TCP/IP 网络的计算机一般都需要进行网络配置，可能需要配置的参数包括主机名、IP 地址、子网掩码、网关地址和 DNS 服务器地址等。

9.1.1　TCP/IP 参考模型

TCP/IP 参考模型包括网络接口层、网络层、传输层和应用层。TCP/IP 参考模型如图 9-1 所示。

1．网络接口层

TCP/IP 参考模型最底层是网络接口层，它包括那些能使 TCP/IP 与物理网络进行通信的协议。TCP/IP 标准并没有定义具体的网络接口协议，而是旨在提供灵活性，以适应各种网络类型。网络类型通常有以太网、令牌环网、帧中继网和 ATM 网络。以太网是目前使用最广泛的局域网技术，属于基带总线局域网，核心技术是采用 CSMA/CD（Carrier Sense Multiple Access with Collision. Detection）通信控制机制。CSMA/CD 是一种算法，主要用于传输及解码格式化的数据包，包括检测结点地址并监控传输错误。

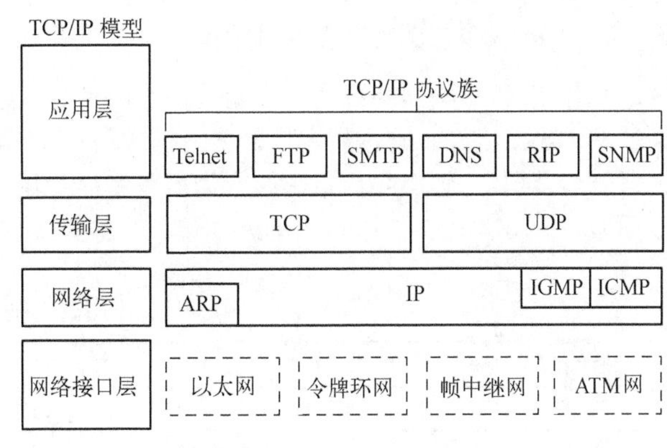

图 9-1　TCP/IP 参考模型

2．网络层

网络层所执行的功能是消息寻址以及把逻辑地址和名称转换成物理地址。通过判定从源计算机到目标计算机的路由，该层还可以控制子网的操作。在网络层中，含有 4 个重要协议：互联网协议（Internet Protocol，IP）、互联网控制报文协议（Internet Control Message Protocol，ICMP）、地址解析协议（Address Resolution Protocol，ARP）和反向地址解析协议（Reverse Address Resolution Protocol，RARP）。

- IP：负责通过网络交换数据包，同时也负责主机间数据包的路由和主机寻址。
- ICMP：传送各种信息，包括与包交付有关的错误报告。
- ARP：通过目标设备的 IP 地址，查询目标设备的硬件 MAC 地址。
- RARP：声明自己的 MAC 地址并且请求任何收到此请求的 RARP 服务器分配一个地址。

3．传输层

在 TCP/IP 模型中，传输层的主要功能是提供从一个应用程序到另一个应用程序的通信，常称为端对端通信。现在的操作系统都支持多用户和多任务操作，一台计算机可以运行多个应用程序，因此所谓端到端的通信，实际上是指从源进程发出数据到目标进程的通信过程。传输层包含两个主要的协议：传输控制协议（TCP）和用户数据报协议（UDP），分别支持两种数据传送方式。

- 传输控制协议（TCP）：面向对象连接的通信提供可靠的数据传送。用于大量数据的传输或主机之间的扩展对话，通常要求可靠的传送。
- 用户数据报协议（UDP）：在发送数据前不要求建立连接，目的是提供高效的离散数据报传送，但是不能保证传送被完成。

4．应用层

应用层位于 TCP/IP 模型的最高层。最常用的协议包括：文件传输协议（FTP）、远程登录（Telnet）、域名服务（DNS）、简单邮件传输（SMTP）和超文本传输协议（HTTP）等。

- FTP 用于实现主机之间的文件传输功能。
- HTTP 用于实现互联网中的 WWW 服务。
- SMTP 用于实现互联网中的电子邮件传送功能。
- DNS 用于实现主机名与 IP 地址之间的转换。
- SMB 用于实现 Windows 主机与 Linux 主机间的文件共享。
- Telnet 用于实现远程登录功能。
- DHCP 用于实现动态分配 IP 配置信息。

9.1.2　Linux 网络服务及对应端口

采用 TCP/IP 的服务可为客户端提供各种网络服务，如 WWW 服务、FTP 服务。为区别不同类型的网络连接，TCP/IP 利用端口号来进行区别。TCP/UDP 的端口范围为 0~65535，其中：0~255 称为“知名端口”，该类端口保留给常用服务程序使用（见表 9-1）；256~1024 是用于 UNIX/Linux 专用服务；1024 以上的端口为动态端口，动态端口不是预先分配的，必要时才将它们分配给进程。

表 9-1　常用的网络服务和端口

服务类型	默认端口	软件包名称	服务名称	含　义
WWW	80（TCP）	Apache	httpd	WWW 服务
FTP-control	21（TCP）	Vsftpd	Vsftpd	FTP 服务
FTP-data	20（TCP）			
SMTP	25（TCP）	Sendmail	Sendmail	邮件发送服务
Telnet	23（TCP）	telnet	telnet	远程登录服务
DNS	53（UDP）	Bind	named	域名服务
POP3	110（110）	imap	ipop3d	邮件接收服务
DB		mysql	Mysqld	数据库
Samba		Samba	smb	文件共享服务
DHCP		Dhcp	dhcp	动态地址分配

9.2　案例：以太网的 TCP/IP 设置

【案例目的】学会 Linux 下以太网的配置。

【案例内容】

1）虚拟机下使用 Linux 配置网络。

2）在图形界面下配置网络信息，参数随机房。

3）在字符界面下配置本系统主机的信息、IP 地址、DNS 等信息；如 IP 地址为 192.168.137.6，子网掩码为 255.255.255.0，默认网关为 192.168.137.1，DNS 地址 192.168.1.1。

【核心知识】 网络配置步骤。

9.2.1 Linux 网络接口

Linux 内核中定义了不同的网络接口，如下所述。

1. lo 接口

Io 接口表示本地回送接口，用于网络测试以及本地主机各网络进程之间的通信。无论什么应用程序，只要使用回送地址（127.0.0.1）发送数据，都不会进行任何真实的网络传输。Linux 系统默认包含回送接口。

2. ens*接口

在 RHEL 7 之前，操作系统的网络设备名称一般为 eth0、eth1……的形式。从 RHEL 7 之后，系统对网络设备采用了信息的命名规则，根据设备类型、适配器类型等为网络设备进行命名，RHEL 8 同样也采用此命名规则。例如：ens160 表示一个普通的以太网类型的设备，其中 en 表示以太网，s 表示热插拔设备，160 为编号。又如，wlp4s0 表示 PCI 总线 4 插槽 0 上的 WLAN 设备。其中，wl 代表 WLAN 设备，p4s0 代表 PCI 总线 4 插槽 0 即插即用。

3. virbr*接口

virbr0 是一种虚拟网络接口，这是由于安装和启用了 libvirt 服务后生成的，libvirt 在服务器（host）上生成一个 virtual network switch (virbr0)，host 上所有的虚拟机（guests）通过这个 virbr0 接口连起来。默认情况下，virbr0 使用的是 NAT 模式，所以虚拟机通过服务器才能访问外部。

9.2.2 Linux 网络相关配置文件

1. /etc/sysconfig/network-scripts 文件

/etc/sysconfig/network-scripts 目录中包含一系列与网络配置相关的文件和目录，如图 9-2 所示。

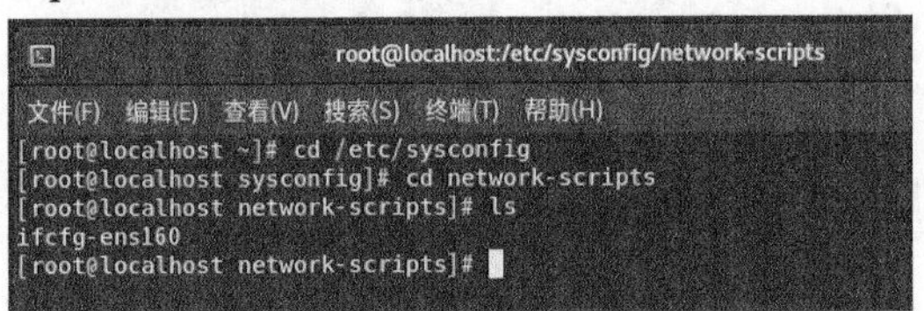

图 9-2 网络配置文件

其配置文件一般采用“ifcfg-网卡名”的形式。新增网卡的配置文件可用 cp 命令复制原有网卡的配置文件获得，然后根据需要进行适当修改。Linux 支持一个物理网卡设置多个 IP 地址，也支持增设虚拟网卡，该虚拟网卡的设备名为 ensX:N，对应的配置文件名称为 ifcfg-ensX:N，其中 X 和 N 均为数字。

```
[root@localhost network-scripts]# cat ifcfg-ens160
TYPE=Ethernet                //设定网络类型，默认 Ethernet
PROXY_METHOD=none            //设置代理服务器，none 表示未启用
BROWSER_ONLY=no              //设置代理服务器是否仅用于浏览器
BOOTPROTO=dhcp               //设置网卡获取 IP 地址方式，有 dhcp|static|bootp|none
                             //选项，static 和 none 是手动配置方式
DEFROUTE=yes                 //设置默认路由，yes 表示启用
IPV4_FAILURE_FATAL=no        //设置是否开启 IPv4 致命错误检测，no 表示不启用
IPV6INIT=yes                 //设置是否启用 IPv6，yes 表示启用
IPV6_AUTOCONF=yes            //设置是否自动化配置 IPv6，yes 表示是
```

```
IPV6_DEFROUTE=yes         //设置 IPv6 是否为默认路由，yes 表示是
IPV6_FAILURE_FATAL=no     //设置是否开启 IPv6 致命错误检测，no 表示不启用
IPV6_ADDR_GEN_MODE=stable-privacy             //设置 IPv6 地址的生成方式
NAME=ens160                                   //定义网卡设备名称
UUID=73127187-8ee9-446a-bf37-a94f6789abea     //设置识别码
DEVICE=ens160             //定义物理网卡设备名称
ONBOOT=yes                //启动时是否激活网卡，yes 表示激活
DNS1=192.168.1.1          //设置本机 DNS1 服务器的地址，DNS2 ... 可指定多个
IPV6_PRIVACY=no           //是否启用 IPv6 扩展隐私策略，no 表示不启用
```

如需将网卡设置为固定 IP 地址，则在默认基础上进行修改，将 BOOTPROTO 设为“static”，并增加 IP 地址、子网掩码和网关地址，如下所示。

```
BOOTPROTO=static
IPADDR=192.168.0.12          //设置 Ip 地址
BROADCAST=192.168.0.255      //设置广播地址
NETMASK=255.255.255.0        //设置子网掩码
GATEWAY=192.168.0.1          //设置网关地址
```

【例 9-1】 设定主机中存在 ens160 设备，要求给 ens160 再绑定 ip 地址：192.168.3.44。

操作步骤：

1）进入目录/etc/sysconfig/network-scripts 下，复制 ifcfg-ens160 文件。

```
[root@localhost~]# cd  /etc/sysconfig/network-scripts
[root@localhost~]# cp ifcfg-ens160  ifcfg-ens160:0  //取值从 0 开始
```

2）编辑 ifcfg-ens160:0 配置文件。

```
[root@localhost~]# vim  ifcfg-ens160:0
```

修改后的内容：

```
BOOTPROTO=static
DEVICE=ens160:0
ONBOOT=yes
IPADDR=192.168.3.44             //设置 Ip 地址
BROADCAST=192.168.3.255         //设置广播地址
NETMASK=255.255.255.0           //设置子网掩码
GATEWAY=192.168.3.1             //设置网关地址
```

3）重启网络管理服务。

```
[root@localhost~]# systemctl restart NetworkManager
```

4）重置设备。

```
[root@localhost~]# nmcli device reapply ens160
```

2. /etc/hosts 文件

hosts 文件可以保留主机域名与 IP 地址的对应关系。在计算机网络的发展初期，系统可以利用 hosts 文件查询域名所对应的 IP 地址。随着 Internet 的迅速发展，现在一般通过 DNS 服务器来查找域名所对应的 IP 地址。但是 hosts 文件仍然被保留，用于经常访问的主机的域名和 IP 地址，可提高访问速度。

某个/etc/hosts 内容如下：

```
[root@localhost etc]# cat /etc/hosts
127.0.0.1  localhost localhost.localdomain localhost4 localhost4.localdomain4
::1       localhost localhost.localdomain localhost6 localhost6.localdomain6
192.168.0.10  localhost
```

3．/etc/resolv.conf 文件

conf 文件可以列出客户端所使用的 DNS 服务器的相关信息。

```
[root@localhost etc]#  cat /etc/resolv.conf
# Generated by NetworkManager
nameserver 192.168.1.1           //DNS 服务器 IP 地址
```

9.2.3 网络管理器

NetworkManager（网络管理器）是检测网络、自动连接网络的程序，可以管理无线/有线连接。对于无线网络，NetworkManager 可以自动切换到最可靠的网络，可以自由切换在线和离线模式，NetworkManager 由 Red Hat 公司开发，现由 GNOME 基金会管理。NetworkManager 的优点是简化了网络连接工作。

1．启动 NetworkManager

NetworkManager 守护进程启动后会自动连接到已经配置的网络连接。

开机启动命令：

```
[root@localhost~]#systemctl enable NetworkManager
```

立即启动命令：

```
[root@localhost~]#systemctl start NetworkManager
```

立即重新启动命令：

```
[root@localhost~]#systemctl restart NetworkManager
```

立即停止命令：

```
[root@localhost~]#systemctl stop NetworkManager
```

2．nmcli

nmcli 命令是 NetworkManager 的命令界面工具。使用 nmcli 命令可以查询网络的连接状态，也可以用来管理网络接口，例如

```
[root@localhost~]#nmcli general -h            //显示 nmcli general 命令语法
[root@localhost~]#nmcli general status        //显示 NetworkManager 的总体状态
[root@localhost~]#nmcli general hostname xxx      //修改主机名为 xxx
[root@localhost~]#nmcli general permission        //显示所有连接许可

[root@localhost~]#nmcli device -h             //显示 nmcli device 命令语法
[root@localhost~]#nmcli device show           //列举系统中网络接口详细信息
[root@localhost~]#nmcli device show ens160    //列举指定网络接口详细信息
[root@localhost~]#nmcli device show wifi      //列举系统中可用的 wifi 热点
[root@localhost~]#nmcli device status         //查看网络设备信息

[root@localhost~]#nmcli connection -h         //显示 nmcli connection 命令语法
[root@localhost~]#nmcli connection show       //显示网络连接信息
[root@localhost~]#nmcli connection show ens160  //列举指定网络接口详细信息
[root@localhost~]#nmcli connection up ens160      //激活网络接口
[root@localhost~]#nmcli connection down ens160  //停止网络接口
```

除了命令外，nmcli 还可以通过交互模式对以太网接口进行管理，这里不再赘述。

9.2.4 图形模式下网络信息配置

1．GUI 下网络信息配置

RHEL 8 中配置网络接口的方法有多种，可以在终端执行命令 gnome-control-center，打开设置对话框，

单击左侧 Wi-Fi 进行无线网络设置，如图 9-3 所示，单击左侧网络进行有线网络设置，如图 9-5 所示。

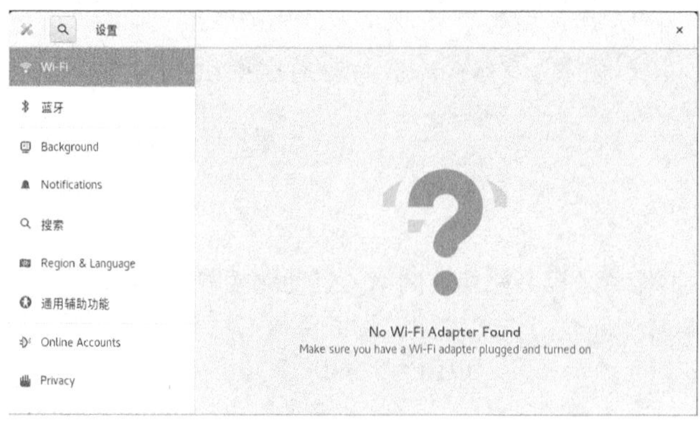

图 9-3　打开网络设置窗口

还可以在图形界面下，单击右上角的，打开网络设置窗口，如图 9-4 所示。首先单击“连接”连接网络，或者单击“有线 已连接”下的“有线设置”，打开网络设置界面如图 9-5 所示。单击“有线”区域的配置按钮，打开有线的“详细信息”选项卡，可以查看本地已经配置的网络情况，如图 9-6 所示。进入“IPv4”选项卡进行 IPv4 设置，可以根据需要设置 IPv4 的获取方式，包括自动 DHCP、手动等多种方式。如果是手动需要进行 IP 地址的配置，例如设置 IP 地址为 192.168.137.5，子网掩码为 255.255.255.0，网关为 192.168.137.1，DNS 为 192.168.1.1，完成设置后，单击右上角的“应用”按钮。IPV4 信息的设置界面如图 9-7 所示。

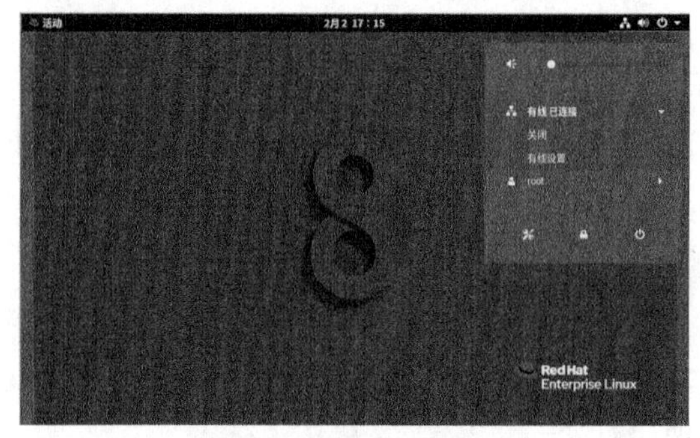

图 9-4　网络设置窗口

图 9-5　网络设置界面

在图形界面下，还可以修改 Linux 主机名，可以在“设置”菜单下单击“详细信息”如图 9-8 所示，在“About”页面中修改“设备名称”即可修改主机名。例如，修改主机名为 RHEL8。

图 9-6　有线“详细信息”选项卡

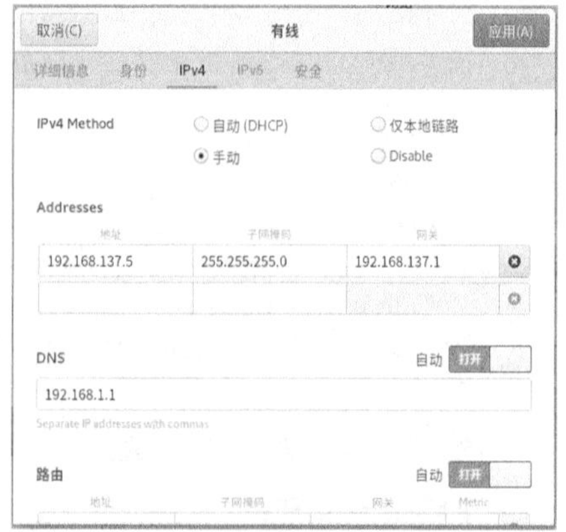

图 9-7　IPV4 信息设置

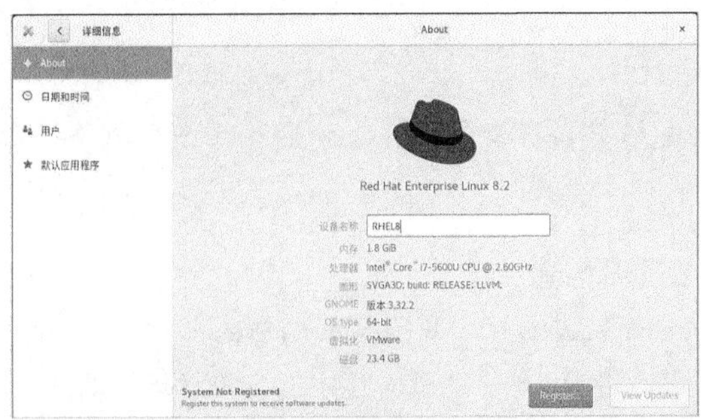

图 9-8　修改主机名

案例解析

1）虚拟机下使用 Linux 配置网络。

单击“虚拟机”→“设置”打开虚拟机设置界面，将网络连接设置为 NAT 模式如下图所示。

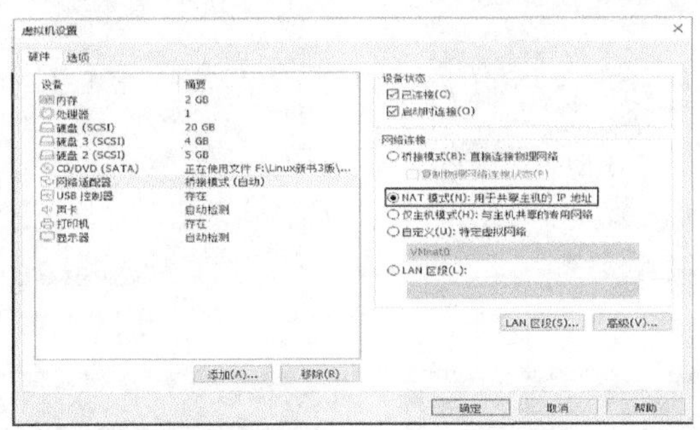

2）在图形界面下配置网络信息，参数随机房。

在图形界面下配置网络服务参照 9.2.3 节介绍的步骤即可完成网络配置。

3）在字符界面下配置本系统主机的信息、IP 地址、DNS 等信息；如 IP 地址为 192.168.137.6，子网掩码为 255.255.255.0，默认网关为 192.168.137.1，DNS 地址为 192.168.1.1。

第一步：用 vim 编辑器打开/etc/sysconfig/network-scripts/ifcfg-ens160 文件并保存

```
[root@RHEL8 ~]# cd /etc/sysconfig/network-scripts
[root@RHEL8 network-scripts]# ls
ifcfg-ens160
[root@RHEL8 network-scripts]# vim  ifcfg-ens160
```

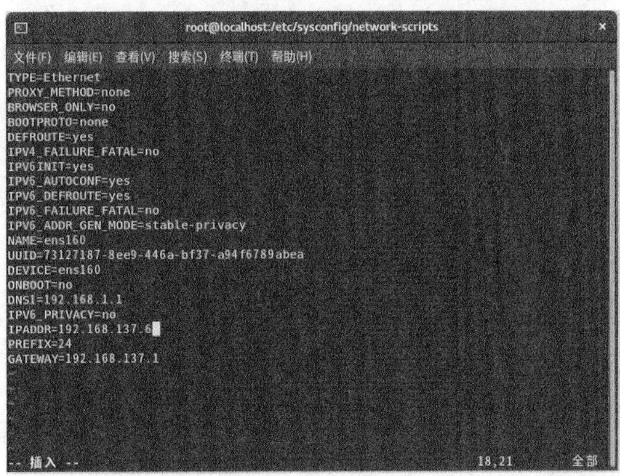

第二步：修改/etc/resolv.conf 文件并保存

```
[root@RHEL8 etc]#vim /etc/resolv.conf
```

```
# Generated by NetworkManager
nameserver 192.168.1.1          //DNS 服务器 IP 地址
```

第三步：修改网络接口配置并保存文件后，重新启动系统后网络接口才能生效

```
[root@RHEL8 ~]#systemctl restart NetworkManager
```

2. 通过 nmtui 命令调整网络信息

在终端执行 nmtui 启动网络配置工具，如图 9-9 所示。通过上下箭头调整选项，选择“编辑连接”按〈Enter〉键，进入如图 9-10 所示界面，选择“ens160”选项，然后按〈Enter〉键，进入如图 9-11 所示界面，使用上下方向键，选择内容并编辑。完成后，单击“确定”按钮保存配置，如图 9-12 所示。另外，根据界面菜单提示，还可以设置主机名、启用连接和退出等操作。

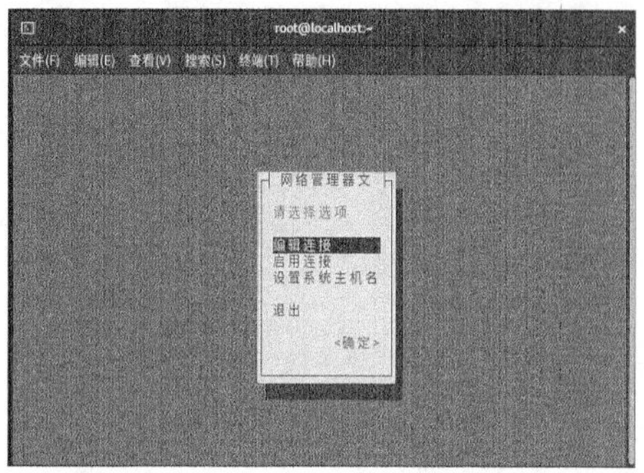

图 9-9　启动 nmtui 界面

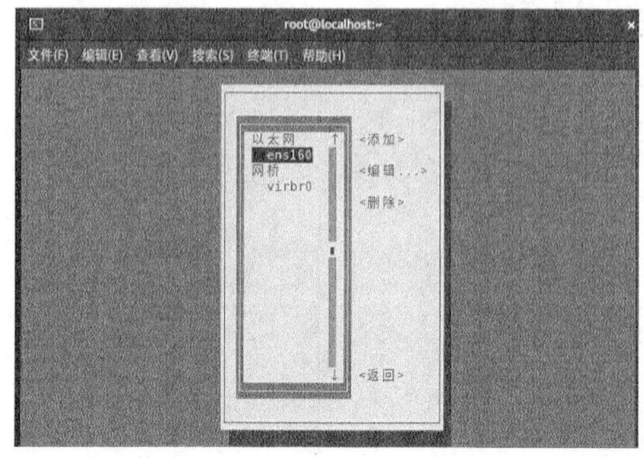

图 9-10　配置网络选项

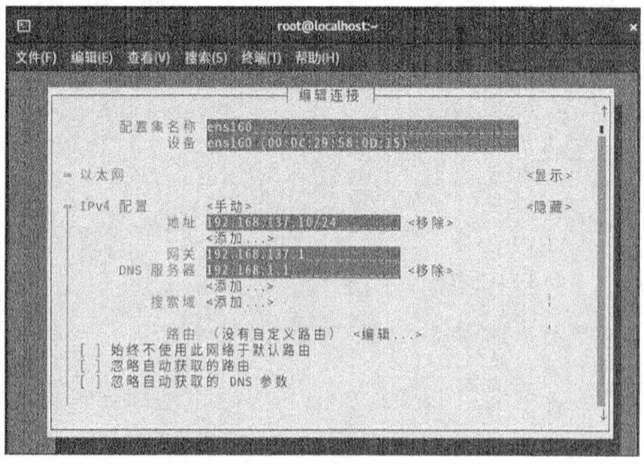

图 9-11　编辑网卡信息

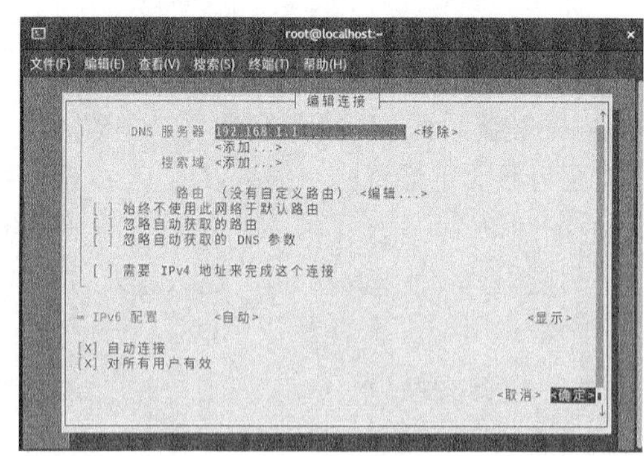

图 9-12　保存编辑的配置信息

9.3　常用的网络配置命令

1. ifconfig 命令

功能：

- 显示网络接口的配置信息。
- 激活/禁用某个网络接口。
- 配置网络接口 IP 地址。

格式：

```
# ifconfig   <接口名>   ip 地址   netmask子网掩码  <up/down>
```

1）查看当前网络接口配置情况，结果如图 9-13 所示。

```
[root@localhost ~]# ifconfig
```

```
ens160: flags=4163<UP,BROADCAST,RUNNING,MULTICAST>  mtu 1500
        inet 192.168.137.50  netmask 255.255.255.0  broadcast 192.168.137.255
        inet6 fe80::726a:7a00:ff58:bbd6  prefixlen 64  scopeid 0x20<link>
        ether 00:0c:29:58:0d:15  txqueuelen 1000  (Ethernet)
        RX packets 8526  bytes 5604484 (5.3 MiB)
        RX errors 0  dropped 0  overruns 0  frame 0
        TX packets 5502  bytes 760837 (743.0 KiB)
        TX errors 0  dropped 0 overruns 0  carrier 0  collisions 0

lo: flags=73<UP,LOOPBACK,RUNNING>  mtu 65536
        inet 127.0.0.1  netmask 255.0.0.0
        inet6 ::1  prefixlen 128  scopeid 0x10<host>
        loop  txqueuelen 1000  (Local Loopback)
        RX packets 966  bytes 82262 (80.3 KiB)
        RX errors 0  dropped 0  overruns 0  frame 0
        TX packets 966  bytes 82262 (80.3 KiB)
        TX errors 0  dropped 0 overruns 0  carrier 0  collisions 0

virbr0: flags=4099<UP,BROADCAST,MULTICAST>  mtu 1500
        inet 192.168.122.1  netmask 255.255.255.0  broadcast 192.168.122.255
        ether 52:54:00:c2:20:93  txqueuelen 1000  (Ethernet)
        RX packets 0  bytes 0 (0.0 B)
        RX errors 0  dropped 0  overruns 0  frame 0
```

图 9-13　查看当前网络接口配置情况

2）查看 ens160 网络接口配置情况，结果如图 9-14 所示。

```
[root@localhost ~]# ifconfig  ens160
```

```
ens160: flags=4163<UP,BROADCAST,RUNNING,MULTICAST>  mtu 1500
        inet 192.168.137.50  netmask 255.255.255.0  broadcast 192.168.137.255
        inet6 fe80::726a:7a00:ff58:bbd6  prefixlen 64  scopeid 0x20<link>
        ether 00:0c:29:58:0d:15  txqueuelen 1000  (Ethernet)
        RX packets 8535  bytes 5605348 (5.3 MiB)
        RX errors 0  dropped 0  overruns 0  frame 0
        TX packets 5502  bytes 760837 (743.0 KiB)
        TX errors 0  dropped 0 overruns 0  carrier 0  collisions 0
```

图 9-14　查看 ens160 网络接口配置情况

```
[root@localhost ~]# ifconfig ens160 down     //停用网卡 ens160
[root@localhost ~]# ifconfig ens160 up       //激活网卡 ens160
[root@localhost ~]# ifconfig ens160 192.168.0.10 netmask 255.255.255.0
broadcast 192.168.0.255          // 将网卡的 IP 地址设置为 192.168.0.10、子网掩码为
                                 //255.255.255.0、广播码为 192.168.0.255
```

2. ping 命令

功能：向目标主机发送 ICMP 数据包，检测 IP 连通性。

格式：

```
ping  [参数]  IP 地址/主机名
```

参数说明如下。

● -c　n：表示指定得到 n 个应答后中断操作。

例如：测试与 IP 地址为 192.168.1.1 的主机的连通状况，结果如图 9-15 所示。

```
[root@localhost~]# ping 192.168.1.1
```

```
PING 192.168.1.1 (192.168.1.1) 56(84) bytes of data.
64 bytes from 192.168.1.1: icmp_seq=1 ttl=63 time=2.71 ms
64 bytes from 192.168.1.1: icmp_seq=2 ttl=63 time=2.60 ms
64 bytes from 192.168.1.1: icmp_seq=3 ttl=63 time=2.57 ms
64 bytes from 192.168.1.1: icmp_seq=4 ttl=63 time=2.05 ms
64 bytes from 192.168.1.1: icmp_seq=5 ttl=63 time=2.01 ms
64 bytes from 192.168.1.1: icmp_seq=6 ttl=63 time=2.76 ms
64 bytes from 192.168.1.1: icmp_seq=7 ttl=63 time=2.65 ms
64 bytes from 192.168.1.1: icmp_seq=8 ttl=63 time=2.53 ms
64 bytes from 192.168.1.1: icmp_seq=9 ttl=63 time=3.66 ms
64 bytes from 192.168.1.1: icmp_seq=10 ttl=63 time=1.74 ms
64 bytes from 192.168.1.1: icmp_seq=11 ttl=63 time=3.20 ms
64 bytes from 192.168.1.1: icmp_seq=12 ttl=63 time=21.6 ms
```

图 9-15　ping 命令的使用

又如：测试与 baidu.com 连通的状况，测试结果如图 9-16 所示。

```
[root@localhost~]# ping  -c  4  baidu.com
```

```
PING baidu.com (220.181.38.148) 56(84) bytes of data.
64 bytes from 220.181.38.148 (220.181.38.148): icmp_seq=1 ttl=49 time=30.2 ms
64 bytes from 220.181.38.148 (220.181.38.148): icmp_seq=2 ttl=49 time=30.5 ms
64 bytes from 220.181.38.148 (220.181.38.148): icmp_seq=3 ttl=49 time=29.8 ms
64 bytes from 220.181.38.148 (220.181.38.148): icmp_seq=4 ttl=49 time=32.1 ms

--- baidu.com ping statistics ---
4 packets transmitted, 4 received, 0% packet loss, time 8ms
rtt min/avg/max/mdev = 29.755/30.639/32.058/0.889 ms
```

图 9-16　ping 命令的使用

3．hostname 命令

功能：显示/修改主机名。

格式：hostname　[主机名]

实例：

```
[root@localhost~]#hostname                    //显示主机名
[root@localhost~]#hostname    newname         //更改主机名
```

使用 hostname 命令修改主机名，则主机名临时有效，重启系统后将失效。如果想让主机名永久修改，则可以直接编辑/etc/hostname 文件内容，在文件中直接编辑并保存，重启系统后即生效。

4．route 命令

功能：显示路由表、添加/删除默认网关和添加/删除路由。

格式：

```
route
route add  default  gw  网关 IP 地址  dev 网卡设备名
route del  default  gw  网关 IP 地址  dev 网卡设备名
route add  -net 网络地址 gw  网关 IP 地址  dev 网卡设备名
route del  -net  网关 IP 地址
```

例如：显示当前系统的路由表配置情况，结果如图 9-17 所示。

```
[root@localhost~]#route
```

```
Kernel IP routing table
Destination     Gateway         Genmask         Flags Metric Ref    Use Iface
default         192.168.137.1   0.0.0.0         UG    100    0        0 ens160
192.168.122.0   0.0.0.0         255.255.255.0   U     0      0        0 virbr0
192.168.137.0   0.0.0.0         255.255.255.0   U     100    0        0 ens160
[root@rhel8 ~]#
```

图 9-17　显示当前系统路由表配置

例如：添加/删除默认网关。

```
[root@localhost~]#route add default  gw 192.168.0.1 dev  ens160
                                                      //添加默认网关
[root@localhost~]#route  del  default  gw  192.168.0.1   //删除默认网关
```

例如：添加或删除静态路由。

```
[root@localhost~]#route  add  -net 172,16,2,0/24  gw  192.168.0.1  dev
ens160                                                 //添加默认路由
[root@localhost~]# ip route add 172,16,2,0/24 via 192.168.0.1 dev ens160
[root@localhost~]#route  del  -net 172,16,2,0/24        //删除默认路由
[root@localhost~]#ip route  del  172,16,2,0/24
```

5．tracepath 命令

功能：用于显示从本机到目标主机的数据包所经过的路由。

格式：

```
tracepath [选项][-n ][-p port][-l pltlen] <destination>
```

参数说明如下。

- -n：表示只显示 IP 地址。

- -b：表示既显示主机名又显示 IP 地址。
- -l：设置初始的数据包长度。
- -p：设置初始目的端口。

例如：查询到目的地的路由情况，显示结果如图 9-18 所示。

```
[root@localhost~]# tracepath -n 202.113.244.4
```

```
1?: [LOCALHOST]                    pmtu 1500
1:  192.168.137.1                          1.502ms
1:  192.168.137.1                          0.202ms
2:  no reply
3:  192.168.1.1                            3.363ms asymm  2
4:  192.168.1.1                            9.166ms pmtu 1492
4:  10.231.0.1                            18.445ms asymm  3
5:  117.131.131.5                         25.543ms asymm  4
6:  111.24.8.137                           5.342ms asymm  5
7:  221.183.36.1                           9.565ms asymm  6
```

图 9-18　网络情况及端口信息

6. netstat 命令

功能：可用来显示网络连接、路由表和正在监听的端口等信息。

格式：

```
netstat  [-l]
```

例如：显示所有监控中的服务器 Socket 程序信息，结果如图 9-19 所示。

```
[root@localhost~]#netstat  -lpe
```

```
Active Internet connections (only servers)
Proto Recv-Q Send-Q Local Address           Foreign Address         State
User       Inode      PID/Program name
tcp        0      0 0.0.0.0:sunrpc          0.0.0.0:*               LISTEN
root       24579      1/systemd
tcp        0      0 192.168.122.1:domain    0.0.0.0:*               LISTEN
root       37054      1490/dnsmasq
tcp        0      0 0.0.0.0:ssh             0.0.0.0:*               LISTEN
root       33468      1048/sshd
tcp        0      0 localhost:ipp           0.0.0.0:*               LISTEN
root       33537      1050/cupsd
tcp6       0      0 [::]:sunrpc             [::]:*                  LISTEN
root       24581      1/systemd
tcp6       0      0 [::]:ssh                [::]:*                  LISTEN
root       33476      1048/sshd
tcp6       0      0 localhost:ipp           [::]:*                  LISTEN
root       33531      1050/cupsd
```

图 9-19　监控中的服务器 Socket 程序信息

7. ip 命令

```
[root@localhost~]#ip link show               //显示链路
[root@localhost~]#ip addr show               //显示地址
[root@localhost~]#ip route show              //显示路由
[root@localhost~]#ip route del default       //删除默认路由
[root@localhost~]#ip rule show               //显示默认规则
[root@localhost~]#ip rule show table  local //查看本地静态路由
```

9.4　服务控制

服务控制就是管理 Linux 后台运行的应用程序，用户在 Linux 中进行操作时一般会涉及对服务的控制。

9.4.1　服务概述

服务是支持系统执行的一些必要程序，默默在系统后台运行，通常都会监听某个端口，等待其他程序的请求，因此，又将服务称为守护进程，根据服务启动和管理方式可以分为独立启动服务（standalone）和超级服务（xinetd）。

1．独立启动服务

每项服务只监听该服务指定的端口，可以自行启动，而不用依赖其他管理服务。优点是会一直启动，当外界有请求时，独立启动服务响应请求更迅速，服务启动时会常驻内存，所以一直占用系统资源，目前大多数服务都是独立启动服务，如后面要介绍的 FTP、Samba、DNS 和 Apache 等。

2．超级服务

超级服务由 xinetd 管理，本身独立的 xinetd 被直接部署在内存中，由 xinetd 管理的服务的配置文件存放在/etc/xinetd.d/目录中，当客户端发出请求时，该请求由 xinetd 转给对应的其他服务处理，当客户请求结束时，被唤醒的服务将会关闭并释放资源。超级服务的优点是持续启动 xinetd，其他服务只在需要的时候才被唤醒，占用资源少，且 xinetd 有保护机制，免受一定的网络攻击。

Linux 具有稳定和安全性等优良传统，加上适当的服务软件，即可满足绝大多数应用需求，目前，越来越多的企业基于 Linux 架设服务器，提供各种网络服务。通常由守护进程来实现网络服务功能，守护进程又被称为服务，它总在后台运行，时刻监听客户端的请求。常用的网络服务器软件及其服务名如表 9-2 所示。

表 9-2　网络服务器软件及其服务名

服务类型	软件包名称	服务名（守护进程）	功能说明
web 服务	Apache	httpd	提供 www 服务
ftp 服务	Vsftpd	Vsftpd	提供文件传输服务
邮件服务	Sendmail	Sendmail	提供文件收发服务
远程登录服务	telnet	telnet	提供远程登录服务
DNS 服务	Bind	named	提供域名解析服务
数据库服务	mysql	mysqld	提供数据库服务
Samba 服务	Samba	smb	提供 Samba 文件共享服务
DHCP 服务	dhcp	dhcp	提供 DHCP 动态分配网址服务

9.4.2　service 服务控制

service 命令是管理 Linux 中服务的命令，它包括启动（start）、重启（restart）、查看状态（status）和停止（stop）。

```
[root@localhost ~]# service smb start        //启动 Samba 服务
[root@localhost ~]# service smb restart      //重启 Samba 服务
[root@localhost ~]# service smb status       //查看 Samba 服务执行状态
[root@localhost ~]# service smb stop         //停止 Samba 服务
```

9.4.3　systemd 服务控制

systemd 是 Linux 系统和服务的管理器，它的功能不仅包含启动操作系统，还包括接管后台服务、状态查询、日志归档、定时任务管理等。systemd 的优点是功能强大、使用方便，缺点是系统庞大、非常复杂。

systemd 对应的进程管理命令是 systemctl，它取代了 service 命令，主要用来管理 Linux 下的各种服务。主要包括启动（start）、重启（restart）、查看状态（status）、停止（stop）、开启防火墙开机自启动（enable）和禁止防火墙开机自启动（disable）等。

例如：启动防火墙并查看防火墙状态如图 9-20 所示。

```
[root@localhost ~]# systemctl start firewalld
[root@localhost ~]# systemctl status firewalld
```

```
root@localhost:~
文件(F)  编辑(E)  查看(V)  搜索(S)  终端(T)  帮助(H)
[root@localhost ~]# systemctl start firewalld
[root@localhost ~]# systemctl status firewalld
● firewalld.service - firewalld - dynamic firewall daemon
   Loaded: loaded (/usr/lib/systemd/system/firewalld.service; enabled; vendor pr>
   Active: active (running) since Wed 2021-02-24 10:37:31 CST; 2 days ago
     Docs: man:firewalld(1)
 Main PID: 999 (firewalld)
    Tasks: 2 (limit: 11175)
   Memory: 22.3M
   CGroup: /system.slice/firewalld.service
           └─999 /usr/libexec/platform-python -s /usr/sbin/firewalld --nofork -->

2月 24 10:37:26 localhost systemd[1]: Starting firewalld - dynamic firewall daem>
2月 24 10:37:31 localhost systemd[1]: Started firewalld - dynamic firewall daemo>
2月 24 10:37:32 localhost firewalld[999]: WARNING: AllowZoneDrifting is enabled.>
lines 1-13/13 (END)
```

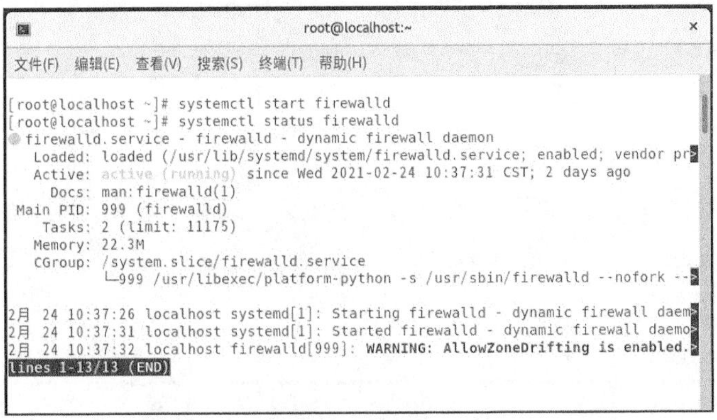

图 9-20　启动防火墙并查看防火墙状态

例如：停止防火墙并查看防火墙状态如图 9-21 所示。

```
[root@localhost ~]# systemctl stop firewalld
[root@localhost ~]# systemctl status firewalld
```

```
root@localhost:~
文件(F)  编辑(E)  查看(V)  搜索(S)  终端(T)  帮助(H)
[root@localhost ~]# systemctl stop firewalld
[root@localhost ~]# systemctl status firewalld
● firewalld.service - firewalld - dynamic firewall daemon
   Loaded: loaded (/usr/lib/systemd/system/firewalld.service; enabled; vendor pr>
   Active: inactive (dead) since Fri 2021-02-26 23:39:30 CST; 3s ago
     Docs: man:firewalld(1)
  Process: 999 ExecStart=/usr/sbin/firewalld --nofork --nopid $FIREWALLD_ARGS (c>
 Main PID: 999 (code=exited, status=0/SUCCESS)

2月 24 10:37:26 localhost systemd[1]: Starting firewalld - dynamic firewall daem>
2月 24 10:37:31 localhost systemd[1]: Started firewalld - dynamic firewall daemo>
2月 24 10:37:32 localhost firewalld[999]: WARNING: AllowZoneDrifting is enabled.>
2月 26 23:39:20 localhost.localdomain systemd[1]: Stopping firewalld - dynamic f>
2月 26 23:39:30 localhost.localdomain systemd[1]: Stopped firewalld - dynamic fi>
lines 1-12/12 (END)
```

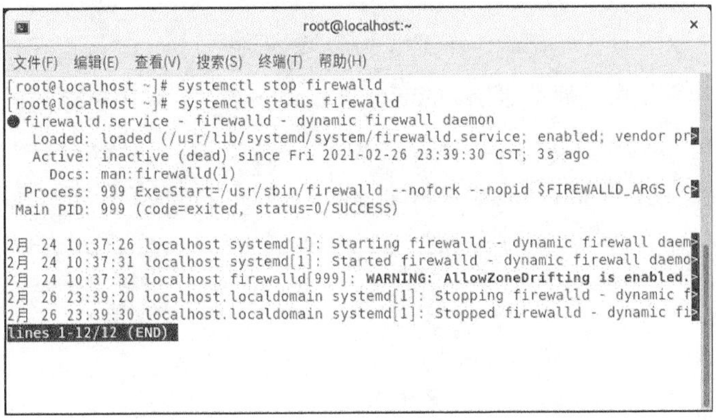

图 9-21　停止防火墙并查看防火墙状态

例如：重启防火墙

```
[root@localhost ~]#systemctl restart firewalld
```

例如：开启防火墙开机自启动并查看，结果如图 9-22 所示。

```
[root@localhost ~]#systemctl enable firewalld
[root@localhost ~]#systemctl is-enable firewalld
```

```
root@localhost:~
文件(F)  编辑(E)  查看(V)  搜索(S)  终端(T)  帮助(H)
[root@localhost ~]# systemctl enable firewalld
Created symlink /etc/systemd/system/dbus-org.fedoraproject.FirewallD1.service →/usr/
lib/systemd/system/firewalld.service.
Created symlink /etc/systemd/system/multi-user.target.wants/firewalld.service →/usr/
lib/systemd/system/firewalld.service.
[root@localhost ~]# systemctl is-enabled firewalld
enabled
[root@localhost ~]#
```

图 9-22　开启防火墙开机自启动

例如：禁止防火墙开机自启动并查看，结果如图 9-23 所示。

```
[root@localhost ~]#systemctl disable firewalld
[root@localhost ~]#systemctl is-enable firewalld
```

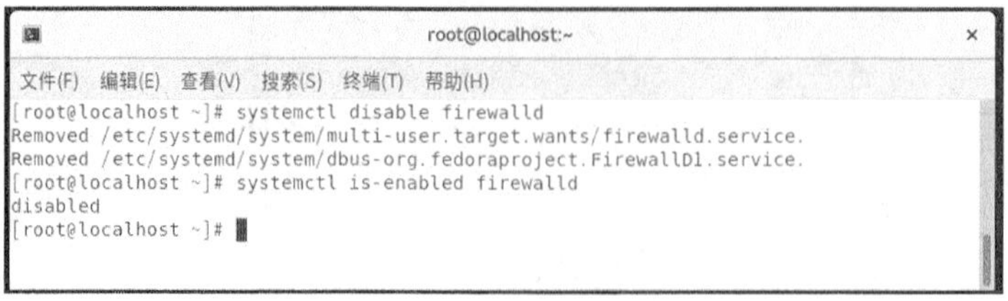

```
[root@localhost ~]# systemctl disable firewalld
Removed /etc/systemd/system/multi-user.target.wants/firewalld.service.
Removed /etc/systemd/system/dbus-org.fedoraproject.FirewallD1.service.
[root@localhost ~]# systemctl is-enabled firewalld
disabled
[root@localhost ~]#
```

图 9-23　禁止防火墙开机自启动

例如：Linux 操作系统运行级别有 7 级，查看系统运行级别，结果如图 9-24 所示。

```
[root@localhost ~]#runlevel
```

或

```
[root@localhost ~]#systemctl get-default
```

```
[root@localhost ~]# runlevel
N 5
[root@localhost ~]# systemctl get-default
graphical.target
[root@localhost ~]#
```

图 9-24　查看系统运行级别界面

例如：Linux 操作系统第三启动级别为 multi-user.target，设置操作系统第三启动级为默认。

```
[root@localhost ~]#systemctl  set-default  multi-user.target
```

例如：Linux 操作系统第五启动级别为 graphical.target，设置操作系统第五启动级为默认。

```
[root@localhost ~]#systemctl  set-default  graphical.target
```

9.5　网络安全

9.5.1　防火墙管理

Linux 为增加系统安全性提供了防火墙保护。防火墙存在于你的计算机和网络之间，用来判定网络中的远程用户是否有权访问你的计算机上的哪些资源。经过正确配置的防火墙可以极大地增加系统安全性。

Linux 防火墙其实是操作系统本身所自带的一个功能模块。通过安装特定的防火墙内核，Linux 操作系统会对接收到的数据包按一定的策略进行处理。而用户所要做的，就是使用特定的配置软件（如 iptables）去定制适合自己的“数据包处理策略”。按照防火墙的防范方式和侧重点的不同，可将防火墙分为两类：包过滤型防火墙和代理型防火。

1. 包过滤型防火墙

对数据包进行过滤可以说是任何防火墙所具备的最基本的功能，而 Linux 防火墙本身也可以说是一种“包过滤型防火墙”。在 Linux 防火墙中，操作系统内核对到来的每一个数据包进行检查，从它们的包头中提取出所需要的信息，如源 IP 地址、目的 IP 地址、源端口号、目的端口号等，再与已建立的防火规则逐条进行比较，并执行所匹配规则的策略，或执行默认策略。 通过在防火墙外部接口处对进来的数据包进行过滤，可以有效阻止绝大多数有意或无意的网络攻击。同时，对发出的数据包进行限制，可以明确指定内部网中哪些主机可以访问互联网，哪些主机只能享用哪些服务，或登录哪些站点，从而实现对内部主机的管理。可以说，在对一些小型内部局域网进行安全保护和网络管理时，包过滤确实是一种简单而有效的手段。

2. 代理型防火墙

Linux 防火墙的代理功能是通过安装相应的代理软件实现的。它使那些不具备公共 IP 的内部主机也能访问互联网，并且很好地屏蔽了内部网，从而有效保障了内部主机的安全。

Linux 内核中包含 Netfilter 框架，Netfilter 是 RHEL 8 防火墙的主要组件，用于实现数据包过滤、网络地址转换和端口转换等操作，Netfilter 允许其他内核模块直接与内核的网络堆栈接口连接，利用防火墙软件定义的过滤规则，在内核中通过钩子函数和消息处理程序实现拦截和转发等操作。

Firewalld 是由 Red Hat 公司开发的一个动态防火墙管理工具，随着各类 Linux 发行版本中的防火墙后端引擎逐步从 iptables 向 nftables 迁移，nftables 取代 iptables 成为默认的 Linux 网络包过滤框架，从 RHEL 7 开始，系统默认启用 Firewalld 管理防火墙，防火墙通过 firewalld-config 和 firewalld-cmd 管理。

Firewalld 针对每个进入系统的数据包，其处理流程如下。

首先检查数据包的源地址，若该源地址被分配给了特定的区域，则 Firewalld 应用该区域的规则；若该源地址未被分配给某个区域，则 firewalld 会检查数据包传入的网络接口，并检查与传入的网络接口关联的区域规则；若网络接口未与区域关联，则 firewalld 会将数据包与默认区域相关联，并应用默认区域规则进行处理。

9.5.2 管理防火墙的 shell 命令

```
systemctl unmask firewalld                #执行命令，即可实现取消服务的锁定
systemctl mask firewalld                  #下次需要锁定该服务时执行
systemctl start firewalld                 #启动防火墙
systemctl stop firewalld                  #停止防火墙
systemctl reload firewalld                #重载配置
systemctl restart firewalld               #重启服务
systemctl status firewalld                #显示服务的状态
systemctl enable firewalld                #在开机时启用服务
systemctl disable firewalld               #在开机时禁用服务
systemctl is-enabled firewalld            #查看服务是否开机启动
systemctl list-unit-files|grep enabled    #查看已启动的服务列表
systemctl --failed                        #查看启动失败的服务列表

firewall-cmd --state                      #查看防火墙状态
firewall-cmd --reload                     #更新防火墙规则
firewall-cmd --state                      #查看防火墙状态
firewall-cmd --list-ports                 #查看所有打开的端口
firewall-cmd --list-services              #查看所有允许的服务
firewall-cmd --get-services               #获取所有支持的服务

#区域相关
firewall-cmd --list-all-zones             #查看所有区域信息
firewall-cmd --get-active-zones           #查看活动区域信息
firewall-cmd --set-default-zone=public    #设置 public 为默认区域
firewall-cmd --get-default-zone           #查看默认区域信息
firewall-cmd --zone=public --add-interface=eth0   #将接口 eth0 加入区域 public
```

```
#接口相关
firewall-cmd --zone=public --remove-interface=eth0  #从区域 public 中删除
                                                    #接口 eth0
firewall-cmd --zone=default --change-interface=eth0 #修改接口 eth0 所属区
                                                    #域为 default
firewall-cmd --get-zone-of-interface=eth0           #查看接口 eth0 所属区域
```

9.5.3 SELinux

SELinux 的全称是 Security Enhanced Linux，它是由美国国家安全部领导开发的 GPL 项目，是一个灵活而强制性的访问控制结构，SELinux 是一种非常强大的安全机制，旨在提高 Linux 系统的安全性。

SElinux 是内核级加强型防火墙，通过 SElinux 对系统中的文件和资源添加标签，从而提高安全性，增强对系统的安全保护。

在某种程度上，它可以看作是与标准权限系统并行的权限系统。在常规模式下，以用户身份运行进程，并且对系统上的文件和其他资源都设置了权限（控制哪些用户对哪些文件具有哪些访问权）；SElinux 的另一个不同之处在于，若要访问文件，你必须具有普通访问权限的 SELinux 访问权限。

SELinux 有三种状态，强制状态（Enforcing）、许可状态（Permissive）和禁用状态（disabled）。

- 强制状态：RHEL 8 默认的状态，SELinux 强制执行访问控制策略。
- 许可状态：SELinux 处于活动状态，仅记录违反规则的警告信息，不强制执行访问控制策略。
- 禁用状态：完全关闭 SELinux，不执行任何访问控制策略，也不记录相应的警告信息。

在命令界面，SELinux 提供了相应的工具集，使用户可以通过执行 getenforce 和 setenforce 命令查看和调整 SELinux 状态。如图 9-25 所示。其中 setenforce 可以设置成 0 或 1，0 表示许可状态（Permissive），1 表示强制状态（Enforcing）。通过 setenforce 命令在命令行界面修改的状态在重启后将失效，因此如果要永久调整 SELinux 的状态，应通过修改/etc/selinux/config 配置文件修改。配置文件内容如图 9-26 所示。

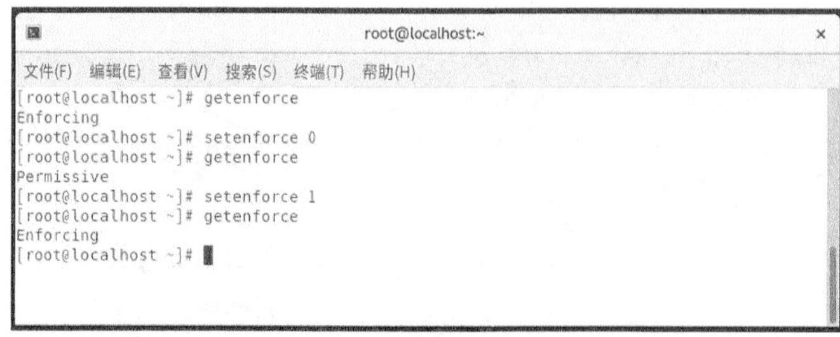

```
[root@localhost ~]# getenforce
Enforcing
[root@localhost ~]# setenforce 0
[root@localhost ~]# getenforce
Permissive
[root@localhost ~]# setenforce 1
[root@localhost ~]# getenforce
Enforcing
[root@localhost ~]#
```

图 9-25　查看和调整 SELinux 状态

```
# This file controls the state of SELinux on the system.
# SELINUX= can take one of these three values:
#     enforcing - SELinux security policy is enforced.
#     permissive - SELinux prints warnings instead of enforcing.
#     disabled - No SELinux policy is loaded.
SELINUX=enforcing
# SELINUXTYPE= can take one of these three values:
#     targeted - Targeted processes are protected,
#     minimum - Modification of targeted policy. Only selected processes are protected.
#     mls - Multi Level Security protection.
SELINUXTYPE=targeted
```

图 9-26　SELinux 配置文件内容

9.6　上机实训

13

1．实训目的

掌握 Linux 下网络的基本配置。

2．实训内容

1）查看 Windows 操作系统的网络连接状况。

2）虚拟机下设置桥接模式。

3）利用图形界面手动配置虚拟机上网。

3．实训总结

通过本次实训，能够掌握网络的基本配置方法，保证用户能够正常访问网络。

9.7　课后习题

1．在 RHEL 8 中，检测网络和自动连接网络的程序是（　　）。

A．DNS　　B．NetworkManager　　C．ip　　D．host

2．route 命令中的-net 是指（　　）。

A．目标是一个网段

B．目标是一个主机

C．目标是所有网段

D．目标是所有主机

3．存放 Linux 主机域名和 IP 地址对应关系的文件是（　　）。

A．/etc/hosts

B．/etc/sysconfig/network

C．/etc/hostname

D．/etc/host.conf

4．指定 DNS 服务器 IP 地址的文件是（　　）。

A．/etc/hosts

B．/etc/host.conf

C．/etc/sysconfig/network

D．/etc/resolv.conf

5．在 RHEL 8 中，给计算机分配 IP 地址有以下方法（　　）。

A．ipconfig ens160 166.111.219.150　255.255.255.0

B．ifconfig ens160 166.111.219.150　255.255.255.0

C．ifconfig ens160 166.111.219.150　netmask 255.255.255.0

D．在 Linux 窗口中配置

6．RHEL 8 下可以显示运行级别的命令有（　　）。

A．runlevel

B．systemctl get-default

C．ntsysv

D．xinetd

7．配置主机网卡 IP 地址的配置文件是（　　）。

A．/etc/sysconfig/network-scripts/ifcfg-ens160　　B．resolv.conf

B．/etc/sysconfig/network　　D．/etc/host.conf

8．以下配置行不需要写在 ifcfg-eth160 文件中的有（　　）。

A．IPADDP=192.168.0.1

B．BOOTPROTO=DHCP

C．NAMESERVER=192.168.0.1

D．DEVECE=eth160

9．RHEL 8 中，显示内核路由表的命令是（　　）。

A．route　　B．ifconfig　　C．netstat　　D．ifup

10．某主机的 IP 地址为 202.120.90.13，那么其默认的子网掩码是（　　）。

A．255.255.0.0　　B．255.0.0.0

C．255.255.255.255　　D．255.255.255.0

11．TCP/IP 给临时端口分配的端口号为（　　）。

A．1024 以上　　B．0~1024　　C．256~1024　　D．0~128

12．ens*表示的设备为（　　）。

A．显卡　　B．网卡　　C．声卡　　D．视频压缩卡

13．欲发送 10 个分组报文来测试与主机 abc.edu.cn 的连通性，应使用的命令是（　　）。

A．ping - a 10 abc.edu.cn

B．ping -c 10 abc.edu.cn

C．ifconfig -a 10 abc.edu.cn

D．rout -c 10 abc.edu.cn

14．RHEL 8 中采用（　　）管理 netfilter 子系统。

A．firewalld　　B．iptables　　C．service　　D．xinetd

15．RHEL 8 中，SELinux 默认的状态是（　　）。

A．Permissive　　B．Enforcing　　C．Disabled　　D．Enabled

第 10 章　Samba 服务器

当局域网中存在多种操作系统，例如，既有安装 Windows 的计算机，又有安装 Linux 的计算机，怎样才能实现它们之间的互访呢？架设 Samba 服务器可以解决这一问题。Samba 服务器可使 Windows 用户通过网上邻居等方式直接访问 Linux 的共享资源，而 Linux 用户也可以通过 SMB 客户端程序轻松访问 Windows 的共享资源。Samba 服务器可实现不同类型计算机之间文件和打印机的共享。

10.1　Samba 简介

服务器信息块（Server Message Block，SMB）协议是一个高层协议，它提供了在网络上的不同计算机之间共享文件、打印机和通信资料的手段，是实现网络上不同类型计算机之间文件和打印机共享服务的协议。

Samba 是一组使 Linux 支持 SMB 协议的软件，基于 GPL 原则发行，源代码完全公开。Samba 的核心是两个守护进程 smbd 和 nmbd。smbd 守护进程负责建立对话、验证用户、提供文件和打印机共享服务等。nmbd 守护进程负责实现网络浏览。为了将 Linux 作为客户端集成到 Windows 环境中，Samba 提供了两种工具：nmblookup 工具用于 NetBIOS 名称解析和测试，smbclient 工具提供对 SMB 文件和打印服务的访问。

Samba 服务器可以让 Windows 操作系统用户访问局域网中的 Linux 主机，就像网上邻居一样方便。如图 10-1 所示。

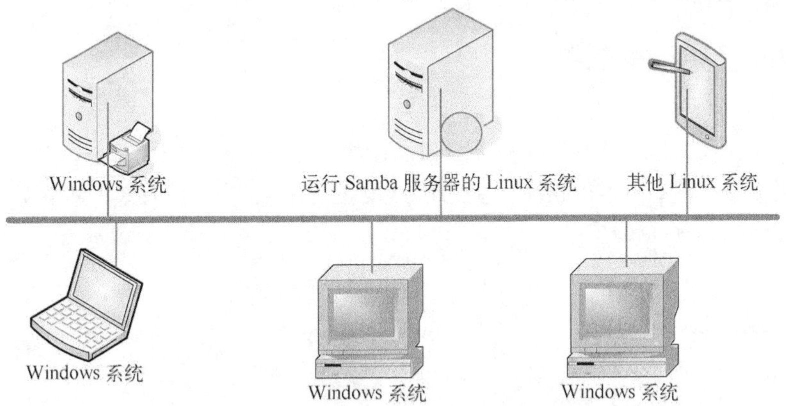

图 10-1　由 Samba 提供文件和打印服务的局域网

10.1.1　Samba 的工作原理

Samba 的工作原理是让 Windows 操作系统网上邻居的通信协议——NetBIOS（Network Basic Input/Output System）和 SMB 这两个协议在 TCP/IP 通信协议上运行，并且使用 Windows 上的 NETBEUI 协议让 Linux 可以在网上邻居中被 Windows 看到。其中最主要的是 SMB 协议，它在诸如 Windows Server 2008、Windows 7 等 Windows 系列操作系统中应用广泛。Samba 就是 SMB 服务器在类 UNIX 系统上的实现。

10.1.2　Samba 服务器的功能

文件共享和打印是 Samba 服务器最主要的功能。Samba 为了方便文件共享和打印共享，还实现了相关控制和管理功能，具体来说，Samba 完成的功能如下。

- 共享目录：在局域网共享某些文件和目录，使得同一个网络内的 Windows 用户可以在网上邻居里访问该目录，如同访问网上邻居里的其他 Windows 机器一样。
- 目录权限：决定每一个目录可以由哪些人访问，这些人具有哪些访问权限，Samba 可以设置一个目录允许一个人、某些人、组或所有人访问。
- 共享打印机：在局域网上共享打印机，使得局域网和其他用户可以使用 Linux 操作系统下的打印机。
- 打印机使用权限：决定哪些用户可以使用打印机。

安装和配置好 Samba 服务器后，Linux 就可以向局域网中的 Windows 用户提供文件和打印服务。

10.2　案例 1：Windows 客户机匿名访问 Samba 共享资源

【案例目的】利用 Samba 软件包架设一台资源共享服务器。

【案例内容】

1）设置 Samba 服务器所在工作组为 workgroup。

2）设置服务器名为 sambasever。

3）设置 Samba 服务器为用户级访问。

4）设置共享目录/tmp/share，所有用户都能访问，并且具有读写权限。

5）在 Windows 客户端上访问 Samba 服务器上的共享资源。

【核心知识】Samba 服务器的配置。

10.2.1　Samba 服务器的安装

1. 安装 Samba

用户在安装 RHEL 8.2 的时候，选择软件包时如果选择了安装所有软件包，那么 Samba 就已经安装上了；如果系统中没有安装 Samba，则可以从镜像文件 iso 安装，安装的步骤如下。

（1）验证 Samba 是否已经安装

```
[root@localhost ~]# rpm -qa | grep samba
```

如果系统出现类似如下的信息，则表明 Samba 已经安装。

```
samba-common-tools-4.11.2-13.el8.x86_64
samba-common-4.11.2-13.el8.noarch
samba-common-libs-4.11.2-13.el8.x86_64
samba-client-libs-4.11.2-13.el8.x86_64
samba-libs-4.11.2-13.el8.x86_64
samba-4.11.2-13.el8.x86_64
```

如果没有出现以上类似信息，则表明系统尚未完全安装 Samba，用户可以完成安装。

（2）配置好 yum 源

按照 6.3.2 小节的步骤配置好本地 YUM 源。

（3）安装 Samba 服务

```
[root@localhost /mnt]# dnf -y install samba
```

如果出现如下提示，则证明 Samba 服务器组件被正确安装。

```
上次元数据过期检查：12:30:13 前，执行于 2021 年 02 月 06 日 星期六 11 时 20 分 00 秒。
软件包 samba-4.11.2-13.el8.x86_64 已安装。
依赖关系解决。
无需任何处理。
完毕！
```

2. 启动、停止 Samba 服务

Samba 服务器使用 smb 进程，其启动、停止或重启方法如下：

```
[root@localhost /]# systemctl start smb          //启动 samba 服务
[root@localhost /]# systemctl status smb         //查看 Samba 服务器运行状态
[root@localhost /]# systemctl restart smb        //重启 Samba 服务
[root@localhost /]# systemctl stop smb           //停止 Samba 服务
```

10.2.2 Samba 服务器的配置

将 Samba 相关软件包安装完成后，Linux 服务器与 Windows 客户端之间还不能正常互联。要让 Samba 服务器发挥作用，还必须正确配置 Samba 服务器。另外，还要正确设置防火墙。默认情况下防火墙不允许 Windows 客户端访问 Samba 服务器，必须打开相应的服务。

Samba 服务器的全部配置信息均保存在/etc/samba/smb.conf 文件中。smb.conf 文件采用分节的结构。一般由三个标准节和若干个用户自定义的共享节组成。利用 Vim 可以编辑和查看 smb.conf 文件。

1. 基本全局参数

```
netbios name = MySamba        //设置 Samba 服务器的 NetBIOS 名字
workgroup = WORKGROUP         //设置 Samba 要加入的工作组 WORKGROUP
server string=Samba%v         //设置在打印管理器的“打印机注释”框中显示的字符串
hosts allow =192.168.5.       //允许 192.168.5.0 网段主机连接，该语句优先 hosts deny
hosts deny =192.168.10.  abc.mynet.edu.cn //禁止 192.168.10.0 网段主机连接
                                          //禁止 abc.mynet.edu.cn 连接
security=user             //设置用户访问服务器的安全模式
```

在 Samba 服务器中主要有四种不同级别的安全模式：auto、user、domain 和 ads。

- auto（自动模式）：在该模式下，Samba 将参考服务器角色参数来确定安全模式。
- user（用户模式）：Samba 服务器默认的安全模式，客户端在连接时必须首先使用有效的用户名和密码登录。Samba 服务器负责检查 Samba 用户名和口令，验证成功后才能访问相应的共享目录。
- domain（域模式）：该模式下，Samba 服务器加入到 Windows 域网络中，Samba 服务器本身并不验证 Samba 用户名和口令，而由 Windows 域控制服务器负责。此时必须指定域控制服务器的 NetBIOS 名称。
- ads（活动目录模式）：Samba 服务器将在 ads 域充当域成员，运行 Samba 的计算机将需要安装和配置 Kerbers，Samba 将使用网络应用程序加入 ads 域。

2. 普通共享参数

```
comment = ?             // 共享备注，是一个文本段落，指定对共享的描述
path = ?                // 指定授权用户具有访问权限的共享路径，是绝对路径
writable = yes          // 指定共享的路径是否可写，如果是 no，Samba 用户不可写
browseable =yes         // 指定共享资源是否可用共享列表和浏览列表（默认可以）
read only = yes         // 指定共享的路径是否为只读，如果是 yes，Samba 用户不可写
read list =user，@ group          // 设置只读访问用户列表
write list = user，@group         // 设置读写访问用户列表
```

```
valid users = user，@group        // 指定允许登录到此服务的用户列表
Invalid users  = user , @group   // 指定不允许使用服务的用户列表
public=yes/no          // 设置共享资源是否允许所有用户访问，除 guest 用户以外
guest ok =yes/no       //设置 guest 账号权限，如果是 yes，连接服务器不需要密码
guest only=yes/no      // 如果参数是 yes，设置共享目录只允许 guest 用户访问
force user=nobody      //指定一个 UNIX 用户名，该用户名被指定为连接到此服务器的所有
                       //用户的默认用户，这对共享文件很有用，任何用户登录后都将以“强
                       //制用户”的身份执行
keepalive=300          //表示保持活动时间的秒数。如果参数是 0，则不发送保持活跃的分组
printable=no           //设置是否允许访问用户使用打印机，如果允许，设为 yes
create mask=0644       //设置用户在共享目录下创建文件的默认访问权限
directory mask=0755 //设置用户在共享目录下创建子目录的默认访问权限
max connections=300        //设置限制同时连接服务器的数量，如果达到此服务的连接数，将拒
                           //绝连接，如果为 0，可以建立无限数量的连接
```

smb.conf 的默认设置如下：

```
[global]
        workgroup = SAMBA
        security = user
        passdb backend = tdbsam
        printing = cups
        printcap name = cups
        load printers = yes
        cups options = raw
[homes]
        comment = Home Directories
        valid users = %S, %D%w%S
        browseable = No
        read only = No
        inherit acls = Yes
[printers]
        comment = All Printers
        path = /var/tmp
        printable = Yes
        create mask = 0600
        browseable = No
[print$]
        comment = Printer Drivers
        path = /var/lib/samba/drivers
        write list = @printadmin root
        force group = @printadmin
        create mask = 0664
        directory mask = 0775
```

10.2.3　建立 Samba 用户

当 Samba 服务器的安全级别为用户（usr）时，用户访问 Samba 服务器时必须提供其 Samba 用户名和口令。只有 Linux 系统本身的用户才能成为 Samba 用户，并需要设置其 Samba 口令。Samba 用户账号信息默认保存于/etc/samba/smbpasswd 文件。

1．smbpasswd 命令

功能：将 Linux 用户设置为 Samba 用户。

格式：

```
smbpasswd  [选项]  [用户名]
```

主要选项说明如下。

- -a　用户名：增加 Samba 用户。
- -d　用户名：暂时锁定指定的 Samba 用户。
- -e　用户名：解锁指定的 Samba 用户。
- -n　用户名：设置指定的 Samba 用户无密码。
- -x　用户名：删除 Samba 用户。

例如，将名为 u1 的 Linux 用户设置为 Samba 用户。

```
[root@localhost ~]# smbpasswd -a  u1
New SMB password:
Retype new SMB passwd:
```

又如，修改 Samba 用户 u1 的口令。

```
[root@localhost root]# smbpasswd  u1
New SMB password:
Retype new SMB passwd:
```

2. pdbedit 命令

功能：将 Linux 用户设置为 Samba 用户，无参数时，修改 Samba 用户的密码。

格式：

```
pdbedit  [选项]  [用户名]
```

主要选项说明如下。

- -a　用户名：增加 Samba 用户。
- -r　用户名：修改 Samba 用户。
- -v　用户名：查看 Samba 用户信息。
- -x　用户名：删除 Samba 用户。
- -L：显示所有用户的信息。

例如，将名为 u2 的 Linux 用户设置为 Samba 用户。

```
[root@localhost ~]# pdbedit -a u2
   new password:
   retype new password:
```

例如，查看名为 u2 的 Samba 用户的信息。

```
[root@localhost ~]# pdbedit -v u2
Unix username:          u2
NT username:
Account Flags:          [U]
User SID:             S-1-5-21-2543783357-1055377043-1227832761-1001
Primary Group SID:    S-1-5-21-2543783357-1055377043-1227832761-513
Full Name:
Home Directory:       \\rhel8\u2
HomeDir Drive:
Logon Script:
Profile Path:         \\rhel8\u2\profile
Domain:               RHEL8
Account desc:
Workstations:
Munged dial:
Logon time:           0
```

```
Logoff time:         三, 06 2月 2036 23:06:39 CST
Kickoff time:        三, 06 2月 2036 23:06:39 CST
Password last set:   一, 08 2月 2021 23:10:36 CST
Password can change: 一, 08 2月 2021 23:10:36 CST
Password must change: never
Last bad password   : 0
Bad password count  : 0
Logon hours         : FFFFFFFFFFFFFFFFFFFFFFFFFFFFFFFFFFFFFFFFFF
```

例如：显示所有 Samba 用户的信息。

```
[root@rhel8 ~]# pdbedit -L
u1:1004:
u2:1005:
```

【例 10-1】 架设 Samba 服务器，用户可访问/usr/share 目录，当前工作组为 workgroup, netbios name 为 myserver，允许 192.168.1.0 网段对共享目录具有只读访问权限，来宾账号使用 pyh，进行 Samba 服务器测试。配置步骤如下。

1）修改 Linux 配置文件。

利用文本编辑工具对/etc/samba/smb.conf 文件进行编辑。

```
[root@localhost ~]# vim  /etc/samba/smb.conf
[global]
workgroup=workgroup                        // 设置工作组
netbios name=myserver                      // 设置服务器名称
security=user                              // 设置安全级别为用户
passdb backend=tdbsam                      // 指定存储账号后台
guest account=pyh                          // 指定 pyh 作为 guest 账号

[share]
path=/usr/share                            // 共享/usr/share 下的文件
public=no                                  // 目录可写入
browseable=yes                             // 目录可浏览
hosts allow=192.168.1.0                    // 允许来自 192.168.1.0 网段的主机连接
read only=yes                              // 共享目录以只读方式访问
```

2）利用 testparm 命令测试配置文件的正确性。

```
[root@localhost ~]# testparm               // 测试配置文件的正确性
```

☞**提示：**

testparm 命令显示的配置语句跟 smb.conf 文件不一定完全相同，但是功能一定相同。

3）重新启动服务器。

```
[root@localhost ~]# systemctl restart smb
```

案例分解 1

1）设置 Samba 服务器所在工作组为 workgroup。

2）设置服务器名为 sambasever。

3）设置 Samba 服务器为用户级访问。

4）设置共享目录/tmp/share，所有用户都能访问，并且具有读写权限。

5）在 Windows 客户端上访问 Samba 服务器上的共享资源。

第一步：利用文本编辑工具对/etc/samba/smb.conf 进行编辑，完成后保存并退出。

```
[root@localhost ~]# vim  /etc/samba/smb.conf
[global]
workgroup=workgroup                   //设置工作组
netbios name=sambasever               //设置服务器名称
security=user                         //设置安全级别为用户

[share]
path=/tmp/share                       // 共享/tmp/share 下的文件
writable=yes                          // 目录可写入
browseable=yes                        // 目录可浏览
guest ok=yes                          // 一定要加上，否则会出现访问不通过情况
```

第二步：重启 samba 服务，使更改生效。

```
[root@localhost ~]# systemctl restart smb
```

在 Windows 客户端上访问共享资源有两种方法：一是通过网上邻居访问，二是通过 UNC 访问，利用网上邻居访问 Samba 服务器资源虽然直观，但由于网上邻居浏览服务器不能及时刷新 Samba 工作组图标，存在一段时间的延迟，所以有时不能及时在网上邻居中找到 Samba 服务器，可以使用第二种方法。在 Windows 这边，按〈Win+R〉组合键，然后输入“\\192.168.137.50”，按〈Enter〉键后即可看到 Linux 共享目录，假设 Linux 计算机的 IP 地址为 192.168.137.50，如图 10-2 所示。

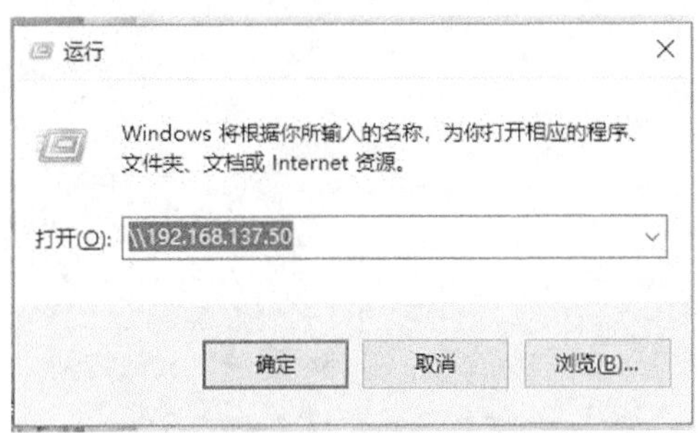

图 10-2　访问 Linux 服务器

☞**注意：**

如果不能正常访问 Linux Samba 服务器中的资源，可能受到 SELinux 或防火墙的影响，可以使用如下命令临时关闭 SELinux 和防火墙。

```
[root@localhost ~]# setenforce 0                //临时关闭 SELinux
[root@localhost ~]# systemctl stop firewalld    //关闭防火墙
```

案例分解 2

第三步：建立共享目录。

```
[root@localhost ~]#mkdir  /tmp/share
[root@localhost ~]#cd  /tmp
[root@localhost tmp]# cd share
[root@localhost share]# touch a1.txt a2.txt
[root@rhel8 share]# ls -l
总用量 0
-rw-r--r--. 1 root root 0 2月   9 09:23 a1.txt
-rw-r--r--. 1 root root 0 2月   9 09:23 a2.txt
```

第四步：测试在 Windows 客户端上访问 Samba 服务器上的共享资源。

按〈Win+R〉组合键，在“运行”对话框中输入“\\192.168.137.50”（Samba 服务器 IP 地址）以 u2 用户名及密码登录，则显示界面如图 10-3a、b 所示。

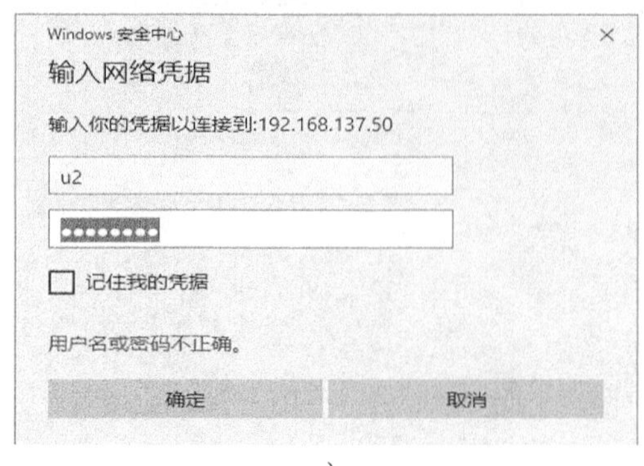

a)

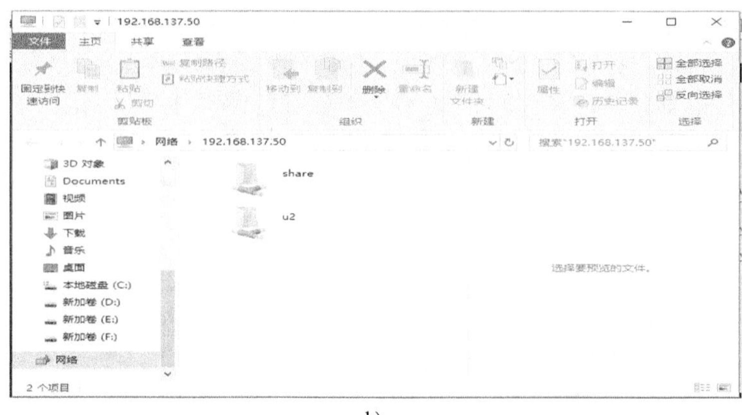

b)

图 10-3　访问 Samba 服务器上的共享资源

a) 登录界面　b) 显示共享文件夹界面

双击 share 文件夹，则显示出 share 文件夹下的内容，如图 10-4 所示。

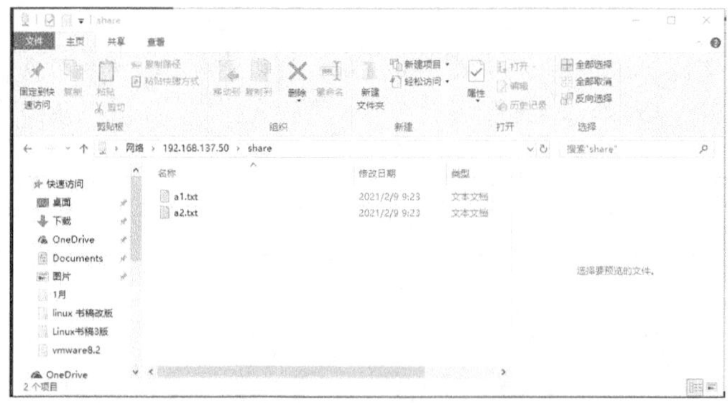

图 10-4　访问共享文件夹

【例 10-2】 架设用户级别的 Samba 服务器，其中 tom 用户可以访问其个人目录文件，当前工作组为 workgroup，netbios name 为 myserver。

1）把 tom 用户设置为 Samba 用户，并输入其口令。

```
[root@localhost ~]# smbpasswd -a  tom
```

2）利用文本编辑器修改 smb.conf 文件。

```
[root@localhost~]# vim  /etc/samba/smb.conf
[global]
workgroup=workgroup                          // 设置工作组
netbios name=myserver                        // 设置服务器名称
security=user                                // 设置安全级别为用户
[homes]
Comment=Home Directory
Browseable=no
writable=yes                                 // 目录可写入
```

3）利用 testparm 命令测试配置文件的正确性。

```
[root@localhost ~]# testparm                 // 测试配置文件的正确性
```

4）重新启动服务器

```
[root@localhost ~]# systemctl restart smb
```

只有 Samba 用户，通过验证才能访问其用户主目录，并且对于其用户主目录具有完全的控制权。

【例 10-3】 架设用户级别的 Samba 服务器，其中 Jack 和 helen 用户可访问其个人主目录和 /var/samba/tmp 目录，而其他的普通用户只能访问其个人主目录。

1）假设工作组为 workgroup。利用 pdbedit 命令将 Linux 系统中所有普通用户都设置为 Samba 用户。

```
[root@localhost ~]#useradd Jack
[root@localhost ~]#pdbedit  -a  Jack
[root@localhost ~]#useradd  helen
[root@localhost ~]#pdbedit  -a  helen
```

2）利用文本编辑器修改 smb.conf 文件。

```
[root@localhost ~]# vim  /etc/samba/smb.conf
[global]
workgroup=workgroup                          // 设置工作组
netbios name=myserver                        //设置服务器名称
security=user                                // 设置安全级别为共享
[homes]
Comment=Home Directory
Browseable=no                                // 共享/tmp 下的文件
writable=yes                                 // 目录可写入
[tmp]
path=/var/samba/tmp
writable=yes
valid users=helen，Jack
```

3）利用 testparm 命令测试配置文件是否正确。

```
[root@localhost ~]# testparm
```

4）重新启动 Samba 服务器。

```
[root@localhost ~]# systemctl restart smb
```

10.3　案例 2：Linux 和 Windows 共享资源互相访问

【案例目的】 利用 Linux 客户机访问 Windows 共享资源。

【案例内容】

1）设置 Samba 服务器所在工作组为 workgroup。

2）设置服务器名为 mysever。

3）设置 Samba 服务器为用户级访问。

4）设置共享目录/samba/docs，指定用户能访问，并且具有读写权限。

5）在 Windows 客户端访问 Samba 服务器上的共享资源，假设运行 Windows 操作系统的计算机的 IP 地址为 192.168.1.5，掩码为 255.255.255.0，网关为 192.168.1.1。

6）在 Linux 客户端访问 Windows 上的共享资源，运行 Linux 操作系统的虚拟机的 IP 地址为 192.168.1.100，其余同上。

【核心知识】 Samba 服务器的配置及客户端访问方法。

10.3.1　虚拟机下网络搭建

能够通过 Samba 服务器实现文件夹共享的配置中，需要计算机在同一个工作组中，如运行 Windows 操作系统的计算机和运行 Linux 操作系统的计算机要在一个工作组中，在一台运行 Windows 操作系统的计算机的虚拟机中安装 Linux 操作系统，Windows 为主操作系统，Linux 为 guest 操作系统。首先，查看运行 Windows 操作系统的计算机的“我的电脑”属性，获取到所在的工作组，如 WORKGROUP，则 Linux 下 Samba 服务器全局项配置中的工作组选项也要一致，也为 WORKGROUP。这样才能保证在网上邻居中能够找到邻近计算机。

安装在一台计算机上的主从操作系统会公用一块网卡，可以使用 NAT，也可以使用桥接等方式。通过菜单“虚拟机”→“设置”，选择桥接模式，如图 10-5 所示。

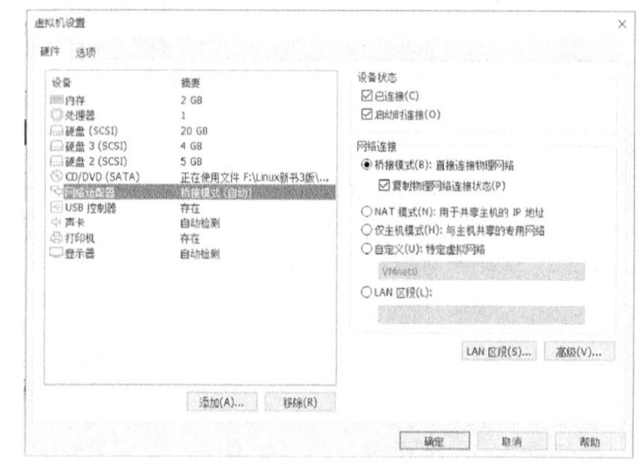

图 10-5　虚拟机设置界面

设为桥接模式后，同一工作组中的计算机的 IP 地址不能相同，否则会出现 IP 地址冲突，除了 IP 地址不同外，掩码、网关和 DNS 都是相同的。

案例分解 1

1）设置 Samba 服务器所在工作组为 workgroup，netbios name 为 myserver，设置 Samba 服务器为用户级访问。根据题意对 Samba 服务器进行全局项配置，配置内容如图 10-6 所示。

2）设置共享目录/samba/docs，指定用户能访问，并且具有读写权限。共享项配置如图 10-7 所示。smbuser 用户、smbgroup 组和 root 组都允许访问。修改完后存盘并退出。

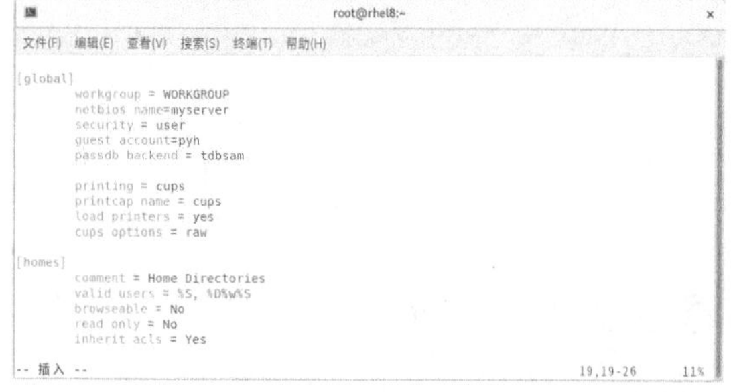

```
[global]
        workgroup = WORKGROUP
        netbios name=myserver
        security = user
        guest account=pyh
        passdb backend = tdbsam

        printing = cups
        printcap name = cups
        load printers = yes
        cups options = raw

[homes]
        comment = Home Directories
        valid users = %S, %D%w%S
        browseable = No
        read only = No
        inherit acls = Yes
```

图 10-6　全局项配置内容

```
[docs]
        comment = share Directories
        path=/samba/docs
        public=no
        browseable = yes
        writable=yes
        valid users=@smbgroup @root smbuser
        guest ok=yes
[printers]
        comment = All Printers
        path = /var/tmp
        printable = Yes
        create mask = 0600
        browseable = No

[print$]
        comment = Printer Drivers
        path = /var/lib/samba/drivers
        write list = @printadmin root
        force group = @printadmin
```

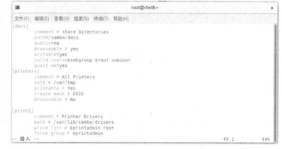

图 10-7　共享项配置界面

修改完后重启 samba 服务

```
[root@localhost ~]# systemctl restart smb
```

3）建立所有用户，配置中指定的用户都需要建立，否则用户无法登录访问。

```
[root@localhost ~]# useradd smbuser
[root@localhost ~]# passwd smbuser
[root@localhost ~]# smbpasswd -a smbuser
```

4）建立共享文件夹及文件。

```
[root@localhost ~]#mkdir /samba/docs
[root@localhost ~]#chmod 777 /samba/docs
[root@localhost ~]#cd /samba/docs
[root@localhost ~]#vim file1.txt
```

file1.txt 文件内容如图 10-8 所示。

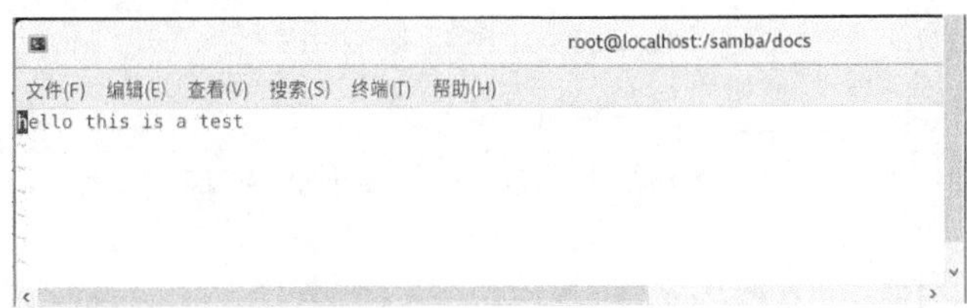

图 10-8　file1.txt 文件内容

10.3.2　客户端工具

Linux 中与 Samba 服务器有关的 shell 命令除了前面介绍的 testparm 命令和 smbpasswd 命令外，还包括 smbclient、smbstatus 命令等

1．安装 sambaclient

如果没有安装客户端，则需要安装才能使用，使用 yum 源安装。

```
[root@localhost ~]#dnf -y install samba-client
```

2．使用 smbclient 命令查看 Samba 共享资源

格式：

```
smbclient  -L  IP 地址或主机名   [-U 用户名]
```

在命令行中，若不指定用户名，则默认 root 用户，如果在提示输入 root 密码中不输入密码，则默认尝试使用匿名用户。

例如：某 Samba 服务器的 IP 地址为 192.168.0.102，查看其提供的共享资源。

```
[root@localhost ~]# smbclient -L 192.168.0.102
   Enter WORKGROUP\root's password:
   Anonymous login successful

       Sharename         Type        Comment
       ---------         ----        -------
       docs              Disk        share Directories
       print$            Disk        Printer Drivers
       IPC$              IPC         IPC Service (Samba 4.11.2)
   Reconnection with SMB1 for workinggroup listing
     Server              Comment
     ---------           -------
```

```
    Workgroup            Master
    ---------            -------
```

3. 使用 smbclient 命令访问 Samba 共享资源

格式：

```
smbclient  //IP 地址或服务器名/共享资源路径  [-U 用户名]
```

例如，访问 IP 地址为 192.168.0.102 的计算机提供的共享目录/share。

访问 share 共享（未启用 guest 账户）

```
[root@localhost ~]# smbclient  //192.168.0.102/docs
Enter WORKGROUP\root's password:
Anonymous login successful
tree connect failed: NT_STATUS_ACCESS_DENIED
```

访问 share 共享（启用 guest 账户）

```
 [root@localhost root]# smbclient  //192.168.0.102/share
Password: （未输入任何密码）
Anonymous login successful
Domain=[WORKGROUP] OS=[Unix] Server=[Samba 4.11.2.el8]
smb: \>
```

执行“#smbclient　//192.168.0.102/share”命令后，需要输入口令，验证成功后进入 smbclient 环境，出现“Smb：\>”提示符等待输入命令。输入“？”将显示所有可使用的命令。在 Samba 交互界面下的操作命令如下。

- !：执行本地路径。
- ls：显示文件列表。
- get：下载单个文件。
- put：上传单个文件。
- mget：批量下载文件（支持通配符）。
- mput：批量上传文件（支持通配符）。
- mkdir：建立目录。
- rmdir：删除目录。
- rm：删除文件。

如

```
smb: \> ?
?             allinfo        altname      archive        backup
blocksize     cancel         case_sensitive cd           chmod
chown         close          del          deltree        dir
du            echo           exit         get            getfacl
geteas        hardlink       help         history        iosize
lcd           link           lock         lowercase      ls
l             mask           md           mget           mkdir
more          mput           newer        notify         open
posix         posix_encrypt  posix_open   posix_mkdir    posix_rmdir
posix_unlink  posix_whoami   print        prompt         put
pwd           q              queue        quit           readlink
rd            recurse        reget        rename         reput
rm            rmdir          showacls     setea          setmode
scopy         stat           symlink      tar            tarmode
```

```
timeout      translate    unlock       volume       vuid
wdel         logon        listconnect  showconnect  tcon
tdis         tid          utimes       logoff       ..
!
```

又如

```
[root@localhost docs]# smbclient  //192.168.1.100/docs -U smbuser
Enter WORKGROUP\smbuser's password:
Try "help" to get a list of possible commands.
smb: \> ls
  .                                   D        0  Mon Feb 22 16:34:10 2021
  ..                                  D        0  Wed Feb 10 11:01:43 2021
  file2.txt                           N        0  Wed Feb 10 11:07:07 2021
  file1.txt                           N       21  Wed Feb 10 11:20:50 2021

    18953216 blocks of size 1024. 14203756 blocks available
smb: \>
```

又如

```
smb: \> get pyh.txt          //下载pyh.txt 文件
getting file \pyh.txt of size 36 as pyh.txt (0.3 kb/s) (average 0.3 kb/s)
smb: \>
```

又如

```
smb: \>quit                  //退出 Samba 服务器
```

4．使用 smbstatus 命令查看 samba 共享资源的使用情况

格式：

```
smbstatus
[root@localhost ~]# smbstatus
Samba version 4.11.2
PID Username  Group   Machine   Protocol Version  Encryption    Signing
----------------------------------------------------------------------
3845  smbuser  smbgrp 192.168.1.5 (ipv4:192.168.1.5:25846) SMB3_11  partial
(AES-128-CMAC)
Service    pid    Machine  Connected at              Encryption  Signing
----------------------------------------------------------------------
docs     3845    192.168.1.5   一 2月 22 16时21分38秒 2021 CST -     -
IPC$     3845    192.168.1.5   一 2月 22 16时21分40秒 2021 CST -     -
Locked files:
Pid   User(ID)   DenyMode   Access R/W   Oplock   SharePath  Name  Time
----------------------------------------------------------------------
3845 1006  DENY_NONE  0x100081  RDONLY  NONE  /samba/docs Mon Feb 22 2021
3845 1006  DENY_NONE  0x100081  RDONLY  NONE  /samba/docs Mon Feb 22 2021
```

10.3.3 Windows 计算机访问 Linux 共享

在 Windows 计算机上双击“网络”图标，可找到 Samba 服务器，如果 Samba 服务器的安全级别是 user，则首先会出现输入“网络密码”对话框，输入 Samba 用户名和密码，将显示 Samba 服务器提供的共享目录。

1）修改 Linux 配置文件并启动。

由于系统初始时，并没有为 Samba 设置共享目录，因而无法对其进行访问，这里对 Samba 的配置文件/etc/samba/smb.conf 进行修改（参照例 10-1）。对 Linux 下 Samba 服务器进行配置，如图 10-9 所示。

2）在 Linux 环境下建立共享文档。

```
[root@localhost ~] # mkdir -p /tmp/share
[root@localhost ~] # cd /tmp/share
[root@localhost share ] # vim pyh.txt
[root@localhost share ] # mkdir pp
[root@localhost share] # ls
 pp  pyh.txt
[root@localhost share ] # cd /tmp/docs
[root@localhost docs] # vim pyh.txt
```

用 Vim 编辑器对文本文件 pyh.txt 进行编辑，内容如图 10-10 所示。

图 10-9　Linux 下共享配置

图 10-10　编辑文档内容

3）在 Windows 下打开网络，在同一网络下属于同一个工作组 workgroup 的计算机便可以显示出来，显示内容如图 10-11 所示。

4）选中 Linux 下 Samba 服务器主机名 MYSERVER，双击后在弹出的对话框中输入 Samba 用户名和密码后，显示出其中的共享文件夹，如图 10-12 所示。其中 docs、share 都是共享的不同的文件夹，打印机也默认共享。

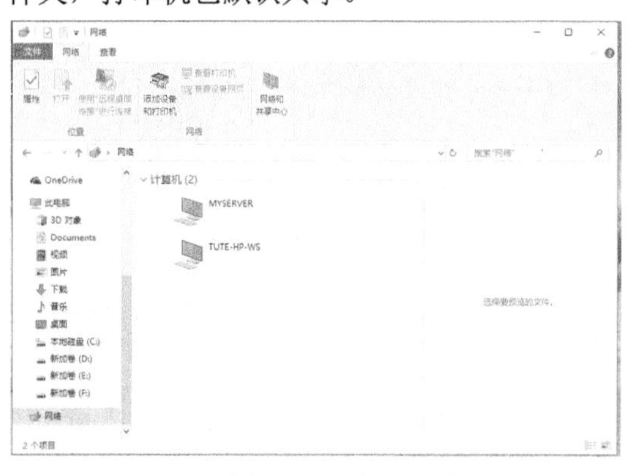

图 10-11　打开网络

图 10-12　Linux 主机上的共享文件夹

5）单击 share 文件夹，文件夹中的内容进一步显示出来，在 share 文件夹中有两个文件存在，其中 pyh.txt 就是之前编辑的文件，如图 10-13 所示。

6）打开文件 pyh.txt 则内容显示出来，如图 10-14 所示。

☞提示：

在 Windows 和 Linux 相互访问时要把防火墙禁用，同时 SELinux 允许或禁用才能正常进行。

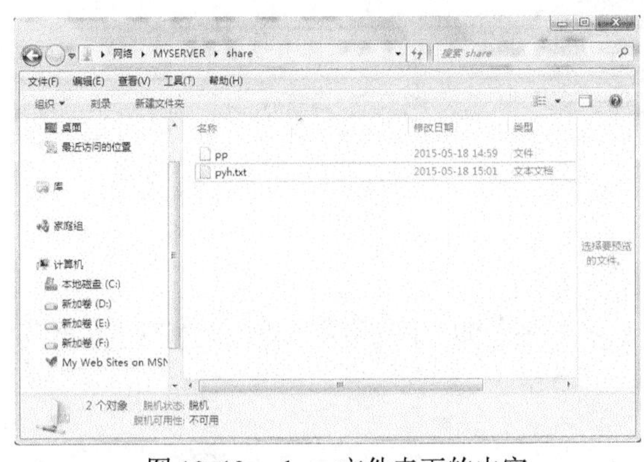

图 10-13　share 文件夹下的内容

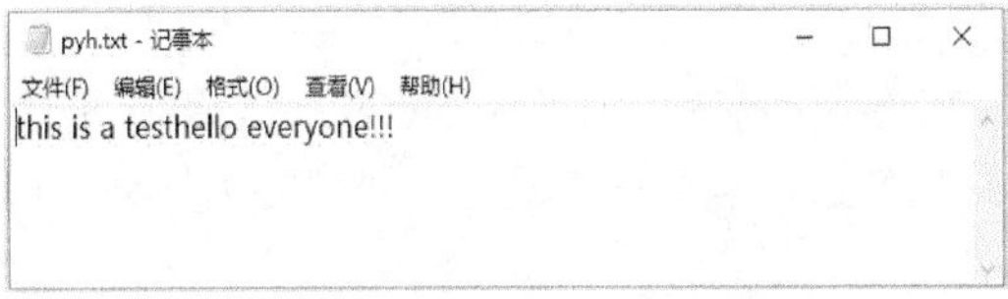

图 10-14　文本文件内容

案例分解 2

1）在 Windows 客户端访问 Samba 服务器上的共享资源。

在 Windows 运行窗口输入“\\192.168.1.100”，显示如图 10-15 所示提示窗口，输入 Samba 用户名和密码。

单击“确定”按钮，验证通过，如图 10-16 所示，由于 Linux 上的共享文件夹为 docs，它可以显示 Samba 服务器提供的共享目录，用户在 Windows 计算机上就可以对 Samba 共享目录进行多种文件操作。

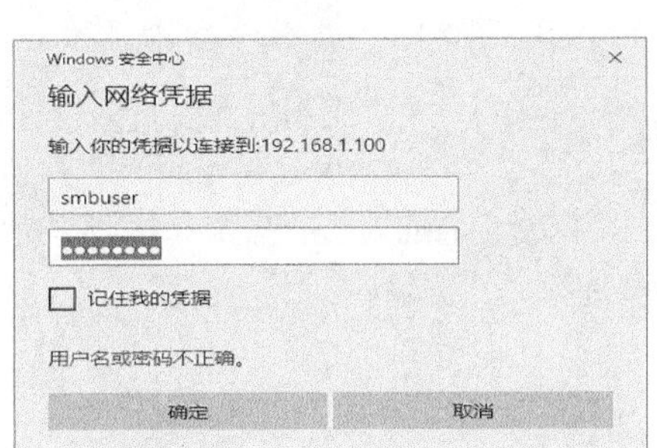

图 10-15　用户名和密码输入界面

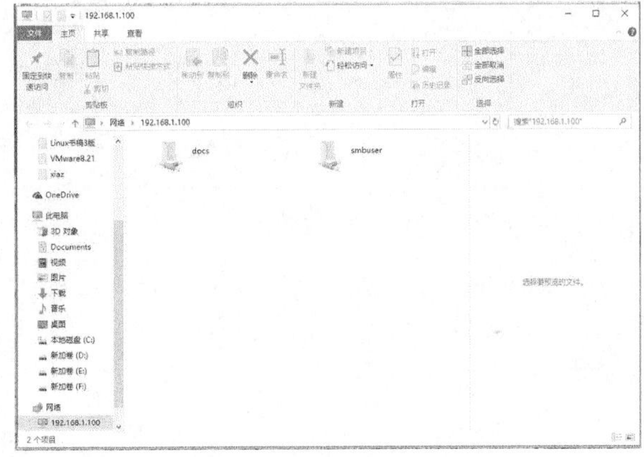

图 10-16　Linux 下的共享文件 docs

双击共享文件夹 docs，出现下一级目录。如图 10-17 所示。

2）打开文本文件 file1.txt 文件，出现文件的内容，如图 10-18 所示。

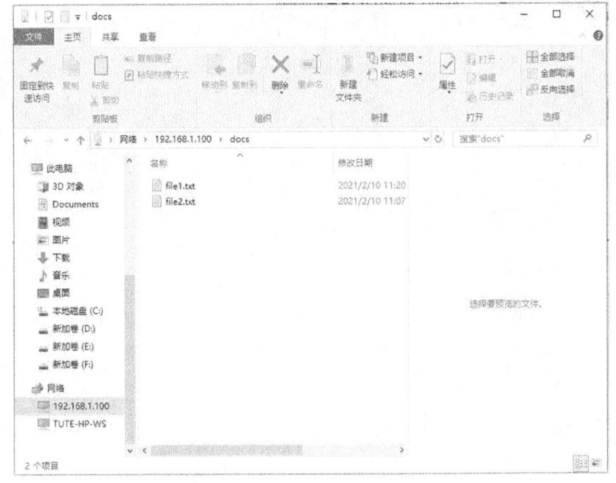

图 10-17　docs 文件夹下的内容

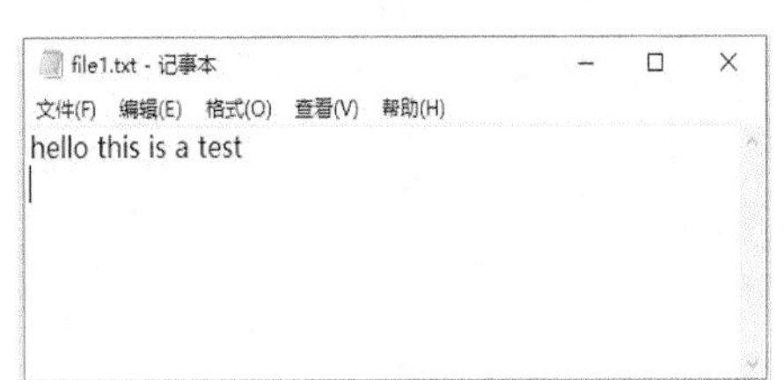

图 10-18　文本文件内容显示

10.3.4　Linux 计算机访问 Windows 共享

如果局域网中的 Samba 服务器成功启动，Windows 计算机也提供文件共享，那么 Linux 计算机就可以访问 Windows 计算机中的共享资源。

如果 Window 计算机要向 Linux 提供文件共享，那么在 Windows 计算机上首先要有共享的文件夹。在 Window 10 下，首先要打开“网络和共享中心”→“高级共享设置”，选中“启用网络发现”和“启用文件和打印机共享”，如图 10-19 所示，然后保存。

选中要共享的文件夹 myfiles，右键单击该文件夹并从快捷菜单中选中“属性”菜单项，切换到“共享”选项卡，将其设置为共享的文件夹，如图 10-20 所示。

图 10-19　高级共享设置

图 10-20　设置 Windows 共享文件夹

使用 smbclient 工具访问局域网上 Windows 系统的 SMB 共享文件。smbclient 提供一个类似 FTP 的界面，允许与另一个运行 SMB 服务器的网络共享的计算机进行文件传输。

查看 Windows 下共享文件夹 files 中的文件。使用命令

```
smbclient -L  //IP 地址或主机名
```

如访问 IP 地址为 192.168.0.101 的 Windows 计算机。命令及运行结果如图 10-21 所示。可以看到共享文件夹 files 和 users。还可以看到工作组信息及其他主机信息。

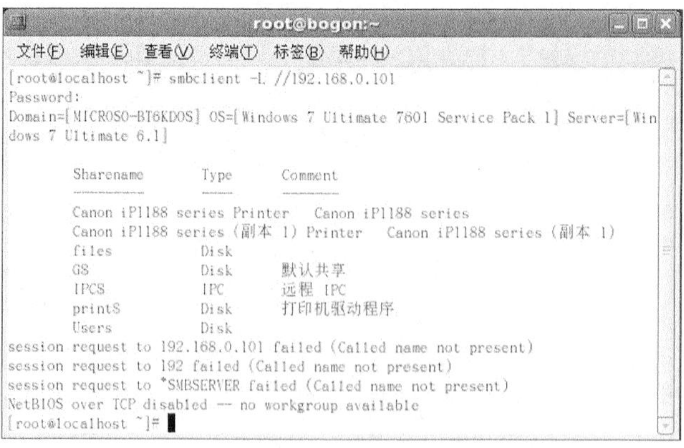

图 10-21　用 smbclient 命令查看 Windows 下的共享文件夹

smbclient 命令不仅可以用来查看共享文件夹，还可以访问共享文件夹。同样使用 smbclient 命令工具，命令格式为

```
smbclient -L  //IP地址或主机名/共享文件夹 [-U 用户]
```

访问结果如图 10-22 所示。出现 smb 提示符后，即可以在权限范围内访问文件夹中的内容。

☞提示：

在 Linux 访问 Windows 7 共享文件夹时，要开启 Windows 7 的 guest 账户，在本地安全策略的用户权限分配中取消“拒绝 guest 用户从网络访问这台计算机”。

案例分解 3

在 Linux 系统下利用 Samba 客户端访问 Windows 服务器上的共享资源。

按照 10.3.4 方法就可以实现 Linux 下利用 Samba 访问 Windows 服务器上的共享资源。

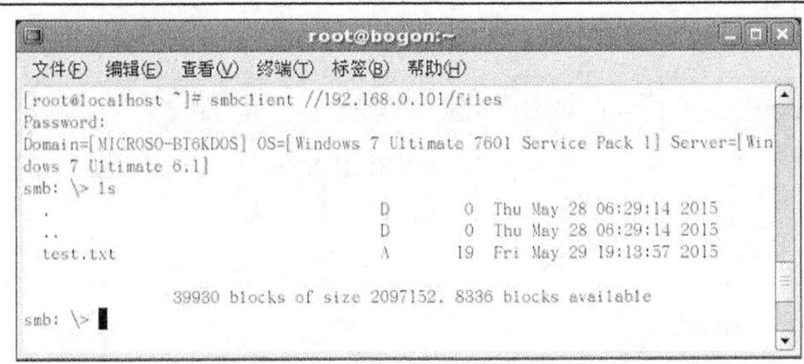

图 10-22　访问 Windows 共享文件夹

10.3.5　图形模式下 Linux 计算机访问 Samba 共享

在图形桌面环境下访问 Linux 和 Windows 资源也很简单，选择“活动\文件\其他位置”可以看到计算机 Linux 所处局域网中的所有计算机，如图 10-23 所示。单击“MYSERVER”图标可以查看 Linux 下 Samba 共享，单击“Windows 网络”可以查看 Windows 共享。

图 10-23　图形桌面环境下访问共享文件

10.4　上机实训

1．实训目的

利用 Samba 软件包架设一台资源共享服务器。

2. 实训内容

1）设置 Samba 服务器所在工作组为 workgroup。
2）设置服务器名为 SambaSever。
3）设置 Samba 服务器为用户级访问。
4）设置共享目录/samba/share，所有用户都能访问，并且具有读写权限。
5）在 Windows 客户端上访问 Samba 服务器上的共享资源。

3. 实训总结

通过本次实训，能够掌握 Samba 服务器的基本配置方法。

10.5 课后习题

一、选择题

1. Samba 中要让 Windows 主机在网上邻居中看到，则配置文件中要有（　　）。
   A. security=　　B. valid users=
   C. read only =　　D. netbios name=
2. 重启 Samba 的命令是（　　）。
   A. systemctl restart samba
   B. systemctl restart smb
   C. systemctl restart named
   D. systemctl start smb
3. Linux 中为了实现与 Windows 主机之间的文件及打印共享可使用（　　）。
   A. 网络邻居　　B. NFS　　C. Samba　　D. NIS
4. 在 smb.conf 文件中设置 Linux 主机的 netbios 名称的选项是（　　）。
   A. netbios name　　B. netbios
   C. hostname　　D. name
5. Samba 服务器的默认安全级别是（　　）。
   A. Auto　　B. user　　C. server　　D. domain
6. 一个完整的 smb.conf 文件一般由（　　）组成。
   A. 消息头　　B. 参数　　C. 全局参数　　D. 共享设置
7. Samba 服务器的进程由（　　）两个部分组成。
   A. named 和 sendmail　　B. snbd 和 nmbd
   C. bootp 和 dhcpd　　D. httpd 和 squid
8. RHEL 8 中，Samba 服务管理脚本是（　　）。
   A. nmbd　　B. smbd　　C. smb　　D. nmb
9. 添加 Samba 账户的命令是（　　）。
   A. useradd　　B. smbuseradd
   C. smbpasswd　　D. addsmbuser
10. 通过设置（　　）来控制访问 Samba 共享服务的合法 IP 地址。
   A. allowed　　B. host valid
   C. host allow　　D. public

二、问答题

设置 Samba 服务器所在工作组为 mygroup，netbios 名为 mysamba；设置 Samba 服务器为用户级访问；Marry 和 Kate 用户可访问其主目录；设置共享目录/var/share/myshare，允许 Marry、Kate 及同组用户访问，并且具有只读权限；Windows 客户端访问 Samba 服务器上的共享资源；Linux 系统下利用 Samba 客户端访问 Windows 服务器（XpServer）上的共享资源。按要求写出配置过程。

三、简答题

1．Samba 服务器有哪几种安全级别？

2．如何配置 user 级别的 Samba 服务器？

第 11 章　FTP 服务器

文件传输协议（File Transfer Protocol，FTP）是互联网中一种应用非常广泛的服务，用户可以通过其服务器获取需要的文档、资料、音频和视频等。从互联网出现开始，它一直就是用户使用频率最高的应用服务器之一。

11.1　FTP 服务简介

FTP 的主要功能是实现将文件从一台计算机传送到另一台计算机。虽然用户可以采用多种方式来传送文件，但是 FTP 凭借其简单高效的特性，仍然是跨平台直接传送文件的主要方式。FTP 是 TCP/IP 的一种具体应用，其工作在 OSI 模型的第七层，TCP 模型的第四层上，即应用层。FTP 使用 TCP 传输而不是 UDP 传输，这样客户端在和服务器建立连接前就要经过一个广为熟知的“三次握手过程”，它的意义在于客户端与服务器之间的连接是可靠的，而且是面向连接，为数据传送提供了可靠的保证，使用户不必担心数据传输的可靠性。

FTP 主要有如下作用。

- 从客户端向服务器发送一个文件。
- 从服务器向客户端发送一个文件。
- 从服务器向客户端发送文件或目录列表。

与大多数 Internet 服务一样，FTP 也采用客户端/服务器模式。用户利用 FTP 客户端程序连接到远程主机上的 FTP 服务器程序，然后向服务器程序发送命令，服务器程序执行用户所发出的命令，并将执行结果返回到客户端，如图 11-1 所示。

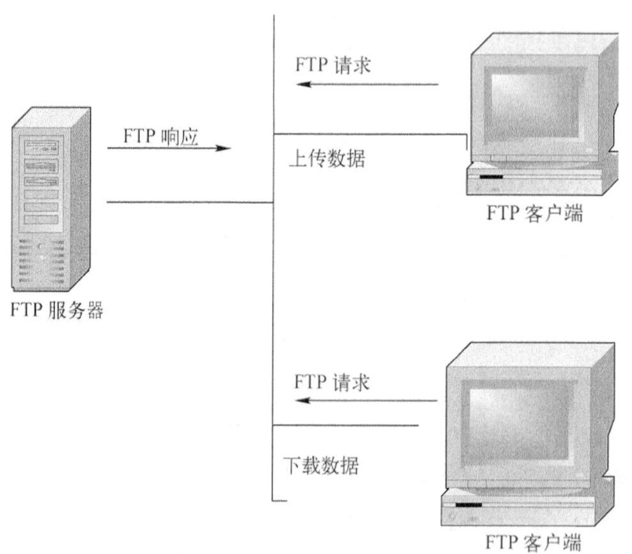

图 11-1　FTP 服务器工作模式

在此过程中，FTP 服务器与 FTP 客户机之间建立两个连接：控制连接和数据连接。FTP 分为主动模式和被动模式两种。FTP 工作中主动模式使用 TCP 21 和 20 两个端口。控制连接用于传送 FTP

命令以及响应结果，而数据连接负责传送文件。通常 FTP 服务器的守护进程总是监听 21 端口，等待控制连接建立请求。控制连接建立之后 FTP 服务器通过一定的方式验证用户的身份之后才会建立数据连接。而工作中被动模式会工作在 1024 端口的随机端口。目前，主流的 FTP 服务器都同时支持主动和被动两种模式。

在 FTP 的数据传输过程中，传输模式决定数据会以什么方式被发送出去。FTP 常用的传输模式有二进制模式、文件模式和压缩模式。

目前，Linux 系统中常用的 FTP 服务器有很多，如 Serv-U、WS-FTP、vsftpd 和 TFTP。它们都是基于 GPL 协议开发的，功能基本相似，这里以 vsftpd 为例介绍 FTP 服务器的安装、配置和管理。

11.2　vsftpd 服务器

vsftpd（Very Secure FTP Daemon）是一个基于 GPL 发布的类 UNIX 操作系统上运行的服务器，是 RHEL 8 提供的默认的 FTP 服务器。该服务器支持很多其他传统 FTP 服务器不支持的特征，具有如下特点。

- 非常高的安全性。
- 带宽限制功能。
- 良好的扩展性。
- 支持创建虚拟用户。
- 支持 IPv6。
- 支持虚拟 IP。
- 高速、稳定。

11.2.1　安装 vsftpd

（1）检验并安装

在进行 vsftpd 服务操作之前，首先要验证是否已经安装了 vsftpd 组件。

```
[root@localhost ~]# rpm -qa|grep vsftpd
 vsftpd-3.0.3-31.el8.x86_64
```

命令执行结果表明系统已安装了 vsftpd 服务，如果未安装，使用 dnf 命令进行安装（yum 源配置参见 6.3.2 节）。

```
[root@localhost ~]#dnf -y install vsftpd     //安装 vsftpd 服务器
[root@localhost ~]#dnf -y install ftp        //安装 ftp 客户端
```

（2）检查配置文件及存放位置

```
[root@localhost ~]# rpm -qc vsftpd
/etc/logrotate.d/vsftpd
/etc/pam.d/vsftpd
/etc/vsftpd/ftpusers
/etc/vsftpd/user_list
/etc/vsftpd/vsftpd.conf
```

11.2.2　启动和停止 vsftpd

在 RHEL 8.2 中，FTP 服务是单独启动或停止的，可采用如下命令。

（1）启动 vsftpd 服务器

```
[root@localhost ~]systemctl start vsftpd
```

（2）重新启动 ftp 服务器

```
[root@localhost ~]systemctl restart vsftpd
```

（3）关闭 ftp 服务器

```
[root@localhost ~]systemctl stop vsftpd
```

11.2.3　FTP 客户端的操作

FTP 客户端使用如下命令来连接 FTP 服务器：

```
#ftp　服务器 IP 地址/名称
```

连接服务器成功后，使用下述命令格式来进行 FTP 操作：

```
ftp>ftp 子命令
```

常用的 FTP 子命令有以下几种。

- ?|help：显示 ftp 内部命令的帮助信息。
- ![命令]：在本机中执行 shell 命令后回到 ftp 环境中。
- lcd [dir]：将本地工作目录切换到 dir。
- close：中断与远程服务器的 FTP 会话。
- asc：使用 ASCII 类型传输方式。
- bin：使用二进制文件传输方式。
- cd dir-name：进入远程主机目录。
- pwd：显示远程主机的当前工作目录。
- mkdir dir-name：在远程主机中建立目录。
- ls [dir-name/file-name]：显示远程目录中的内容。
- get 远程文件名　[本地文件名]：下载远程主机的文件。
- mget 文件名 文件名 ...（或者是目录名）：下载远程主机上的多个文件。
- put 本地文件：将本地文件传送到远程 FTP 服务器。
- mput 本地文件 本地文件......：将多个本地文件传送到远程 FTP 服务器。
- rename 旧文件名 新文件名：更改远程主机文件名。
- delete 文件名：删除远程主机中的指定文件。
- mdelete 文件名：删除远程 FTP 服务器中的多个文件。
- rmdir dir-name：删除远程 FTP 服务器中的指定目录。
- quit/bye：退出 FTP 会话。

11.3　案例 1：vsftpd 服务器的配置

【案例目的】根据要求配置一台 FTP 服务器，能够上传和下载文件。

【案例内容】

1）允许匿名用户登录和本地用户登录。

2）禁止匿名用户上传。

3）允许本地用户上传和下载。

4）进行一定的设置，能以本地用户 user 登录 FTP 服务器，并能上传与下载文件。

5）在 Windows 系统中进行登录，并进行上传与下载，熟悉子命令的应用。

【核心知识】FTP 服务器的配置方法；Windows 中访问 Linux 的 FTP 服务器的方法。

11.3.1　FTP 服务的相关文件及其配置

1. 安装的相关文件

与 FTP 服务相关的文件有如下几个。

- /etc/vsftpd/vsftpd.conf ：vsftpd 服务器主配置文件。
- /etc/vsftpd/ftpusers ：该文件中列出的用户清单不能访问 FTP 服务器。
- /etc/pam.d/vsftpd ：用于加强 vsftpd 服务器的用户认证。
- /etc/vsftpd/user_list：该文件所指定的用户是否可以访问 FTP 服务器由配置文件 vsftpd.conf 中的 userlist_enable 和 userlist_deny 的取值来决定。当 userlist_enable=yes 和 userlist_deny=yes 时，该文件中的用户列表不能访问 FTP 服务器；当 userlist_enable=yes 和 userlist_deny=no 时，仅仅允许/etc/vsftpd/user_list 文件中列出的用户访问 FTP 服务器。

2. 配置 ftpusers 文件

/etc/vsftpd/ftpusers 文件是用来确定哪些用户不能使用 FTP 服务器，下面是系统中默认的该文件的内容，用户可根据实际情况添加或删除其中某些用户，如图 11-2 所示。

3. 配置 user_list 文件

该文件中所指定的用户在默认情况下是不能访问 FTP 服务器的，因为在/etc/vsftpd.conf 主配置文件中设置了 userlist_deny=yes。系统中该默认的配置文件内容如图 11-3 所示。

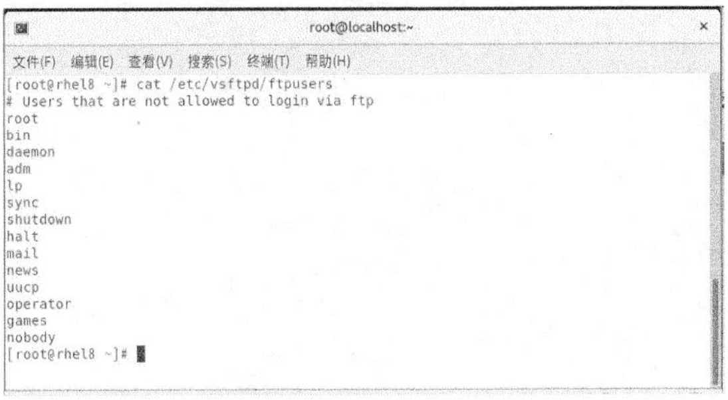

```
[root@rhel8 ~]# cat /etc/vsftpd/ftpusers
# Users that are not allowed to login via ftp
root
bin
daemon
adm
lp
sync
shutdown
halt
mail
news
uucp
operator
games
nobody
[root@rhel8 ~]#
```

图 11-2　/etc/vsftpd/ftpusers 默认文件内容

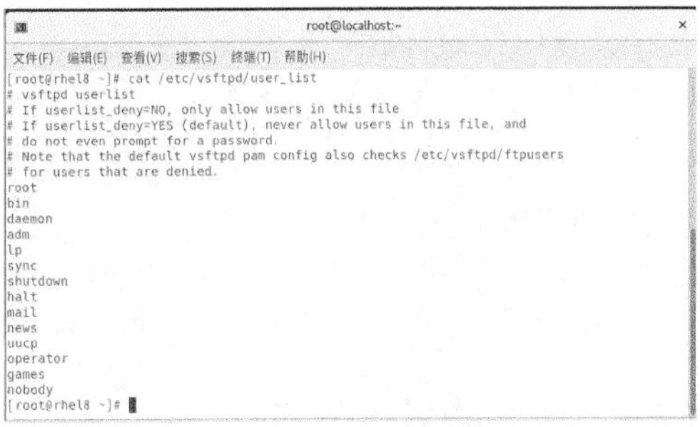

```
[root@rhel8 ~]# cat /etc/vsftpd/user_list
# vsftpd userlist
# If userlist_deny=NO, only allow users in this file
# If userlist_deny=YES (default), never allow users in this file, and
# do not even prompt for a password.
# Note that the default vsftpd pam config also checks /etc/vsftpd/ftpusers
# for users that are denied.
root
bin
daemon
adm
lp
sync
shutdown
halt
mail
news
uucp
operator
games
nobody
[root@rhel8 ~]#
```

图 11-3　/etc/vsftpd/user_list 文件内容

根据该文件的格式和使用方法，如果需要限制指定的本地用户不能访问 FTP 服务器，则按照以下方法修改/etc/vsftpd/vsftpd.conf 主配置文件中的相关信息：

```
Userlist_enable=yes
Userlist_deny=yes
Userlist_file=/etc/vsftpd/user_list
```

同样地，如果需要限制指定的本地用户可以访问，而其他的本地用户不可以访问，那么可以参照如下设置来修改主配置文件：

```
Userlist_enable=yes
Userlist_deny=no
Userlist_file=/etc/vsftpd/user_list
```

11.3.2　配置 vsftpd.conf 文件

配置文件的路径为/etc/vsftpd/vdftpd.conf。和 Linux 系统中的大多数配置文件一样，vdftpd 的配置文件中以“#”开始注释。下面介绍配置文件的重要内容选项，合理地使用配置文件是保证 FTP 安全传输的前提。

```
[root@localhost ~ ]#vim /etc/vsftpd/vsftpd.conf    //修改/etc/vsftpd/vsftpd.conf
```

```
anonymous_enable=no       //如果设为 yes，允许 ftp 和 anonymous 账号以匿名账号登录
local_enable= YES         // 允许本地用户登录
write_enable= YES         // 允许本地用户上传
local_mask=022                //设置本地用户的文件生成掩码为 022，默认值为 077
anon_mkdir_write_enable= no       //如果设为 yes，允许匿名用户在指定的环境下创建新
                                  //目录
anon_upload_enable=no         //如果设为 yes，允许匿名用户在指定的环境上传文件
dirmessage_enable= yes        //设置切换到目录时显示.message 隐含文件的内容
ascii_download_enable=no      //启用时，用户下载以 ASCII 模式传输文件，默认二进制模式
ascii_upload_enable=no        //启用时，用户上传以 ASCII 模式传输文件，默认二进制模式

xferlog_enable= yes           //激活上传和下载日志
connect_from_port_20= yes     //设置是否允许启用 FTP 数据端口 20 建立连接
chmod_enable=no    //选项为 yes 时，允许本地用户使用 chmod 命令改变上传的文件权限
xferlog_std_format=yes
 //传输日志文件将以标准 xferlog 的格式书写，该格式的日志文件默认为/var/log/xferlog
listen= no            // 设置工作模式如果设为 yes。服务器独占模式运行
Listen_ipv6= no // 类似 listen，启用后监听 IPv6 套接字，和 Listen 的设置互相排斥
pam_service_name=vsftpd
 //设置 PAM 认证服务的配置文件名称， 该文件存放在/etc/pam.d 目录下
userlist_enable= yes          //允许 vsftpd.user_list 文件中的用户访问服务器
```

vsftpd 服务器默认配置文件功能说明：

1）禁止匿名用户登录/var/ftp。

2）允许本地用户登录，且可离开主目录。

3）本地用户允许上传/下载。

4）写在文件/etc/vsftpd/ftpusers 中的本地用户禁止登录。

5）服务器禁用独占方式启动，且无限制连接数。

11.3.3 匿名账号服务器

使用匿名用户登录的服务器，采用匿名 anonymous 或 ftp 账号，以用户的 e-mail 地址作为口令或使用空口令登录，默认情况下，匿名用户对应系统的实际账号是 ftp，其主目录是/var/ftp，每个匿名用户登录后都直接在该目录下，匿名用户默认的下载目录是/var/ftp/pub。为了安全起见，一般情况下匿名用户只能下载，不能上传。

【例 11-1】 配置 vsftpd 服务器，要求只允许匿名用户登录，本地用户不允许登录。匿名用户可以在/var/ftp/pub 目录中新建目录、上传文件。

1）编辑 vsftpd.conf 文件，修改其中的配置选项如下。

```
anonymous_enable=yes
lacal_enable= no
write_enable= yes         //该项为 yes 或 no 均可，因为 local_enable 为 no
anon_upload_enable= yes
anon_mkdir_write_enable=yes
connect_ from_ port_ 20= yes
xferlog_enable= yes
Listen =yes
Listen_IPv6=no
```

2）修改/var/ftp/pub 目录权限，允许属主、同组及其他用户写入文件。

```
[root@localhost ~]# cd /var/ftp
```

```
[root@localhost ftp]# ls -l
[root@localhost ftp]# chmod 777 pub
[root@localhost ftp]# ls -l
```

3）重新启动 vsftpd 服务器。

```
[root@localhost ~]# systemctl restart vsftpd
```

上述整个配置过程如图 11-4 所示。测试中，以匿名用户登录，输入密码为空，匿名用户可在/var/ftp/pub 目录中新建目录、上传和下载文件。在此之前一定要修改用户权限。

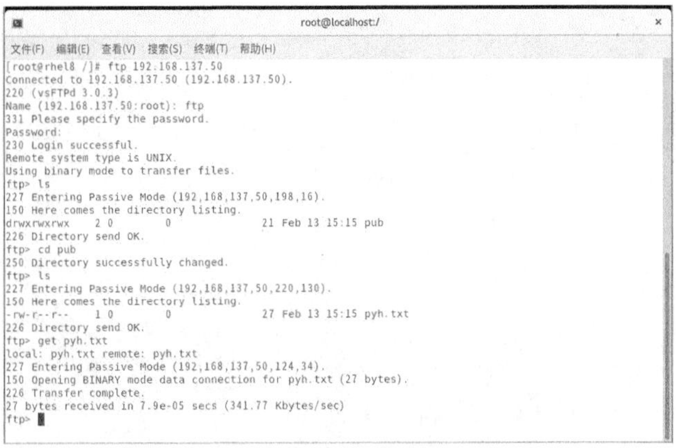

```
root@localhost:/
文件(F) 编辑(E) 查看(V) 搜索(S) 终端(T) 帮助(H)
[root@rhel8 /]# ftp 192.168.137.50
Connected to 192.168.137.50 (192.168.137.50).
220 (vsFTPd 3.0.3)
Name (192.168.137.50:root): ftp
331 Please specify the password.
Password:
230 Login successful.
Remote system type is UNIX.
Using binary mode to transfer files.
ftp> ls
227 Entering Passive Mode (192,168,137,50,198,16).
150 Here comes the directory listing.
drwxrwxrwx    2 0        0              21 Feb 13 15:15 pub
226 Directory send OK.
ftp> cd pub
250 Directory successfully changed.
ftp> ls
227 Entering Passive Mode (192,168,137,50,220,130).
150 Here comes the directory listing.
-rw-r--r--    1 0        0              27 Feb 13 15:15 pyh.txt
226 Directory send OK.
ftp> get pyh.txt
local: pyh.txt remote: pyh.txt
227 Entering Passive Mode (192,168,137,50,124,34).
150 Opening BINARY mode data connection for pyh.txt (27 bytes).
226 Transfer complete.
27 bytes received in 7.9e-05 secs (341.77 Kbytes/sec)
ftp>
```

图 11-4　匿名用户测试过程

11.3.4　本地账号 FTP 服务器

使用本地用户登录的服务器，采用系统中的合法用户账号登录。通常，合法用户都有自己的主目录，每次登录都默认登录到自己的主目录中。但可以改变路径，所以本地用户可以访问整个目录结构。也因此存在系统安全隐患，默认情况下，vsftpd 服务器允许本地用户登录。为了进一步完善本地 FTP 服务器功能，vsftpd 服务器限制某些本地用户登录服务器。

1）直接编辑 ftpusers 文件，将禁止登录的用户名写入 ftpusers 文件。

2）直接编辑 user_list 文件，将禁止登录的用户名写入 user_list 文件，此时 vsftpd.conf 文件应设置"userlist_enable=yes"和"userlist_deny=yes"语句，则 user_list 文件指定的用户不能访问 FTP 服务器。

3）直接编辑 user_list 文件，将允许登录的用户名写入 user_list 文件，此时 vsftpd.conf 文件应设置"userlist_enable=yes"和"userlist_deny=no"语句，则只允许 user_list 文件中指定的用户访问 FTP 服务器。

☞**提示：**

如果某用户同时出现在 user_list 文件和 ftpusers 文件中，那么该用户将不允许登录。这是因为 vsftpd 总是先执行 user_list 文件，再执行 ftpusers 文件。

【例 11-2】　配置 vsftpd 服务器，要求只允许 xh 本地用户登录。

1）编辑 vsftpd.conf 文件，修改配置文件选项如下：

```
anonymous_enable=no
local_enable= yes
write_enable= yes
connect_ from_ port_ 20= yes
userlist_enable= yes
userlist_deny= no
listen =yes
listen_IPv6=no
```

2）编辑 user_list 文件，使其一定包含用户 xh。

user_list 文件中保留用户列表，其是否生效取决于 vsftpd.conf 文件中的 userlist_enable 参数。userlist_deny= no，表示只有在 user_list 文件中存在的用户才有权访问 vsftpd 服务器；如果 userlist_deny 参数值为 yes，则表示 user_list 文件中存在的用户无权访问 vsftpd 服务器，甚至连密码都不能输入。vsftpd.conf 文件中默认"userlist_deny= yes"。

```
[root@localhost ~]#vim  /etc/vsftpd/user_list
```

编辑/etc/vsftpd/user_list，添加 xh 用户，如图 11-5 所示。

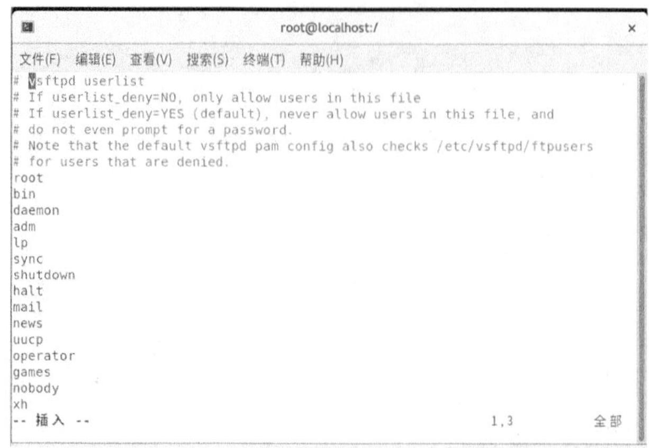

图 11-5　编辑 user_list 文件

3）重新启动 vsftpd 服务。

```
[root@localhost ~]# systemctl restart vsftpd
```

4）连接 FTP 服务器并测试。

格式：

```
ftp  ip 地址/服务名
```

例如，向 IP 地址为 192.168.137.50 的 FTP 服务器发送连接请求。

```
[root@localhost ~] ftp 192.168.137.50
```

以匿名用户 ftp 登录，则登录失败，如图 11-6 所示。以用户 xh 的身份登录，用户登录成功后直接进入其主目录，在主目录中能够创建目录、上传和下载文件，如图 11-7 所示。

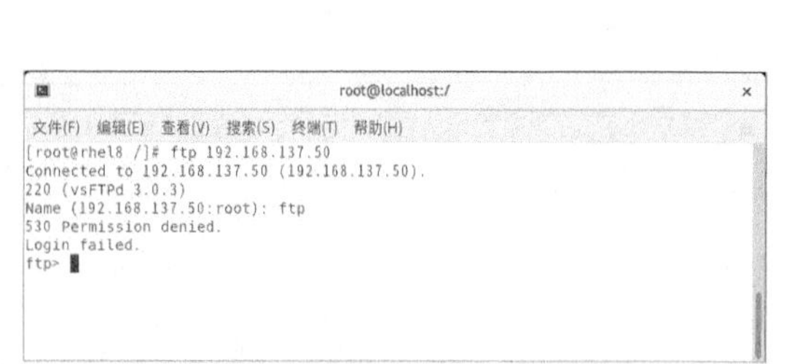

图 11-6　测试以匿名用户 ftp 登录 FTP 服务器

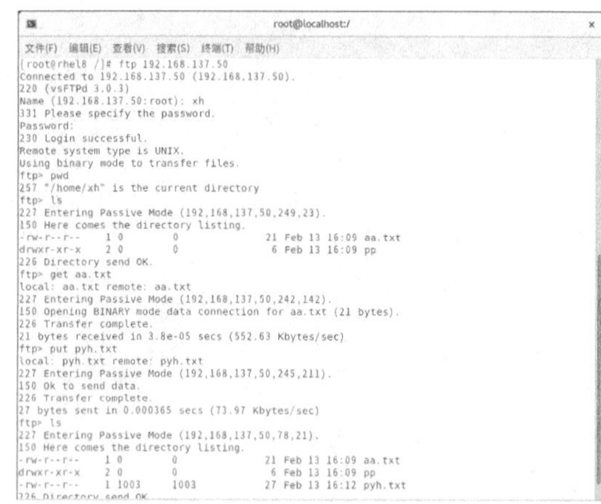

图 11-7　测试以用户 xh 登录 FTP 服务器

11.3.5　禁止切换到其他目录

根据 vsftpd 服务器的默认设置，本地用户可以浏览其主目录之外的其他目录，并在权限许可的范围内允许上传和下载。这样的默认设置不太安全，通过设置 chroot 相关参数，可禁止用户切换到主目录以外的其他目录。

1）设置所有的本地用户都不可切换到主目录之外的其他目录。只需向 vsftpd.conf 文件添加“chroot_local_user=yes”配置语句。

2）设置指定的本地用户都不可切换到主目录之外的其他目录。

编辑 vsftpd.conf 文件，取消以下配置语句前的“#”符号，指定/etc/vsftpd/chroot_list 文件中的用户不能切换到主目录之外的目录：

```
chroot_list_enable=yes
chroot_list_file=/etc/vsftpd/chroot_list
```

同时，检查 vsftpd.conf 文件中是否存在“chroot_local_user=yes”配置语句，如果存在，那么就要将其修改为“chroot_local_user=no”或者在此配置语句前添加“#”符号。

【例 11-3】 配置 vsftpd 服务器，要求除本地用户 xh 外，所有的本地用户在登录 vsftpd 后都被限制在自己的主目录中，而不能切换到其他目录。

1）编辑 vsftpd，conf 文件，修改配置文件选项如下。

```
anonymous_enable=no            //不允许匿名用户登录
local_enable= yes              //允许本地用户登录
write_enable= yes              //允许本地用户写权限
chroot_local_user=yes          //把所有本地用户限制在各自的主目录中
chroot_list_enable=yes         //激活用户列表文件用于指定用户不受 chroot 限制
chroot_list_file=/etc/vsftpd/chroot_list     //指定用户列表文件名及路径
connect_ from_ port_ 20= yes
userlist_enable= yes
Listen =yes
Listen_IPv6 =no
```

2）创建/etc/vsftpd/chroot_list 文件，在该文件中添加 xh 用户。

```
#vim /etc/vsftpd/chroot_list
  xh
```

3）指定用户测试：以用户 xh 的身份登录，不但能登录自己的主目录，而且还能切换到其他目录，如图 11-8 所示。

4）其他本地用户测试：创建 user1 和 user2 用户，同时去掉自己主目录的写权限，能登录到自己的主目录，如图 11-9 所示，执行 pwd 发现返回的目录是“/”，很明显，chroot 起作用了，此时的主目录都已经被临时改变为“/”目录，若再改变目录，则将无法访问到主目录之外的地方，本地用户被限制在自己的主目录中。这样就消除一些安全隐患。

```
root@localhost:/etc/vsftpd
文件(F) 编辑(E) 查看(V) 搜索(S) 终端(T) 帮助(H)
[root@rhel8 vsftpd]# ftp 192.168.137.50
Connected to 192.168.137.50 (192.168.137.50).
220 (vsFTPd 3.0.3)
Name (192.168.137.50:root): xh
331 Please specify the password.
Password:
230 Login successful.
Remote system type is UNIX.
Using binary mode to transfer files.
ftp> pwd
257 "/home/xh" is the current directory
ftp> ls
227 Entering Passive Mode (192,168,137,50,91,54).
150 Here comes the directory listing.
-rw-r--r--    1 0        0              21 Feb 13 16:09 aa.txt
drwxr-xr-x    2 0        0               6 Feb 13 16:09 pp
-rw-r--r--    1 1003     1003           27 Feb 13 16:12 pyh.txt
226 Directory send OK.
ftp> cd /
250 Directory successfully changed.
ftp> ls
227 Entering Passive Mode (192,168,137,50,131,52).
150 Here comes the directory listing.
-rw-r--r--    1 0        0              21 Feb 13 16:12 aa.txt
drwxrwxrwx    3 0        0            4096 Feb 01 21:59 abc
lrwxrwxrwx    1 0        0               7 Aug 12  2018 bin -> usr/bin
dr-xr-xr-x    5 0        0            4096 Jan 29 21:55 boot
drwxr-xr-x   19 0        0            3320 Feb 02 11:44 dev
drwxr-xr-x  139 0        0            8192 Feb 14 14:48 etc
drwxr-xr-x    2 0        0               6 Jan 31 23:26 hardl
drwxr-xr-x   10 0        0              96 Feb 14 14:48 home
lrwxrwxrwx    1 0        0               7 Aug 12  2018 lib -> usr/lib
lrwxrwxrwx    1 0        0               9 Aug 12  2018 lib64 -> usr/lib64
drwxr-xr-x    2 0        0               6 Aug 12  2018 media
```

图 11-8　指定用户 xh 测试

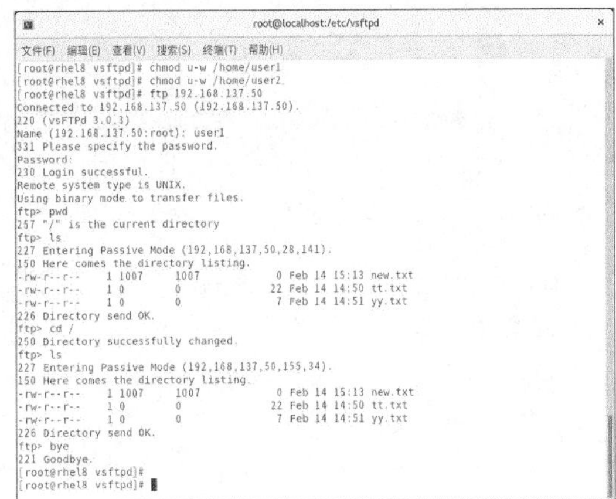

图 11-9　其他本地用户测试

案例分解

1）允许匿名用户登录和本地用户登录。

2）禁止匿名用户上传。

3）允许本地用户上传和下载。

4）进行一定的设置，能以本地用户 user 登录 FTP 服务器，并能上传与下载文件，熟悉子命令的应用。

如果用户 user 不存在，则需要创建用户 user 并设置口令，命令如下：

```
[root@localhost ~]# useradd user
[root@localhost ~]# passwd user
```

编辑 vsftpd.conf 文件：

```
[root@localhost ~]#vim  /etc/vsftpd/vsftpd.conf
```

同时，使其一定包含以下语句：

```
anonymous_enable=yes
local_enable= yes
write_enable= yes
local_mask=022
dirmessage_enable= yes
xferlog_enable= yes
connect_from_port_20= yes
pam_service_name=vsftpd
userlist_enable= yes          //允许 vsftpd.user_list 文件中的用户访问服务器
listen= yes                   //设置工作模式是否使用独占启动方式
listen_IPv6=no
user_list_deny=yes
```

重新启动 FTP 服务器：

```
[root@localhost ~]# systemctl restart vsftpd
```

5）在 Windows 操作系统中登录，把 Linux 下的文件下载到 Windows 文件夹中，同时把 Windows 文件夹中的文件上传到 Linux 相应的目录中。FTP 服务器地址为 192.168.137.50。

☞**提示：**

当 Windows 和 Linux 相互访问时要把防火墙关闭才能正常进行。

```
[root@localhost ~]# systemctl stop firewalld
[root@localhost ~]# setenforce 0
```

user 用户登录服务器，需输入用户名和密码。登录成功后的目录将显示 tt.txt 和 yy.txt 两个文件。执行 get 命令下载 yy.txt，如图 11-10 所示。

下载成功后，在 Windows 目录中看到了 yy.txt 文件，如图 11-11 所示。

在 Windows 文件夹中新建一个文件 new.txt，如图 11-12 所示。

在 Windows 命令窗口中执行文件上传命令 put，把 new.txt 文件上传。在 Linux 远端文件夹中显示上传成功后的内容，如图 11-13 所示。

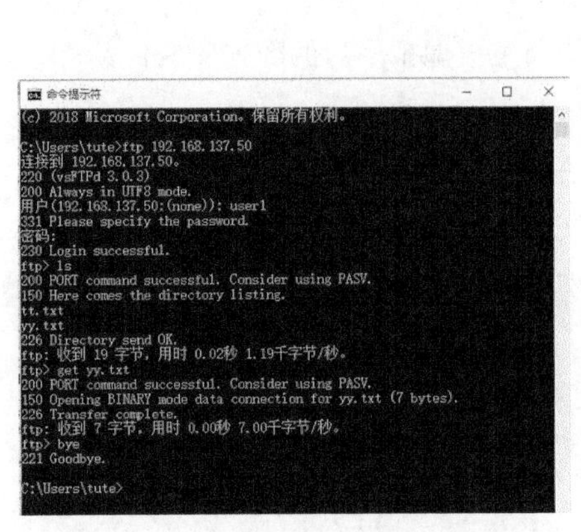

图 11-10　user 用户在 windows 系统登录的 FTP 服务器

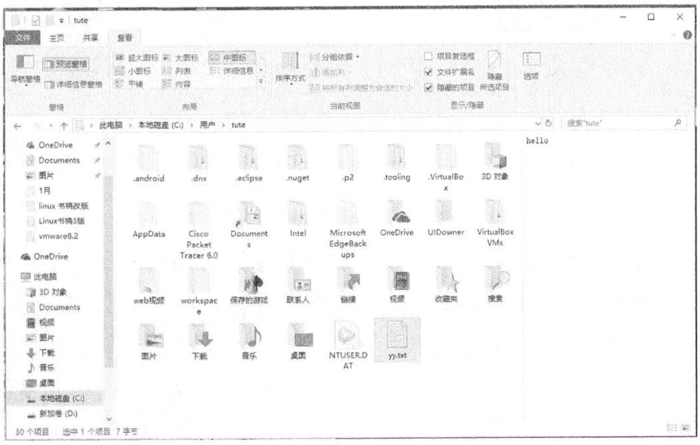

图 11-11　显示 Windows 文件夹内容（1）

图 11-12　显示 Windows 文件夹内容（2）

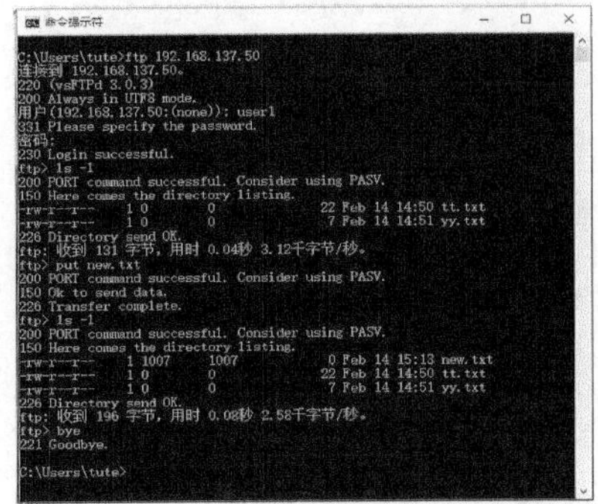

图 11-13　向 FTP 服务器上传文件

11.3.6　配置虚拟账号 FTP 服务器

在实际环境中，由于服务器开启了本地账号访问功能，本地账号能够登录到服务器中，就会给服务器带来潜在的安全隐患。为了 FTP 服务器的安全，vsftpd 服务器提供了对虚拟用户的支持，它采用 PAM 认证机制实现了虚拟用户的功能。可以把虚拟账号 FTP 服务看作是一个特殊的匿名服务器，它拥有登录 FTP 服务的用户名和密码，但是它所使用的用户名不是本地用户，不能登录系统，并且所有的虚拟用户名在登录 FTP 服务时，都是在映射一个真实的账号之后才登录到 FTP 服务器上。下面介绍虚拟账号 FTP 配置。

【例 11-4】 创建虚拟用户登录虚拟 FTP 服务器，其用户名为 vuser1 和 vuser2，登录密码分别为 123456 和 654321。

1）创建虚拟用户数据库文件。

创建文本文件，用于存放虚拟用户账号文本文件，文件可自行确定，如下所述。

```
[root@localhost ~]# vim /etc/vuser.txt
 vuser1
 123456
 vuser2
```

```
654321
```

生成数据库。由于文本文件无法被系统账号直接调用，需要生成虚拟用户的数据库文件。

```
#db_load -T -t  hash -f  /etc/vuser.txt  /etc/vsftpd/vsftpd.db
```

修改数据库文件权限。数据库中保存着账号信息，修改访问权限以确保安全。

```
[root@localhost ~]# chmod 600 /etc/vsftpd/vsftpd.db
```

2）创建 PAM 认证文件。PAM 模块负责对虚拟用户身份进行认证，需要编辑 PAM 认证文件 /etc/pam.d/vsftpd，在文件中添加如下内容。

```
[root@localhost ~]#vim /etc/pam.d/vsftpd
auth required /lib64/security/pam_userdb.so  db=/etc/vdftpd/vdftpd
    //利用 pam_userdb.so 模块进行身份认证，检查口令
account required /lib64/security/pam_userdb.so db=/etc/vsftpd/vsftpd
    //检查是否被允许登录，是否过期
```

3）创建虚拟用户所对应的本地账户及其所登录的目录，并设置权限。

```
[root@localhost ~]#useradd -d /var/vtlftp  vtlftp
[root@localhost ~]#chmod 544 /var/vtlftp
```

4）建立虚拟用户配置文件存放位置。

```
[root@localhost ~]# mkdir  /etc/vsftpd/vconf
```

5）编辑/etc/vsftpd/vsftpd.conf。

```
  [root@localhost ~]# vim /etc/vsftpd/vconf
pam_service_name=vsftpd                //设置第 2 步创建的 PAM 认证文件名
guest_enable=yes                       //激活虚拟用户的登录功能
guest_username=vtlftp                  //指定第 3 步添加的用户
user_config_dir=/etc/vsftpd/vconf      //建立第 4 步建立的虚拟用户配置文件存放位置
```

6）设置虚拟用户权限。虚拟用户配置文件必须以用户名来命名，可根据要求逐个创建虚拟用户配置文件，对各个虚拟目录分别设置不同的权限。例如，指定 vuser1 用户的权限如下。

```
   [root@localhost ~]# vim /etc/vsftpd/vconf/vuser1
    local_root=/var/vtlftp
    write_enable=yes
anon_world_readable_only=no
anon_upload_enable=yes
```

7）重启服务。

```
[root@localhost ~]#systemctl restart vsftpd
```

11.4　案例 2：vsftpd 高级配置

【案例目的】根据要求配置一台匿名账号 FTP 服务器，能够上传和下载文件。

【案例内容】

1）配置一个允许匿名用户上传的 FTP 服务器，在客户机上验证。

2）设置服务器欢迎信息为“welcome to ftp!!!”。

3）设定匿名用户最大传输速率为 3MB/s。

4）指明客户端最大连接数为 300。

5）启用 ASCII 传输方式。

【核心知识】FTP 服务器配置。

1. 启用 ASCII 传输方式（把两项前的“#”号去掉即可）

```
ascii_upload_enble=yes
ascii_download_enble=yes
```

2. 设置连接服务器后的欢迎信息

```
ftpd_banner=welcome to ftp service.
banner_file=/var/vsftpd_banner_file
```

3. 配置基本的性能和安全选项

```
idle_session_timeout=60            //设置用户会话的空闲中断时间（秒）
data_connection_timeout=120        //设置空闲的数据连接的中断时间
accept_timeout=60
connect_timeout=60                 //设置客户端空闲时自动中断和激活连接时间
max_clients=200                    //指明服务器总的客户并发连接数为200
max_per_ip=3                       //指明每个客户机的最大连接数为3
local_max_rate=50000  (50kbytes/sec)
anon_max_rate=30000     //设置本地用户和匿名用户的最大传输速率限制
pasv_min_port=50000
pasv_max_port=60000     //设置客户端连接时的端口范围，默认为0
```

4. 限制文件的传输速度

编辑 vsftpd.conf 文件可设置不同类型用户传输文件时的最大速率，单位为字节/秒。

（1）Anon_max_rate 参数

向 vsftpd.conf 文件中添加“Anon_max_rate=20000”配置语句，那么匿名用户所能使用的最大传输速率约为 20KB/s。

（2）local_max_rate 参数

向 vsftpd.conf 文件中添加“local_max_rate=50000”配置语句，那么本地用户所能使用的最大传输速率约为 50KB/s。

案例分解：

1）配置一个允许匿名用户上传的 FTP 服务器，在客户机上验证。

2）设置服务器欢迎信息为“welcome to ftp!!!”。

3）设定匿名用户最大传输速率为 3MB/s。

4）指明客户端最大连接数为 300。

5）启用 ASCII 传输方式。

```
[root@localhost ~]# vim /etc/vsftpd/vsftpd.conf
anonymous_enable=yes
local_enable= no
write_enable= no
anon_mkdir_write_enable= yes
anon_upload_enable=yes
ascii_download_enable=yes
ascii_upload_enable=yes
ftpd_banner=welcome to ftp service
max_clients=300
anon_max_rate=2000000
[root@localhost ~]# sysetmctl restart vsftpd
```

以匿名用户进行登录测试，如图 11-14 所示。

```
[root@localhost ~]# ftp 192.168. 137.50
```

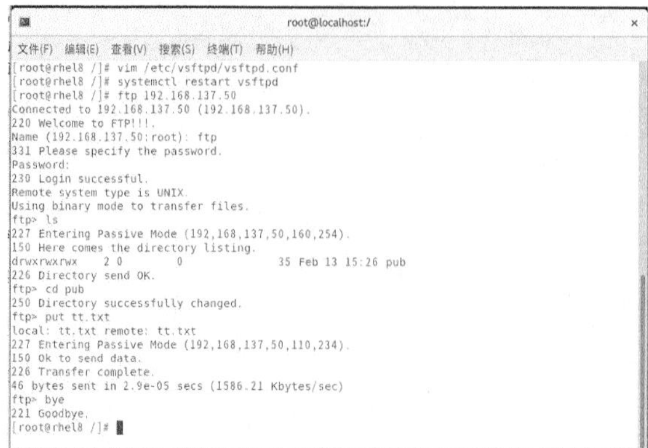

图 11-14 匿名用户测试高级配置选项

11.5 上机实训

1. 实训目的

掌握 Linux 下 vsftpd 服务器的架设方法，学会使用 FTP 服务器。

2. 实训内容

1）本地用户和匿名用户都可以登录。

2）设置本地用户具有下载、上传和创建目录的权限。

3）设置匿名用户只能下载，访问匿名用户默认下载目录/var/ftp/pub。

4）在 Linux 客户机验证 FTP 服务器，假设 FTP 服务器的 IP 地址为 192.168.1.100。

5）在 Windows 客户机验证 FTP 服务器。

15

3. 实训总结

通过本次实训，掌握 Linux 上 FTP 服务器的配置，掌握登录访问 FTP 服务器的方法和上传和下载共享文件的方法。

11.6 课后习题

一、选择题

1. 匿名 FTP 站点的主目录是（　　）。

   A．/ftp　　B．/var/ftp　　C．/home　　D．/etc

2. vsftpd 服务器为匿名服务器时可从（　　）目录下载文件。

   A．/var/ftp/pub　　B．/etc/vsftpd　　C．/var/vsftp　　D．/etc/ftp

3. 暂时退出 FTP 命令回到 shell 中时应输入（　　）命令。

   A．exit　　B．close　　C．!　　D．quit

4. 在 TCP/IP 模型中，应用层包含了所有的高层协议，在下列的一些应用协议中，（　　）能够实现本地与远程主机之间的文件传输工作。

   A．Telnet　　B．FTP　　C．SNMP　　D．NFS

5. vsftpd 在默认情况下监听（　　）号端口。

   A．80　　B．21　　C．23　　D．25

6. RHEL 8 中默认的 FTP 服务器是（　　）。

A．wu-ftp　　B．Proftp　　C．vsftpd　　D．pure-ftp

7．vsftpd 服务的启动脚本是（　　）。

A．ftp　　B．vsftp　　C．vtpd　　D．vsftpd

8．某个 vsftpd 服务器配置文件的部分内容如下，以下哪个说法是正确的（　　）？

```
Anonymous_enable=no
Lacal_anable= yes
userlist_enable= YES
userlist_deny= no
user_file=/etc/vsftpd/user_list
```

A．此 vsftpd 服务器不仅为 Linux 用户提供服务，也为匿名用户提供服务

B．/etc/vsftpd/ ftpusers 文件中指定的用户能访问 vsftpd 服务器

C．只有/etc/vsftpd/ user_list 文件中指定的用户才能访问 vsftpd 服务器

D．所有 RHEL 8 用户可上传文件，而匿名用户只能下载文件

9．以下属于 FTP 客户端命令的有（　　）。

A．ls　　B．get　　C．put　　D．bye

10．vsftpd 除了安全、高速、稳定之外，还具有（　　）特性。

A．支持虚拟用户

B．支持 PAM 或 xinetd/tcp_wrappers 认证方式

C．支持两种运行方式：独立的和 xinetd

D．支持带宽限制等

11．以下文件中，不属于 vsftpd 配置文件的是（　　）

A．/etc/vsftpd/vsftp.conf　　B．/etc/vsftpd/vsftpd.conf

C．/etc/vsftpd/ftpuser　　D．/etc/vsftpd/user_list

12．启动 FTP 服务器的正确命令是（　　）。

A．systemctl start vsftp　　B．systemctl start vsftpd

C．server start vsftp　　D．systemctl start ftp

13．在 vsftpd.conf 配置文件中，用于设置不允许匿名用户登录 FTP 服务器的配置命令是（　　）。

A．anonymous_enable=yes　　B．anonymous_enable=no

C．local_enable=yes　　D．local_enable=no

14．在 vsftpd.conf 配置文件中，用于设置允许本地用户登录 FTP 服务器的配置命令是（　　）。

A．anonymous_enable=yes　　B．anonymous_enable=no

C．local_enable=yes　　D．local_enable=no

15．若要禁止所有 FTP 用户登录 FTP 服务器后切换到 FTP 站点根目录的上级目录，则相关配置应是（　　）。

A．chroot_local_user=no
chroot_list_enable=no

B．chroot_local_user=yes
chroot_list_enable=yes

C．chroot_local_user=no
chroot_list_user=yes

D．chroot_local_enable=yes
chroot_list_enable=no

二、问答题

配置 vsftpd 服务器，要求允许匿名用户登录，本地用户只允许 myname 用户登录，且可离开主目录。匿名用户可在/var/ftp/pub 目录中新建目录、上传和下载文件。本地用户可上传和下载。服务器使用独占方式启动。请写出能够实现本功能的配置选项和相应的权限设置，并登录 FTP 服务器（假设 FTP 服务器的 IP 地址为 192.168.0.10）实现文件的上传和下载（假设文件名 file1.txt 存在）。按要求写出配置过程。

第 12 章　DNS 服务器

Linux 是一个强大的操作系统，而以 Linux 环境搭建的各种服务器也一直受到广大用户的好评。域名服务系统（Domain Name System，DNS）在因特网发展过程中起到了重大推动作用，因此 Linux 是建立 DNS 服务器的优秀平台。本章介绍 Linux DNS 服务器相关的技术知识。

12.1　域名解析基本概念

在用 TCP/IP 协议族架设的网络中，每一个节点都有一个唯一的 IP 地址，用来作为它们唯一的标志。然而，如果让使用者来记住这些毫无记忆规律的 IP 地址是很困难的。所以就需要一种有记忆规律的字符串作为唯一标识来标记节点的名字。

虽然字符名对于人来说是极为方便的，但是在计算机上实现却不是那么方便。为了解决这个需求，域名服务系统（DNS）应运而生，它运行在 TCP 之上，负责将字符名——域名转换成实际相对应的 IP 地址。这个过程就是域名解析，负责域名解析的机器就叫域名服务器。

DNS 进行域名解析的过程如图 12-1 所示。

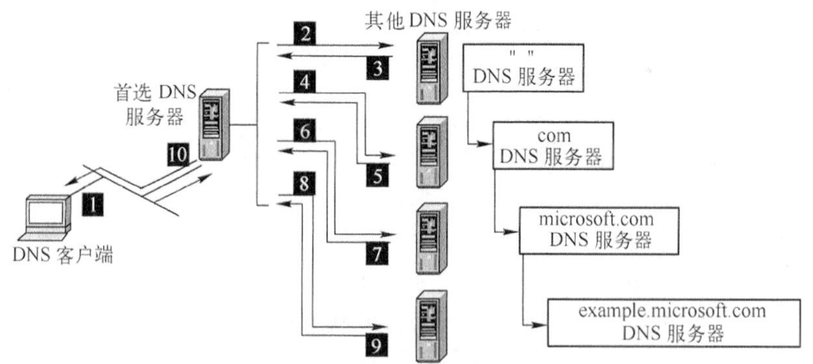

图 12-1　DNS 域名解析过程

1）用户提出域名解析请求，并将该请求发送给本地的域名服务器。

2）当本地的域名服务器收到请求后，就先查询本地的缓存，如果有该记录项，则本地的域名服务器就直接把查询的结果返回。

3）如果本地的缓存中没有该记录，则本地域名服务器就直接把请求发给根域名服务器，然后根域名服务器再返回给本地域名服务器一个所查询域（根的子域，如 CN）的主域名服务器的地址。

4）本地服务器再向上一步骤中所返回的域名服务器发送请求，收到该请求的服务器查询其缓存，返回与此请求所对应的记录或相关的下级的域名服务器的地址。本地域名服务器将返回的结果保存到缓存。

5）重复第 4）步，直到找到正确的记录。

6）本地域名服务器把返回的结果保存到缓存，以备下一次使用，同时还将结果返回给客户端。

12.2　DNS 服务器及其安装

12.2.1　DNS 服务器类型

目前，Linux 系统使用的 DNS 服务器软件是 BIND（Berkeley Internet Name Domain），运行其

守护进程可完成网络中的域名解析任务。利用 BIND 软件，可以建立如下几种 DNS 服务器。

（1）主域名服务器（master server）

主域名服务器从域管理员构造的本地磁盘文件中加载域信息，这是特定域所有信息的权威性信息源。该文件（区文件）包含着该服务器具有管理权的一部分域结构的最精确信息。主服务器是一种权威性服务器，因为它以绝对的权威去回答对其管辖域的任何查询。主域名服务需要一整套配置文件，其中包括主配置文件 named.conf、正向区域文件、反向区域文件、根服务器信息文件 named.ca。一个域中只能有一个主域名服务器，也可以创建一个或多个辅助域名服务器。

（2）辅助域名服务器（slave server）

辅助域名服务器可从主服务器中复制一整套域信息。区文件是从主服务器中复制出来的，并作为本地磁盘文件存储在辅助服务器中。这种复制称为“区文件复制”。在辅助域名服务器中有一个所有域信息的完整复制，它可以有权威地回答对该域的查询。因此，辅助域名服务器也称为权威性服务器。配置辅助域名服务器不需要配置区域文件，因为可以从主服务器中下载该区文件。

（3）缓存域名服务器（caching only server）

缓存域名服务器没有域名数据库软件，本身不管理任何域，仅运行域名服务器软件，它从某个远程服务器取得每次域名服务器查询的结果，一旦取得一个，就将它放在高速缓存中，以后查询相同的信息时就用它予以回答。高速缓存服务器不是权威性服务器，因为它提供的所有信息都是间接信息。对于高速缓存服务器只需要配置一个高速缓存文件，但最常见的配置还包括一个回送文件，这或许是最常见的域名服务器配置。

12.2.2　DNS 服务器的安装并进行启动和停止操作

在 Linux 及 UNIX 系统中，常用 BIND 来实现域名解析，它是 DNS 实现中最流行的一个域名系统。几乎所有的 Linux 发行版都包含 BIND。

- BIND 的客户端为解析器，用来产生发往服务器的域名信息的查询。
- BIND 的服务器端为 named 守护进程。

1. DNS 服务器安装

在进行 DNS 使用之前，首先检查验证是否已经安装了 BIND 组件。

```
[root@localhost ~]# rpm -qa|grep bind
bind-libs-9.11.13-3.el8.x86_64
bind-9.11.13-3.el8.x86_64
bind-license-9.11.13-3.el8.noarch
python3-bind-9.11.13-3.el8.noarch
keybinder3-0.3.2-4.el8.x86_64
bind-export-libs-9.11.13-3.el8.x86_64
bind-libs-lite-9.11.13-3.el8.x86_64
bind-utils-9.11.13-3.el8.x86_64
rpcbind-1.2.5-7.el8.x86_64
```

命令执行结果表明，已经安装 DNS 服务器。如果未安装，可以按如下方法进行安装：

```
[root@localhost ~]# dnf -y install bind   //yum 源已配置完成后使用 dnf 安装
```

如果没有配置 yum 源，则需要直接使用光盘中的软件进行安装

（1）挂载光盘

```
[root@localhost ~]#  mount  /dev/cdrom/mnt
```

（2）进入到 BIND 软件包

```
[root@localhost ~]#cd  /mnt/AppSream/Packages
```

（3）安装 DNS 服务

```
[root@localhost ~]# rpm -ivh bind-9.11.13-3.el8.x86_64.rpm
```

（4）查询配置文件位置

```
[root@localhost ~]# rpm -qc bind
/etc/logrotate.d/named
/etc/named.conf
/etc/named.rfc1912.zones
/etc/named.root.key
/etc/rndc.conf
/etc/rndc.key
/etc/sysconfig/named
/var/named/named.ca
/var/named/named.empty
/var/named/named.localhost
/var/named/named.loopback
```

2. 启动、停止 DNS 服务

```
[root@localhost ~]# systemctl start named        //启动 DNS 服务
[root@localhost ~]# systemctl restart named      //重新启动 DNS 服务
[root@localhost ~]# systemctl stop named         //停止 DNS 服务
```

12.3 案例 1：主 DNS 服务器配置

【案例目的】利用 BIND 架设一台主域名服务器。

【案例内容】配置一台符合要求的主 DNS 服务器。

1）域名 example.com，其 IP 地址为 192.168.137.50，主机名为 dns.example.com。

2）解析 FTP 服务器，其域名为 ftp.example.com,IP 地址为 192.168.137.51。

3）解析 Web 服务器，其域名为 www.example.com,IP 地址为 192.168.137.52。

【核心知识】主 DNS 服务器的配置。

12.3.1 文本模式下 DNS 服务器的配置

1. 主配置文件/etc/named.conf

BIND 组件安装后会自动创建一系列文件，其中默认配置文件为/etc/named.conf，其主体部分就说明如下。

```
[root@localhost etc]#vim named.conf
options {
   listen-on port 53 { 127.0.0.1; };      //服务侦听 IPV4 地址和端口号
   listen-on-v6 port 53 { ::1; };         //服务侦听 IPV6 地址和端口号
   directory      "/var/named";           //指定区域数据库文件及位置
   dump-file      "/var/named/data/cache_dump.db";       //转储文件及位置
   statistics-file "/var/named/data/named_stats.txt";    //统计文件及位置
   memstatistics-file "/var/named/data/named_mem_stats.txt";
                                          //内存统计文件及位置
   secroots-file  "/var/named/data/named.secroots";      //次根文件及位置
   recursing-file "/var/named/data/named.recursing";     //递归文件及位置
   allow-query  { localhost; };
                            //允许查询的机器列表，还可以是 IP 地址、any、none
   recursion yes;           //是否允许递归查询
```

```
    dnssec-enable yes;              //是否返回 dnssec 关联的资源记录
    dnssec-validation yes;          //是否验证通过 dnssec 的资源记录是权威的
    managed-keys-directory "/var/named/dynamic";//管理密钥文件及存放位置
    pid-file "/run/named/named.pid";            //进程文件名及存放位置
    session-keyfile "/run/named/session.key";   //会话密钥文件及位置
    include "/etc/crypto-policies/back-ends/bind.config";
};
logging {                           //服务器日志记录的内容和日志信息存放文件及位置
        channel default_debug {
                file "data/named.run";
                severity dynamic;
        };
};
zone "." IN {                       //定义“.”根区域
        type hint;                  //区域类型为提示类型
        file "named.ca";            //该区域的数据库文件为 named.ca
};

include "/etc/named.rfc1912.zones"; //包含区域辅助文件
include "/etc/named.root.key";  //包含用来签名和验证 DNS 资源记录的公共密钥文件
```

（1）option 语句

option 语句用来定义服务器的全局配置选项，在 named.conf 文件中只能有一个，其基本格式为

```
options{
    配置子句;
    };
```

最常用的配置子句如下。

- directory "目录名"：定义区域文件的保存路径，默认为/var/named。
- forwarders IP 地址：定义将域名查询请求转发给其他 DNS 服务。

（2）zone 语句

DNS 服务器除了配置主配置外，还必须有相应的区域文件，即正向区域文件和反向区域文件等。zone 语句用于定义区域，其中必须说明域名、DNS 服务器类型和区域文件名等信息，默认的 DNS 服务器没有自定义任何区域，主要靠提示类型的区域来找到 Internet 根服务器，并将查询结果缓存到本地，进而用缓存中的数据来响应其他相同的查询请求，因此，采用默认配置的 DNS 服务器被称为只缓存域名服务器。zone 语句基本格式如下。

```
zone "区域名" IN{
  type 子句;
  file 子句;};
```

① 区域名：根域名用“.”表示。除根域名之外，通常每个区域都要指定正向区域名和反向区域名。

② type 子句用来说明 DNS 服务器类型，参数如下。

- master 表示此服务器为主 DNS 区域，指明该区域保存主 DNS 服务器信息。
- slave 表示服务器为辅助 DNS 区域，指明需要从主 DNS 定期更新数据。
- stub 为根区域，与辅助 DNS 区域类似，但只复制主 DNS 服务器上 NS 记录。
- hint 表示为提示区域，提示 Internet 根域名服务器的名称及对应的 IP 地址。
- forward 表示为转发区域，将任何 DNS 查询请求重新定向到转发语句所定义的服务器。

file 子句用来指定区域数据库文件名称，应在文件名两边使用双引号。

案例分解 1

配置一台符合要求的主 DNS 服务器

1）域名 example.com，其 IP 地址为 192.168.137.50，主机名为 dns.example.com。

2）解析 FTP 服务器，其域名为 ftp.example.com,IP 地址为 192.168.137.51。

3）解析 Web 服务器，其域名为 www.example.com,IP 地址为 192.168.137.52。

第一步：修改主配置文件/etc/named.conf。

```
[root@localhost ~]# vim /etc/named.conf
  options {
        listen-on port 53 { any; };        //监听所有 IPV4 地址
        listen-on-v6 port 53 { ::1; };
        directory      "/var/named";
        dump-file      "/var/named/data/cache_dump.db";
        statistics-file "/var/named/data/named_stats.txt";
        memstatistics-file "/var/named/data/named_mem_stats.txt";
        secroots-file   "/var/named/data/named.secroots";
        recursing-file  "/var/named/data/named.recursing";
        allow-query    { any; }; //允许所有机器查询

zone "example.com." IN {          //新建一个正向文件区域 example.com
        type master;              //设为主 DNS 服务器
        file "example.com.zone"; // 配置正向区域文件名称
};
zone "137.168.192.in-addr.arpa." IN {
                           //新建一个反向文件区域 137.168.192.in-addr.arpa
        type master;       //设为主 DNS 服务器
        file "137.168.192.zone"; // 配置反向区域文件名称
};
include "/etc/named.rfc1912.zones";
include "/etc/named.root.key";
```

2. 区域数据库文件和资源记录

除根域名之外，DNS 服务器在域名解析时会对每个区域使用两个区域数据库文件，即正向区域数据库文件和反向区域数据库文件。区域数据库文件用来定义一个区域的域名和 IP 地址信息，主要由若干资源记录组成。区域数据库文件名称由 named.conf 的 zone 语句指定，名字可任意指定。

由 named.conf 文件中 options 段的指令 directory "/var/named"可知，区域文件位于该目录下，用户可以根据该目录下的自带模板文件创建相应的区域文件。本地主机的正向数据库文件通常为 named.localhost，反向数据库文件为 named.loopback。

（1）正向区域数据库文件

正向区域数据库文件可实现区域内主机名到 IP 地址的正向解析，包含若干资源记录。

例如：在 example0.com 域建立一个名为 example0.com.zone 的数据库区域文件

```
[root@localhost named]# cp -a named.localhost example0.com.zone
[root@localhost named]# vim example0.com.zone
    $TTL 1D
    @     IN        SOA  @  rhel.example0.com.  root.rhel.example0.com(
                         0  ; serial
                         1D; refresh
```

```
                    1H; retry
                    1W; expire
                    3H )   ; minimum
         NS         @
         A          127.0.0.1
         AAAA       ::1
    ftp   A         192.168.1.99
    dns   A         192.168.1.98
        MX     10   mail.example0.com
    www  CNAME      ftp.example0.com
```

下面就逐句地解释这里的配置。

1）$TTL 1D 是设置的默认的记录存活时间，通常将它放在文件的第一行。

2）SOA 是主服务器设定文件中一定要设定的命令。被称为授权记录起始（Start of Authority，SOA）。此记录用来表示某区域的授权服务器的相关参数，格式如下。

```
@      IN        SOA @   DNS 主机名 管理员电子邮箱地址. (
                 序列号
                 刷新时间
                 重试时间
                 过期时间
                 最小生存周期);
```

- 最前面的符号“@”代表目前所管辖的域。
- 接着的“I”代表地址类别 Internet，这里就是固定使用“IN”的。
- SOA(Start of Authority)表示授权起始状态。
- 接下来填入域名服务器，由于 DNS 数据文件的特殊格式规定，最后一定要加上“·”。在这个例子中，填入域名服务器：“rhel.example0.com.”。
- 接下来是域名服务器管理员的 E-MAIL 地址，但要注意的是，E-Mail 地址中的分隔符“@”在这里用“·”来代替，在最后也要加上“.”。在这里，相应写入：“root.rhel. example0.com.”。
- 接下来在括号内填入以下选项。

序列号也称版本号：用来表示该区域数据库版本，以此来区分是否有更新。

刷新时间：指定辅助 DNS 服务器向主服务器复制数据的更新时间间隔。

重试时间：指定辅助 DNS 服务器在更新出现通信故障时的重试时间。

过期时间：指定辅助 DNS 服务器无法完成更新动作后，经过多久资源记录无效。

最小生存时间：指定资源记录信息存放在缓存中的时间，可用秒、分钟（M）、小时（H）、天（D）、周（W）等表示。

3）NS 记录，用来指定该区域中 DNS 服务器的主机名或 IP 地址，在这里需要指出这个域的域名服务器是“dns.example.com”。

4）A 记录，用来指定主机域名与 IP 地址的对应关系，仅用于正向区域文件。如将 Web 服务器的域名 dns.example0.com 与其 IP 地址 192.168.1.98 对应起来；将 FTP 服务器的域名 ftp.example0.com 与其 IP 地址 192.168.1.99 对应起来。

```
dns  IN  A  192.168.1.98
ftp  IN  A 192.168.1.99
```

等价于

```
dns.example0.com  IN  A  192.168.1.98
ftp.example0.com  IN  A 192.168.1.99
```

5）CNAME 记录，用于为区域内的主机建立别名，仅用于正向区域文件。常用于一个 IP 地址对应多个不同类型服务器的情况。如上文中 www.example0.com 是 ftp.example0.com 的别名。

6）MX 记录，用于正向区域数据库文件，用于指定本区域内邮件服务器主机名。MX 记录中可指定邮件服务器的优先级别，当区域内有多个邮件服务器时，由优先级别决定邮件路由的先后顺序，数字越小，级别越高。如上文中指定邮件服务名 mail.example.com，级别是 10，表明任何发送到该区域的邮件都会被路由到该邮件服务器，然后再发送给具体的计算机。

案例分解 2

第二步：配置正向区域数据库文件。

在/var/named 目录下创建正向区域数据库文件，可使用模板复制文件以提高准确性，正向区域文件配置结果如图 12-2 所示。

```
[root@localhost named]# cd /var/named
[root@localhost named]# ls
data  dynamic  named.ca  named.empty  named.localhost  named.loopback  slaves
[root@localhost named]# cp -p /var/named/named.empty /var/named/example. com.zone
[root@localhost named]# vim /var/named/example.com.zone
```

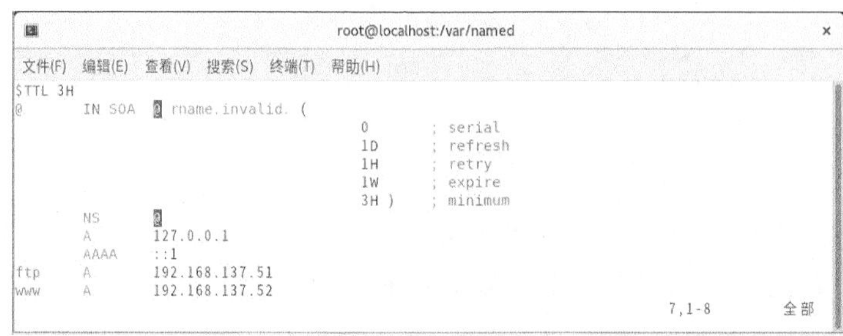

图 12-2　配置正向区域文件

☞**注意：**

这里使用-p 参数来保证复制后不会更改文件的权限。

（2）反向区域数据库文件

反向区域文件的结构和格式与正向区域文件类似，其主要实现从 IP 地址到域名的反向解析。根据 /etc/named.conf 文件中的定义，在 /var/named 目录下建立文件反向域名转换数据文件 1.168.192.in-addr.arpa.zone（可以自己定义，但是应与定义的名字保持一致，这里只是给出一个例子，名字可以是不同的）。此文件需要读者自己动手创建。

例如，示例内容如下。

```
[root@localhost named]#vim zone.example0.com
    $TTL 1D
    @      IN     SOA @  rhel.example0.com.  root.rhel.example0.com(
                     0  ; serial
                     1D ; refresh
                     1H ; retry
                     1W ; expire
                     3H ); minimum
                NS          @
                A           127.0.0.1
                AAAA        ::1
```

```
                IN  NS   rhel.example0.com.
98              IN  PTR  dns.Example0.com.
99              IN  PTR  ftp.Example0.com.
```

前面几条记录相信读者已经不会陌生，最后两句定义了新的记录类型——PTR 记录类型

PTR 记录类型又称为指针类型，用于实现 IP 地址和对应域名的逆映射，仅用于反向区域数据库文件。记录中的数字不以点结尾，系统会自动在数据前面补上@的值。如前面的 98 等价于 98.1.168.192.in-addr.arpa　PTR　dns.example0.com。PTR 记录类型第一项是逆序的 IP 地址，最后一项必须是主机的完全标识域名，后面一定有一个“.”。

除此之外，BIND 能够正常工作，还需要配置/etc/resolv.conf 文件，设置 nameserver 和 search。/etc/resolv.conf 文件内容如图 12-3 所示。

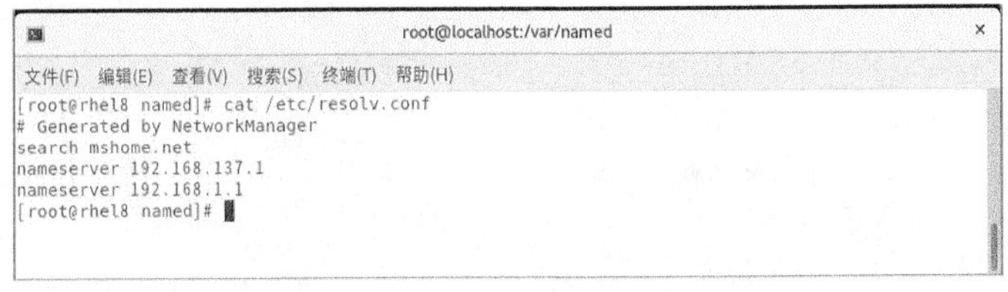

图 12-3　/etc/resolv.conf 文件内容

案例分解 3

第三步：配置反向区域数据库文件。

根据/etc/named.conf 文件中的定义，在/var/named 目录下建立反向区域名数据库文件，此文件需要读者自己动手创建。配置结果如图 12-4 所示。

```
[root@localhost named]# cp -p /var/named/named.loopback  /var/named/137.
168.192.zone
[root@localhost named]# vim /var/named/137.168.192.zone
```

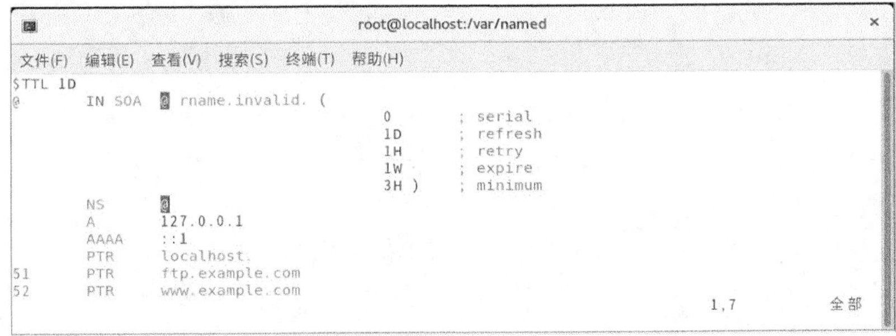

图 12-4　配置反向区域文件

第四步：重启 DNS 服务。

```
[root@localhost named]# systemctl restart named
```

12.3.2　测试 DNS 服务器

对 DNS 服务器的测试可在 Windows 客户端进行，也可在 Linux 客户端进行，在 Windows 客户端下测试时，需要修改 TCP/IP 设置，把 DNS 选项修改为 DNS 服务器的 IP 地址。在 Linux 客户端测试时，也需要修改/etc/resolv.conf 文件，使客户端指向要测试的 DNS 服务器。BIND 软件包为 DNS 服务的测试提供了三种工具：nslookup、dig 和 host。

1. 使用 nslookup 命令测试

使用 nslookup 命令可直接查询指定的域名或 IP 地址，也可采用交互方式查询任何资源记录类

型，并可以对域名解析过程进行跟踪。例如：

```
C:\>nslookup                    Default Server: linux.example.com
Address: 192.168.1.102          //显示当前的 DNS 服务器为读者配置的 DNS 服务器
> web.example.com               //输入自己添加的域名，要求回显 IP 地址
Server: linux.example.com       //DNS 服务器名
Address: 192.168.1.103          //服务器 IP 地址
Name: linux.example.com         //查找的名称
Address: 192.168.0.102          //IP 结果
> ftp.example.com
Server: 192.168.1.50
Address:     192.168.1.50#53
> set type=mx
> ftp.example.com
Server: 192.168.1.50
Address:     192.168.1.50#53
*** Can't find ftp.example.com: No answer
>www.tute.edu.cn                //输入外网的主机
Server: linux.example.com
……
```

在交互方式查询中，可以用 set type 命令指定任何资源类型，包括 SOA 记录、MX 记录、NS 记录、PTR 记录等，查询命令中的字符与大小写无关，如果发现错误，就需要修改相应文件，然后重新启动 named 进程进行再次测试。

2. 使用 dig 命令进行测试

dig 命令是较为灵活的域名信息查询命令，默认情况下 dig 命令执行正向查询，反向查询需要加上“-x”。

```
[root@localhost named]# dig www.example.com
; <<>> DiG 9.11.13-RedHat-9.11.13-3.el8 <<>> www.example.com
;; global options: +cmd
;; Got answer:
;; ->>HEADER<<- opcode: QUERY, status: NOERROR, id: 3269
;; flags: qr aa rd ra; QUERY: 1, ANSWER: 1, AUTHORITY: 1, ADDITIONAL: 3

;; OPT PSEUDOSECTION:
; EDNS: version: 0, flags:; udp: 4096
; COOKIE: 3ebe7202af71c55cf4c3baea602e66e4ef1241f8ec804416 (good)
;; QUESTION SECTION:
;www.example.com.        IN   A

;; ANSWER SECTION:
www.example.com.    10800   IN   A   192.168.137.52

;; AUTHORITY SECTION:
example.com.        10800   IN   NS   example.com.

;; ADDITIONAL SECTION:
example.com.        10800   IN   A   127.0.0.1
example.com.        10800   IN   AAAA    ::1

;; Query time: 2 msec
;; SERVER: 192.168.137.50#53(192.168.137.50)
;; WHEN: 四 2月 18 21:08:52 CST 2021
```

```
;; MSG SIZE  rcvd: 146
```

3. 使用 host 命令测试

host 命令用来进行主机名信息查询。例如：

```
[root@localhost named]# host ftp.example.com
ftp.example.com has address 192.168.137.51
[root@localhost named]# host 192.168.137.52
52.137.168.192.in-addr.arpa domain name pointer www.example.com.137.168.
192.in-addr. arpa.
[root@localhost named]# host -a ftp.example.com
Trying "ftp.example.com"
;; ->>HEADER<<- opcode: QUERY, status: NOERROR, id: 46528
;; flags: qr aa rd ra; QUERY: 1, ANSWER: 1, AUTHORITY: 1, ADDITIONAL: 2

;; QUESTION SECTION:
;ftp.example.com.        IN   ANY

;; ANSWER SECTION:
ftp.example.com.    10800   IN   A    192.168.137.51

;; AUTHORITY SECTION:
example.com.        10800   IN   NS   example.com.

;; ADDITIONAL SECTION:
example.com.        10800   IN   A    127.0.0.1
example.com.        10800   IN   AAAA     ::1

Received 107 bytes from 192.168.137.50#53 in 0 ms
```

在 Linux 操作系统中，关于使用 host 命令和 dig 命令的具体使用方法，可以通过 Linux 的手册获取，也可以在 shell 提示符下输入 man 1 host 或者 man 1 dig。

案例分解 4

第五步：DNS 服务器测试。

使用 Linux 客户端进行测试，测试结果如图 12-5 所示。

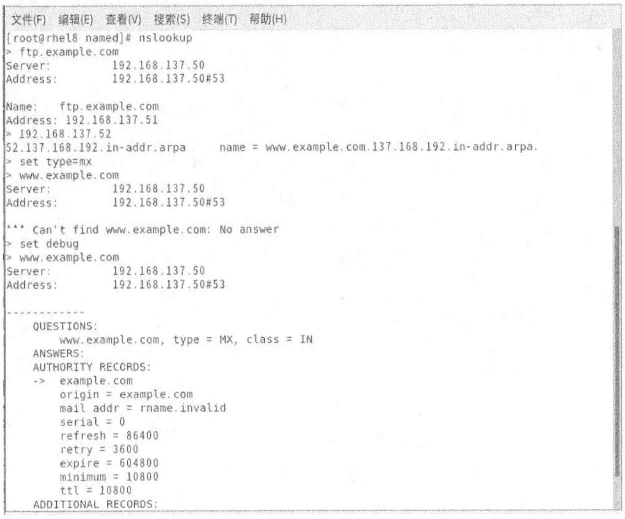

```
文件(F)  编辑(E)  查看(V)  搜索(S)  终端(T)  帮助(H)
[root@rhel8 named]# nslookup
> ftp.example.com
Server:         192.168.137.50
Address:        192.168.137.50#53

Name:   ftp.example.com
Address: 192.168.137.51
> 192.168.137.52
52.137.168.192.in-addr.arpa     name = www.example.com.137.168.192.in-addr.arpa.
> set type=mx
> www.example.com
Server:         192.168.137.50
Address:        192.168.137.50#53

*** Can't find www.example.com: No answer
> set debug
> www.example.com
Server:         192.168.137.50
Address:        192.168.137.50#53

------------
    QUESTIONS:
        www.example.com, type = MX, class = IN
    ANSWERS:
    AUTHORITY RECORDS:
    ->  example.com
        origin = example.com
        mail addr = rname.invalid
        serial = 0
        refresh = 86400
        retry = 3600
        expire = 604800
        minimum = 10800
        ttl = 10800
    ADDITIONAL RECORDS:
```

图 12-5　DNS 服务器测试

首先修改 /etc/resolv.conf 文件内容

```
[root@localhost ~]# vim /etc/resolv.conf
search example.com          // 指明本机域名 example.com
nameserver 192.168.137.50   // 指明 DNS 服务器的 IP 地址
```

测试完成后使用 exit 退出测试。

12.4　案例 2：辅助 DNS 服务器的配置

辅助 DNS 服务器配置比较简单，因为它的区域数据库文件是定期从主 DNS 服务器复制过来的，所以无须手工建立，因此，辅助 DNS 服务器只需编辑 DNS 服务器的主配置文件/etc/named.conf 即可。

按照 12.3 小节的例子配置辅助 DNS 服务器，其 IP 地址为 192.168.137.100，主机名为 slave.example.com.其配置过程如下。

1）配置主 DNS 服务器的主配置文件/etc/named.conf。

2）配置主 DNS 服务器的正向区域数据库文件/var/named/example.com.zone，加入辅助 DNS 服务器的 NS 记录和 A 记录，内容如下。

```
$TTL 3H
@       IN SOA  @ rname.invalid. (
                                    0       ; serial
                                    1D      ; refresh
                                    1H      ; retry
                                    1W      ; expire
                                    3H )    ; minimum
        NS      @
        NS      slave.example.com
        A       127.0.0.1
        AAAA    ::1
ftp     A  192.168.137.51
www     A  192.168.137.52
Slave   A  192.168.137.100
```

3）配置主 DNS 服务器的反向区域数据库文件/var/named/137.168.192.zone，加入辅助 DNS 服务器的 NS 记录和 PTR 记录，内容如下。

```
$TTL 1D
@       IN SOA  @ rname.invalid. (
                                    0       ; serial
                                    1D      ; refresh
                                    1H      ; retry
                                    1W      ; expire
                                    3H )    ; minimum
        NS      @
        NS      slave.example.com
        A       127.0.0.1
        AAAA    ::1
        PTR     localhost.
51      PTR     ftp.example.com
52      PTR     www.example.com
100     PTR     slave.example.com
```

4）配置辅助 DNS 服务器的主配置文件/etc/named.conf，并在文件中添加如下内容。

```
        options {
         listen-on port 53 { any; };
         listen-on-v6 port 53 { ::1; };
         directory       "/var/named";
         dump-file       "/var/named/data/cache_dump.db";
         statistics-file "/var/named/data/named_stats.txt";
         memstatistics-file "/var/named/data/named_mem_stats.txt";
         secroots-file   "/var/named/data/named.secroots";
         recursing-file  "/var/named/data/named.recursing";
         allow-query     { any; };
  zone "example.com." IN {
         type slave;
         file "slave/example.com.zone";
         masters{192.168.137.50}
         };
         zone "137.168.192.in-addr.arpa." IN {
                type slave;
                file "slave/137.168.192.zone";
         };
         include "/etc/named.rfc1912.zones";
         include "/etc/named.root.key";
```

5）测试辅助 DNS 服务器。

这里所采用的命令测试方法与在主 DNS 服务器上采用的测试方法相同。在辅助 DNS 服务器上重启 DNS 进程后，会自动将主 DNS 服务器上的区域数据库文件复制过来，用户可以自行查看辅助 DNS 服务器中区域数据库文件内容，并与主 DNS 服务器的数据库进行对比。

12.5　上机实训

16

1. 实训目的

熟练掌握 Linux 下 DNS 服务器的配置。

2. 实训内容

配置一台符合要求的 DNS 服务器，要求如下：

1）域名为 example.com，其 IP 地址为 192.168.1.100，主机名为 dns.example.com。

2）解析 FTP 服务器，其域名为 ftp.example.com,IP 地址为 192.168.1.101。

3）解析 Web 服务器，其域名为 www.example.com,IP 地址为 192.168.1.102。

3. 实训总结

通过本次实训，读者能够掌握在 Linux 上的 DNS 服务器的配置。

12.6　课后习题

一、选择题

1. DNS 中 PTR 记录是指（　　）。

　A. 主机记录　　B. 指针　　C. 别名　　D. 主机信息

2. 可用来测试 DNS 配置的命令是（　　）。

　A. testpram　　B. nslookup　　C. configtest　　D. testdns

3. BIND DNS 默认情况具有的三个资源记录文件是（　　）。

A．localhost.zone　B．named.local　C．linux.com　D．named.ca

4．Linux 中，DNS 调试工具有（　　）。

A．bind　B．service　C．nslookup　D．dig

5．以下是 DNS 资源记录类型的有（　　）。

A．SOA　B．MX　C．NS　D．A

6．RHEL 8 中的 DNS 使用的软件是（　　）。

A．qmail　B．apache　C．bind　D．quota

7．DNS 别名记录的标志是（　　）。

A．A　B．PTR　C．CNAME　D．MZ

8．下列命令能启动 DNS 服务的是（　　）。

A．systemctl start named　B．/etc/init.d/named start

C．systemctl start dns　D．/etc/init.d/dns restart

9．DNS 域名系统主要负责主机名和（　　）之间的解析。

A．IP 地址　B．MAC 地址　C．网络地址　D．主机别名

10．配置 DNS 服务器反向解析时，设置 SOA 和 NS 后，还需要添加（　　）记录。

A．SOA　B．CNAME　C．PTR　D．A

11．DNS 配置文件中（　　）关键字用于表示某主机别名。

A．CN　B．NS　C．CNAME　D．NAME

12．一台主机的域名是 www.RHLinux.com.cn，对应的 IP 地址为 192.168.0.100，那么此域的反向解析域的名称是（　　）。

A．192.168.0.in-addr.arpa　B．100.0.168.192

C．0.168.192-addr.arpa　D．100.0.168.192.in-addr.arpa

13．DNS 主配置文件为（　　）。

A．/etc/named.conf　B．/var/named/named.conf

C．/etc/named/named.conf　D．/etc/init.d/named.conf

14．DNS 区域配置文件在（　　）目录。

A．/etc　B．/var/named　C．/dev　D．/etc/init.d/

15．在使用 Linux 客户端进行 DNS 测试之前，首先要配置（　　）文件以指明 DNS 服务器的 IP 地址。

A．/etc/resolv.conf　B．/etc/host

C．/etc/　D．/etc/init.d

二、问答题

1．什么是域名解析？

2．在进行 DNS 配置时用到的文件有哪些？它们的作用分别是什么？

3．如何对已经配置完成的 DNS 进行测试？

第 13 章　WWW 服务器

Apache HTTP Server（简称 Apache）是目前 Internet 上最流行的 Web 服务器软件之一。它可以运行在几乎所有常用的计算机平台上，由于其源代码开放、跨平台和安全性等优点而被广泛使用。它快速、可靠并且可通过简单的 API 扩充，将 Perl/Python 等解释器编译到服务器中。本章主要讲述 RHEL 8.2 下最常用的 WWW（World Wide Web）服务器——Apache 服务器的安装、配置、应用及测试。

13.1　Web 服务器基本概念

WWW 服务是现在网络应用中十分热门的技术。无论是在 Internet 中浏览、搜索、共享信息，还是企业内部的管理组织与服务宣传，都和这种简单的交互式图形界面的网络服务有着不可分割的关系。

由于 WWW 可以给用户提供没有时间、地域限制的各种信息服务，这对一个企业（尤其是跨地区的企业）来说，有着非常大的价值。利用 Web 页面，可以每天 24 小时在全世界范围内提供宣传服务，与客户进行网上交易，企业内部信息时刻保持同步共享。尤其是 Application Server 技术逐渐取代以往的 C/S 对等模型，WWW 更是全面进军商业应用。

WWW 服务是基于客户端/服务器模式的信息发现技术和分布式超媒体技术的综合应用。Web 服务器通信过程如图 13-1 所示。超媒体扩展了传统的超文本系统，把多媒体内容引入到 Web 中。

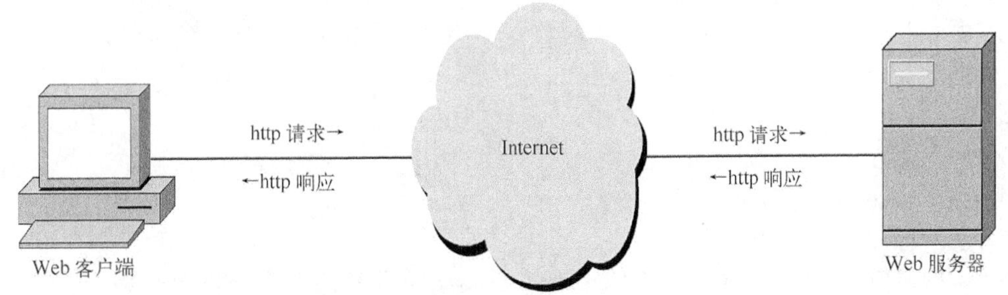

图 13-1　Web 服务器通信过程

由于每一个超媒体文档仍采用超文本标记语言（HyperText Markup Language，HTML）来组织表示，习惯上，仍称之为超文本技术。每一个超媒体文档在网络中都必须也必然只有一个标识，这种标识技术人们称之为统一资源定位（Uniform Resource Locator，URL）。URL 通常的形式如下。

```
Protocal://Computer_Name:Port/Document_Name
```

其中 Protocal 为访问文档所采用的协议名，Computer_Name 为文档所在网络计算机的域名，Port 为可选的协议端口号，Document_Name 为在指定计算机中的文件名。例如如下的 URL。

```
http://www.linuxaid.com.cn/bbs/index.jsp
```

指明协议为 HTTP，计算机为 www.linuxaid.com.cn，文件为 bbs/index.jsp。

HTTP 协议，全名叫超文本传输协议（HyperText Transport Protocol），是专门用来传送超媒体文档所制定的协议。原则上 HTTP 是直接的，它允许浏览器请求一个指定的项，然后服务器返回该项。为了确保浏览器和服务器能够明确地互相操作，HTTP 定义了浏览器发送到服务器的请求格式与服务器返回的应答格式，并对传输的内容进行了保证。

本文主要介绍使用 Linux 系统实现网络服务器的 WWW 服务功能。

Apache 是举世闻名的服务器，源于 NCSA httpd 服务器，经过多次修改，成为世界上最流行的 Web 服务器软件之一。

Apache 的主要特征如下。

1）可以在任何计算机平台上运行。

2）支持最新的 HTTP 协议。它是最先支持 HTTP 1.1 的 Web 服务器之一，其与新的 HTTP 协议完全兼容，同时与 HTTP 1.0、HTTP 1.1 向后兼容。Apache 还为支持新协议做好了准备。

3）简单而强有力的基于文件的配置。该服务器没有为管理员提供图形用户界面，但提供了 3 个简单但功能异常强大的配置文件。用户可以根据需要用 3 个文件随心所欲地完成自己希望的 Apache 配置。

4）支持通用网关接口（CGI）。采用 mod_cgi 模块支持 CGI。Apache 支持 CGI/1.1 标准，并且提供了一些扩充。

5）支持基于 IP 和基于域名的虚拟主机。

6）多协议支持。Apache 现在已经拥有了能够支持多协议的底层。

7）支持多种方式的 HTTP 认证。

8）集成 Perl 处理模块。

9）集成代理服务器模块。用户可以选择 Apache 作为代理服务器。

10）支持实时监视服务器状态和定制服务器日志。

11）支持服务器端包含命令（SSI）。

12）支持安全 Socket 层（SSL）。由于版权法和美国法律在进出口方面的限制，Apache 本身不支持 SSL。但是用户可以通过安装 Apache 的补丁程序集合（Apache-SSL）使得 Apache 支持 SSL。

13）用户会话过程的跟踪能力。

14）支持 FastCGI。

15）支持 Java Servlets 和 JSP。

16）支持 HTTP Cookie。通过支持 Cookie，可以对用户浏览的 Web 站点进行跟踪。

当然，随着 IBM、Oracle 等大公司开始加入推进 Linux 的计划，它们的应用服务器也开始有了针对 Linux 的版本。这也使用户有了更多的选择。不过，基于 Apache 无可否认的王牌地位，本书还是以 Apache 为核心来介绍流行的 WWW 服务器架构。

13.2　Apache 服务器的安装和配置

13.2.1　Apache 服务器的安装

在配置 Apache 服务之前，首先要判断系统是否安装了 Apache 组件，只有先进行安装才可以使用。RHEL 8.2 镜像文件中自带了安装软件，也可以去网站下载。

```
[root@localhost ~]# rpm -qa|grep httpd
```

```
httpd-tools-2.4.37-21.module+el8.2.0+5008+cca404a3.x86_64
httpd-2.4.37-21.module+el8.2.0+5008+cca404a3.x86_64
httpd-filesystem-2.4.37-21.module+el8.2.0+5008+cca404a3.noarch
redhat-logos-httpd-81.1-1.el8.noarch
```

命令执行结果显示已经安装了 Apache 服务器，如果未安装，可以使用下列方法安装。

1. 挂载光盘到挂载目录

```
[root@localhost /]# mount /dev/cdrom  /mnt
mount: /mnt: /dev/sr0 already mounted on /run/media/root/RHEL-8-2-0-BaseOS-x86_64.
[root@localhost /]# cd mnt
[root@localhost mnt]# cd AppStream
[root@localhost AppStream]# cd Packages
```

2. 配置好 yum 源并安装

```
[root@localhost Packages]# dnf -y install httpd
apr-1.6.3-9.el8.x86_64
apr-util-1.6.1-6.el8.x86_64
apr-util-bdb-1.6.1-6.el8.x86_64
apr-util-openssl-1.6.1-6.el8.x86_64
httpd-2.4.37-21.module+el8.2.0+5008+cca404a3.x86_64
httpd-filesystem-2.4.37-21.module+el8.2.0+5008+cca404a3.noarch
httpd-tools-2.4.37-21.module+el8.2.0+5008+cca404a3.x86_64
mod_http2-1.11.3-3.module+el8.2.0+4377+dc421495.x86_64
redhat-logos-httpd-81.1-1.el8.noarch
```

3. 查询配置文件及存放位置

```
[root@localhost ~]# rpm -qc httpd
/etc/httpd/conf.d/autoindex.conf        //conf.d,Apache 服务器扩展功能配置文件
/etc/httpd/conf.d/userdir.conf
/etc/httpd/conf.d/welcome.conf
/etc/httpd/conf.modules.d/00-base.conf  //模块配置文件，文件名以两位数字作为前缀
/etc/httpd/conf.modules.d/00-dav.conf
/etc/httpd/conf.modules.d/00-lua.conf
/etc/httpd/conf.modules.d/00-mpm.conf
/etc/httpd/conf.modules.d/00-optional.conf
/etc/httpd/conf.modules.d/00-proxy.conf
/etc/httpd/conf.modules.d/00-systemd.conf
/etc/httpd/conf.modules.d/01-cgi.conf
/etc/httpd/conf/httpd.conf              //Apache 服务器的主配置文件
/etc/httpd/conf/magic
/etc/logrotate.d/httpd
/etc/sysconfig/htcacheclean
```

13.2.2　Apache 服务器启动、重启和停止

```
[root@localhost ~]# systemctl start httpd       //启动 Apache 服务
[root@localhost ~]# systemctl restart httpd     //重新启动 Apache 服务
[root@localhost ~]# systemctl stop httpd        //停止 Apache 服务
```

安装完成 Apache 服务器后，对其配置文件不做任何改动，采用默认值，可以对 Apache 服务器做一个简单的测试，在地址栏中输入“http://127.0.0.1”或者“http://localhost”显示结果如图 13-2 所示。

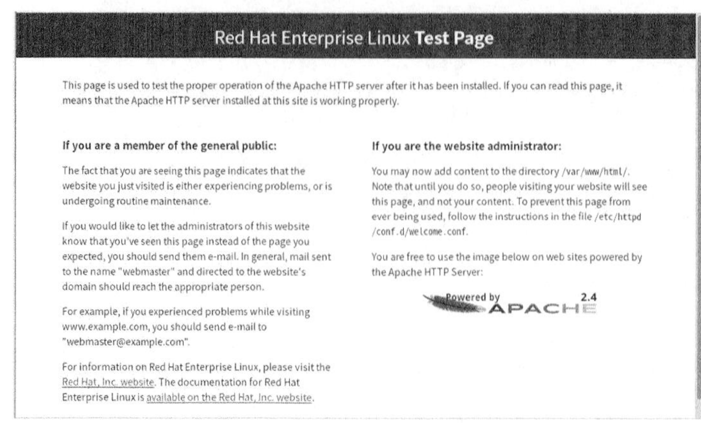

图 13-2　Apache 服务器测试界面

13.3　案例 1：配置用户 Web 站点

【案例目的】掌握 Apache 的个人主页的配置。

【案例内容】按下列要求配置 Apache 服务器。

建立一个个人 Web 站点；个人用户名为 test，个人站存在主目录，与 httpd.conf 配置文件中的一致；建立个人 Web 站点文件 index.html，文件的内容自定义；进行一定的设置，在 Linux 中利用 IE 输入"http://ip/~test"能够访问该站点的内容。

【核心知识】Apache 的配置过程。

13.3.1　Apache 服务器的配置文件

Apache 守护进程 httpd 的主配置文件是/etc/httpd/conf/httpd.conf，它包含若干指令的纯文本文件，httpd.conf 配置文件主要由两部分组成：全局环境和主服务器配置。每个部分都有相应的配置语句。

httpd.conf 文件格式有如下规则。

- 配置语句的语法格式的形式为"参数名称　参数值"。
- 配置语句中除了参数值以外，所有的选项都不区分大小写。
- 可以使用"#"符号所在行的信息为注释。

尽管配置语句可以放在文件的任何位置，但是为了便于管理，最好将其放在相应的部分。一般而言，在首次配置 Apache 服务器之前，都要对默认的配置文件 httpd.conf 进行备份，以便发生错误时可以还原到初始状态。

httpd.conf 中包含大量的 Apache 的配置选项，比较常用的配置选项如表 13-1 所示。

表 13-1　httpd.conf 文件中的主要配置参数

指令名	功能说明
ServerType	服务器的两种类型为 standalone 和 inetd
ServerRoot	设置服务器目录绝对路径，包含 conf 和 log 子目录
Pidfile	服务器用来记录开始运行时的进程 ID 号的文件
KeepAlive off	设置是否允许保持连接，off 表示不允许
ServerAdmin	设置管理服务器的 Web 管理人员的地址
ServerName	设置服务器将返回的主机名

（续）

指令名	功能说明
DocumentRoot	设置文档目录树的绝对路径
UserDir	定义和本地用户的主目录相对的目录
DirectoryIndex	指明作为目录索引的文件名
TimeOut	设置超时时间，以秒为单位，默认 120s
MaxSpareServers	设置 Apache 的最大空闲进程数
StartServers	指明启动 Apache 时运行的进程数
MaxKeepAliveRequests	设置每个连接的最大请求数，默认为 100。设为 0 则没限制
KeepAliveTimeout	指定连续两次连接的间隔时间。默认为 15s
Listen	设置 Apache 的监听端口。默认在 TCP 80 端口监听客户端请求
BindAddress	设置 Apache 只监听特定的 IP 地址
LimitRequestBody	设置 HTTP 请求的消息主体的大小
MaxClients	设置 Apache 在同一时间的最大连接数

安装完成后打开 Apache 服务器的默认配置。

```
[root@localhost ~]#vim  /etc/httpd/conf/httpd.conf
ServerRoot "/etc/httpd"
Listen 80
User apache
Group apache
ServerAdmin root@localhost
<Directory />
    AllowOverride none
    Require all denied
</Directory>
DocumentRoot "/var/www/html"
<Directory "/var/www/html">
 Options Indexes FollowSymLinks
   AllowOverride None
   Require all granted
</Directory>
<IfModule dir_module>
    DirectoryIndex index.html
</IfModule>
<Files ".ht*">
    Require all denied
</Files>
AddDefaultCharset UTF-8
EnableSendfile on
```

1．全局环境配置

1）ServerRoot "/etc/httpd"：Apache 服务器的根目录，即服务器目录树的最顶端，是主配置文件和日志文件的存放位置。

2）Listen 80：设置服务器默认监听端口。

3）User apache：设置运行 Apache 服务器的执行者。

4）Group apache：设置运行 Apache 服务器的属组。

2. 主服务器配置

1）ServerAdmin：设置 Apache 服务器管理员的 E-mail 地址，当 Apache 有问题时会自动发 E-mail 通知管理员。默认的 E-mail 地址为 root@主机名，所以应正确设置此项。例如：ServerAdmin root@localhost。

2）ServerName：设置服务器所在的主机名称。若此服务器有域名，则需输入域名，否则填入服务器的 IP 地址。例如：ServerName www.example.com:80。

3）设置 apache 服务器根的访问权限。

```
<Directory />
   AllowOverride none
   Require all denied
</Directory>
```

- AllowOverride：指明 Apache 服务器是否去找.htaccess 文件作为配置文件，如果设置为 none 时，.htaccess 文件会被完全忽略，如果设置为 all，所有具有“.htaccess”作用域的指令都将出现在.htaccess 文件中。配置项及含义如表 13-2 所示。
- Require：用于设置访问控制。常见的配置项及含义如表 13-3 所示。

表 13-2　AllowOverride 配置项及含义

控制项	典型可用指令	含义
AuthConfig	Authname、Authtype、AuthUserFile	进行认证、授权的指令
FileInfo	DefaultType、ErrorDocument	控制文件处理方式指令
Limit	Allow、Deny、Order	进行目录访问控制的指令
All	允许全部指令	允许全部指令
None	禁止使用全部指令	禁止处理.htaccess 文件

表 13-3　Require 配置项及含义

典型可用指令	含义
Require all granted	允许所有来源
Require all denied	拒绝所有来源
Require user userid	允许特定用户
Require ip 地址	允许特定 IP 或 IP 段
Require host,net example.com	允许特定主机名或域名

4）DocumentRoot：设置 Apache 服务器放置网站的目录路径，可以根据需要灵活设置，默认目录为/var/www/html，如 DocumentRoot “/var/www/html”。

5）设置对目录/var/www 的访问控制。

```
<Directory "/var/www">
   AllowOverride None         //不允许使用其他配置文件
   Require all granted        //允许所有
</Directory>
```

6）设置根文档目录的访问权限。

```
<Directory "/var/www/html">
 Options Indexes FollowSymLinks
  AllowOverride None            //禁止读取.htaccess 配置文件的内容
```

```
    Require all granted           //允许所有链接
</Directory>
```

7）设置请求目录时 Apache 提供的文件。当访问某个网站时，URL 中并没有指定网页文件名，Apache 服务器会自动返回到这个目录下指定的网页文件。

```
<IfModule dir_module>
   DirectoryIndex index.html
</IfModule>
```

8）设置防止 Web 客户端查看以“.ht”开头的文件（.htaccess 和.htpasswd）。

```
<Files ".ht*">
   Require all denied
</Files>
```

9）设置错误日志文件的存放位置。

```
ErrorLog "logs/error_log"
```

10）控制记录到 error_log 的消息数，包含值有 debug、info、warn、error、alert、emerg。

```
LogLevel warn
```

11）定义与 CustomLog 指令一起使用的日志格式及其存放位置。

```
  <IfModule log_config_module>
LogFormat "%h %l %u %t \"%r\" %>s %b \"%{Referer}i\" \"%{User-Agent}i\""
combined
LogFormat "%h %l %u %t \"%r\" %>s %b" common
  <IfModule logio_module>
  LogFormat "%h %l %u %t \"%r\" %>s %b \"%{Referer}i\" \"%{User-Agent}i\"
%I % O" combinedio
  </IfModule>
  CustomLog "logs/access_log" combined
</IfModule>
```

12）定义网站重定向、别名和控制那些目录包含服务器脚本。

```
<IfModule alias_module>
  ScriptAlias /cgi-bin/ "/var/www/cgi-bin/"
</IfModule>
```

13）服务器脚本目录被释放所有权限。

```
<Directory "/var/www/cgi-bin">
   AllowOverride None
   Options None
   Require all granted
</Directory>
```

14）TypesConfig 指向包含从文件扩展名到 MIME 类型的映射列表的文件；AddType 是否允许为特定文件类型添加指定的文件。

```
<IfModule mime_module>
   TypesConfig /etc/mime.types
   AddType application/x-compress .Z
   AddType application/x-gzip .gz .tgz
   AddType text/html .shtml
   AddOutputFilter INCLUDES .shtml
```

```
</IfModule>
```

15）设定字符集 UTF-8。

```
AddDefaultCharset UTF-8
```

16）允许服务器使用来自文件本身内容的各种提示来确定其类型。

```
<IfModule mime_magic_module>
  MIMEMagicFile conf/magic
</IfModule>
```

17）控制 httpd 是否可以使用操作系统内核 sendfile 的支持来将文件发送到客户端，默认情况下，Apache 使用 sendfile 将文件直接发送到客户端，并不读取文件。

```
EnableSendfile on
```

18）指定额外功能的配置文件位置。

```
ncludeOptional conf.d/*.conf
```

【例 13-1】 使用 Apache 服务器的默认配置搭建具有基本功能的 Web 服务器。将一个网站（basicweb 文件夹）复制到网站主目录为默认的/var/www/html 下，假设 Apache 服务器的 IP 地址为 192.168.137.50。直接使用默认配置过程如下。

```
[root@localhost ~]# vim /var/www/html/basicweb/index.html
[root@localhost ~]# systemctl restart httpd      //重新启动服务器
[root@localhost ~]# systemctl stop firewalld     //临时关闭防火墙
[root@localhost ~]# setenforce 0    //临时关闭 SElinux 服务
```

编辑默认主页内容如图 13-3 所示。

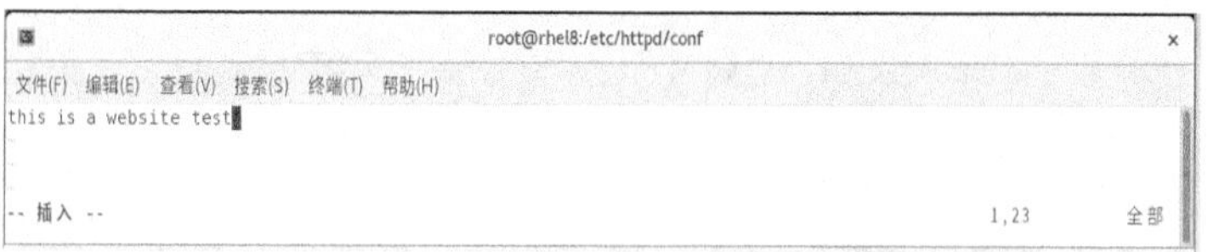

图 13-3　主页 index 文件内容

在浏览器地址栏输入 Web 服务器 IP 地址进行测试。如 httpd://192.168.137.50/basicweb，会出现如图 13-4 所示的效果。

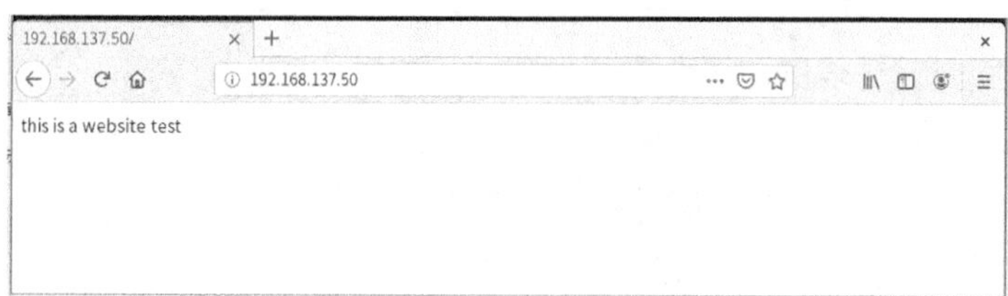

图 13-4　浏览器测试效果

13.3.2　建立用户个人 Web 站点

用户经常会见到网站为个人用户配置 Web 站点，从而使每个安装了 Apache 服务器的计算机且拥有有效用户账号的用户都能够架设自己单独的 Web 站点。

在 Apache 服务器扩展功能配置文件 userdir.conf 中，UserDir 指令的默认值是 public_html 即为每个用户各自目录中的网站目录。userdir.conf 文件默认路径为/etc/httpd/conf.d。

```
[root@localhost ~]#vim /etc/httpd/conf.d/userdir.conf
```

```
<IfModule mod_userdir.c>
  UserDir disabled                      //禁止个人用户使用自己的个人站点
  #UserDir public_html                  //禁用 public_html 目录
</IfModule>
<Directory "/home/*/public_html">      //设置每个用户 WEB 站点目录的访问权限
   AllowOverride FileInfo AuthConfig Limit Indexes
   Options MultiViews Indexes SymLinksIfOwnerMatch IncludesNoExec
   Require method GET POST OPTIONS
</Directory>
```

案例分解

1）修改配置文件 userdir.conf，如图 13-5 所示。

```
[root@localhost ~]#vim /etc/httpd/conf.d/userdir.conf
```

```
root@rhel8:/etc/httpd/conf.d
文件(F)  编辑(E)  查看(V)  搜索(S)  终端(T)  帮助(H)
# of 755, and documents contained therein must be world-readable.
# Otherwise, the client will only receive a "403 Forbidden" message.
#
<IfModule mod_userdir.c>
    #
    # UserDir is disabled by default since it can confirm the presence
    # of a username on the system (depending on home directory
    # permissions).
    #
     UserDir disabled root

    #
    # To enable requests to /~user/ to serve the user's public_html
    # directory, remove the "UserDir disabled" line above, and uncomment
    # the following line instead:
    #
    UserDir public_html
</IfModule>

#
# Control access to UserDir directories.  The following is an example
# for a site where these directories are restricted to read-only.
#
<Directory "/home/*/public_html">
    AllowOverride FileInfo AuthConfig Limit Indexes
    Options MultiViews Indexes SymLinksIfOwnerMatch IncludesNoExec
    Require method GET POST OPTIONS
</Directory>
-- 插入 --                                              35,13         底端
```

图 13-5　修改个人用户网页配置文件

2）建立个人站点，首先创建本地用户。

```
[root@localhost ~]# useradd test     //创建新用户
[root@localhost ~]# passwd test      //添加密码
```

3）修改自身目录权限，在目录下建立 public_html，并编辑主页文件。

```
[root@localhost ~]# chmod 755  /home/test
[root@localhost ~]# mkdir  /home/test/public_html
[root@localhost ~]# cd /home/test/public_html
[root@localhost ~]#vim index.html
```

编辑主页 index.html 文件，如图 13-6 所示。

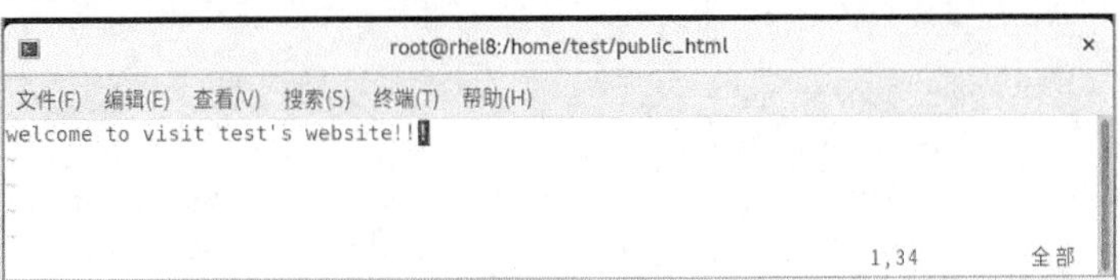

图 13-6　编辑个人主页文件

4）重启 httpd 服务。

```
[root@localhost ~]# systemctl restart httpd
```

5）临时关闭 SElinux 服务，否则会拒绝访问。

```
[root@localhost ~]# setenforce  0
```

测试站点，在能够联通服务器的机器上的浏览器地址栏输入“http://服务器 IP 地址/~用户名”，例如本案例测试输入\http://192.168.137.50/~test，运行结果如图 13-7 所示。

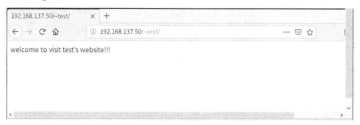

图 13-7　访问个人主页文件

13.3.3　主机访问控制

Apache 服务器使用< Require　All >容器或 Require 指令允许或禁止主机对指定目录的访问。

1）all：表示所有主机。

2）host：表示具体主机或域内所有主机。

3）ip：表示指定的 IP 地址或 IP 地址段。

4）user 或 group：表示指定的用户或用户组。

【例 13-2】 仅允许 IP 为 192.168.1.1 的主机访问，拒绝其他主机访问。

```
<Directory "/var/www/html">
 Options Indexes FollowSymLinks
   AllowOverride None              //禁止读取.htaccess 配置文件的内容
   Require ip 192.168.1.1              //允许 192.168.1.1 主机访问
</Directory>
```

【例 13-3】 仅允许 IP 为 192.168.1.1 的主机，以及主机名为 teacher 和 tute.edu.cn 域内的主机访问，拒绝其他主机访问。

```
<Directory "/var/www/html">
 Options Indexes FollowSymLinks
   AllowOverride None                  //禁止读取.htaccess 配置文件的内容
<Require All>
   Require ip 192.168.1.1              //允许 192.168.1.1 主机访问
   Require host teacher                //允许主机 teacher 访问
   Require ihost tute.edu.cn           //允许域内主机访问
</Require All>
</Directory>
```

【例 13-4】 拒绝所有主机访问。

```
<Directory "/var/www/html">
 Options Indexes FollowSymLinks
   AllowOverride None                  //禁止读取.htaccess 配置文件的内容
   Require all denied                  //拒绝所有主机访问
</Directory>
```

13.4　案例 2：Apache 虚拟服务器的应用

【案例目的】 掌握基于 IP 的虚拟主机的配置。

【案例内容】

配置基于 IP 地址的虚拟主机，实现同一个计算机能够配置多个 IP 地址并能进行多个站点目录的访问，要求如下。

1）识别计算机网卡，在同一台服务器上绑定多个 IP 地址，IP 地址为 192.168.137.100，192.168.137.200，对应的端口号为默认 80 端口。

2）建立网站目录为/www/html/vtlhost1，对应的域名为 vtlhost1.example.com。

3）建立网站目录为/www/html/vtlhost2，对应的域名为 vtlhost2.example.com。

【核心知识】 Apache 虚拟主机的配置过程。

13.4.1 基于域名的虚拟主机设置

虚拟主机是一个完整的 Web 站点，有自己的域名。但是虚拟主机可以在同一台计算机上作为多个 Web 站点的主机。用户在登录这些位于同一主机上的不同 Web 站点时，会感到自己登录的主机是不同的。

Apache 服务器可利用虚拟主机功能在一台服务器上设置多个 Web 站点。Apache 服务器支持两种类型的虚拟主机：基于 IP 地址的虚拟主机和基于域名的虚拟主机。

基于 IP 地址的虚拟主机使用同一 IP 地址的不同端口，或者是使用不同的 IP 地址。用户可以直接使用 IP 地址来访问此类虚拟主机。基于域名的各虚拟主机虽然使用同一 IP 地址，但是域名不同。由于目前通常使用域名来访问 Web 站点，因此基于域名的虚拟主机较为常见。

1. 一个 IP 地址映射一个虚拟主机

假设服务器的 IP 地址是 192.168.1.99，欲在该机器上建立域名为 www.example.com 的虚拟主机。用 Apache 很容易实现这个功能。在/etc/httpd/conf.d/目录中建立 virtualhost.conf 文件。

```
[root@localhost ~]#vim /etc/httpd/conf.d/virtualhost.conf
<Virtualhost 192.168.1.99:80>
  ServerAdmin webmaster@vhost1.example.com
  DocumentRoot "/www/docs/vhost1.example.com
  ServerName www.example.com
  ErrorLog "logs/vhost1.example.com-error_log"
  CustomLog "logs/vhost1.example.com-access_log"common
</virtualhost>
```

2. 一个 IP 地址对应多个域名

HTTP 1.1 协议中增加了对基于主机域名的虚拟主机的支持。这种方法的优点是占用资源少，管理方便。只要提供虚拟主机服务的机器上设置了一个 IP 地址，理论上就可以给无数多个虚拟域名提供服务。目前基本上都是使用这种方式来提供虚拟主机服务。

例如，有的公司注册两个域名，而这两个域名对应的 IP 地址以及 Web 页面都相同，在 Apache 的虚拟主机设置部分，将两个不同域名映射到同一个 IP 地址，而且 DocumentRoot 也配置相同即可。

修改上述代码中<VirtualHost*>和</VirtualHost>之间的内容，即可以实现将一个 IP 地址映射到多个虚拟主机上。

以下所示代码分别设置第一、第二个虚拟主机，因为 DocumentRoot 配置相同，两个域名对应 Web 页面也相同。

```
<Virtualhost 192.168.1.99:80>
  ServerAdmin webmaster@vhost1.example.com
  DocumentRoot "/web1
  ServerName  www.example.com
  ErrorLog "logs/vhost1.example.com-error_log"
```

```
  CustomLog "logs/vhost1.example.com-access_log"common
</Virtualhost>
<Virtualhost 192.168.1.99:80>
  ServerAdmin webmaster@vhost1.example.com
  DocumentRoot  /web1
  ServerName  vhost1.example.com
  ErrorLog "logs/vhost1.example.com-error_log"
  CustomLog "logs/vhost1.example.com-access_log"common
</Virtualhost>
```

需要在这里指出的是，本节所给的例子是在同一 IP 地址上配置两个不同的域名，这两个不同的域名 www.example.com 以及 vhost1.example.com 所对应的 Web 页面相同。正如前面给出的问题所展示的那样，mail 是 www 的别名。因而再配置 Apache 服务器虚拟主机时要使用相同的 DocumentRoot。当然同一 IP 地址可以对应不同域名的不同的目录，即 DocumentRoot 配置不同。

【例 13-5】 一个 Linux 主机的 IP 地址为 192.168.1.102，且该地址在 DNS 服务器下对应 vhost1.example.com 和 vhost2.example.com。具体配置要求如下。

1）设置 vhost1.example.com 访问 /var/www/web1。

2）设置 vhost2.example.com 访问 /web2。

配置过程如下。

1）修改 DNS 区域文件。

此项主要是查看是否已经对该域 example.com 配置了 DNS 服务器，是否在已经建立的区域数据库文件中添加了 vhost1.example.com 和 vhost2.example.com 的记录项。

```
[root@localhost named]# vim example.com.zone
    $TTL 1D
    @      IN       SOA @  rhel.example0.com.  root.rhel.example.com(
                         0   ; serial
                         1D  ; refresh
                         1H  ; retry
                         1W  ; expire
                         3H )    ; minimum
           NS            @
           A             127.0.0.1
           AAAA          ::1
    vhost1    A          192.168.1.102
    vhost2    A          192.168.1.102
```

2）在/etc/httpd/conf.d 目录中创建虚拟主机配置文件。

```
[root@localhost ~]#vim /etc/httpd/conf.d/virtualhost.conf
<VirtualHost  192.168.1.102:80>
   ServerName vhost1.example.com
   DocumentRoot  /var/www/html
</VirtualHost>
<VirtualHost 192.168.1.102:80>
   ServerName  vhost2.example.com
   DocumentRoot  /web2
</VirtualHost>
```

3）建立两个虚拟主机的文档目录及相应的网页文件。

```
[root@localhost ~]#mkdir  /var/www/html
[root@localhost ~]#mkdir  /web2
[root@localhost ~]#vim /var/www/html/index.html
```

```
  Welcome to first Website!!!
[root@localhost ~]#vim /web2/index.html
  Welcome to second Website!!!
```

4）启动 Apache 服务器。

```
[root@localhost ~]#systemctl restart httpd
```

5）临时关闭 SElinux 服务。

```
[root@localhost ~]#setenforce 0
```

6）测试。

在 Web 浏览器地址栏内输入相应的虚拟主机的域名，即可看到对应的页面。

13.4.2　基于 IP 地址的虚拟主机设置

在 Linux 中，配置基于 IP 地址的虚拟主机时，需要在同一台服务器上绑定多个 IP 地址。配置服务器时，为每一台虚拟主机指定一个 IP 地址和端口号，并采用在同一网卡上绑定多个 IP 地址的方案进行虚拟主机的配置。

为一块网卡绑定一个 IP 地址使用 nmcli 命令，运行结果如图 13-8 所示。

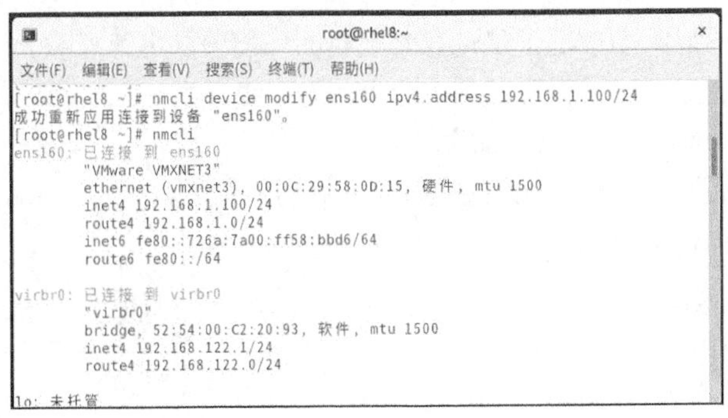

图 13-8　nmcli 绑定网卡运行结果

```
[root@localhost ~]#nmcli device modify ens160 ipv4.address 192.168.1.100/24
```

为一块网卡绑定多个 IP 地址使用 nmcli 命令：

```
[root@localhost ~]#nmcli connection up  ens160  //激活网卡
[root@localhost~]#nmcli device modify ens160 +ipv4.address 192.168.1.10/24 ipv4.method manual       //手动方法为网卡 ens160 添加第一个 IP 地址
[root@localhost~]#nmcli device modify ens160 +ipv4.address 192.168.1.20/24 ipv4.method manual       //手动方法为网卡 ens160 添加第二个 IP 地址
```

在 Linux 中，curl 是一个利用 URL 规则在命令行下工作的文件传输工具，可以说它是一款很强大的 http 命令行工具。curl 支持文件的上传和下载，是综合传输工具，但按传统，习惯称其为下载工具。

语法格式：

```
curl [参数] [url]
```

参数选项及说明如下。

-A/--user-agent <string>	设置用户代理发送给服务器
-b/--cookie <name=string/file>	cookie 字符串或文件读取位置
-c/--cookie-jar <file>	操作结束后把 cookie 写入到这个文件中

-C/--continue-at <offset>	断点续转
-D/--dump-header <file>	把 header 信息写入到该文件中
-e/--referer	来源网址
-f/--fail	连接失败时不显示 http 错误
-o/--output	把输出写到该文件中
-O/--remote-name	把输出写到该文件中，保留远程文件的文件名
-r/--range <range>	检索来自 HTTP/1.1 或 FTP 服务器字节范围
-s/--silent	静音模式，不输出任何东西
-T/--upload-file <file>	上传文件
-u/--user <user[:password]>	设置服务器的用户和密码
-w/--write-out [format]	定义请求完成时要显示的信息
-x/--proxy <host[:port]>	在给定的端口上使用 HTTP 代理
-#/--progress-bar	进度条显示当前的传送状态

【例 13-6】 显示网站中主页的内容。

```
[root@localhost ~]#curl http://www.Linux.com
```

由于安装 Linux 的时候很多情况下是没有安装桌面环境的，也就意味着没有浏览器，因此这个方法也经常用于测试一台服务器是否可以到达一个网站。

【例 13-7】 使用 Linux 的重定向功能保存访问的网页。

```
[root@localhost ~]# curl http://www.linux.com >> linux.html
```

【例 13-8】 使用 curl 的内置 option:-o(小写)保存网页。

```
[root@localhost ~]# curl -o linux.html http://www.linux.com
```

案例解析

1）查看网卡信息，并添加网卡。

```
[root@localhost ~]#ifconfig 或 nmcli  //查看网卡信息，以识别网卡名
[root@localhost ~]#nmcli connection up  ens160
[root@localhost ~]#nmcli device modify ens160 +ipv4.address 192.168.137.
100/24 ipv4.method manual
[root@localhost ~]#nmcli device modify ens160 +ipv4.address 192.168.137.
200/24 ipv4.method manual
```

2）建立两个虚拟主机的文档目录及相应的网页文件内容。

```
[root@localhost ~]#mkdir  -p  /www/html/vtlhost1
[root@localhost ~]#mkdir  -p  /www/html/vtlhost2
[root@localhost ~]#vim  /www/html/vtlhost1/index.html
 Welcom to visit first website!
[root@localhost ~]#vim  /www/html/vtlhost2/index.html
 This is the second website!
```

3）在/etc/httpd/conf.d 目录下创建虚拟主机配置文件。

```
[root@localhost ~]#vim /etc/httpd/conf.d/vtlhost.conf
<VirtualHost  192.168.137.100:80>
     ServerName vhost1.example.com
    DocumentRoot  /www/html/vtlhost1
    <Directory  " /www/html/vtlhost1">
      Option FollowSymLinks
```

```
        Allowoverride None
        Require all granted
      </Directory>
    ErrorLog "logs/vhost1.example.com-error_log"
    CustomLog "logs/vhost1.example.com-access_log"common
  </VirtualHost>
  <VirtualHost 192.168.137.200:80>
      ServerName  vhost2.example.com
      DocumentRoot  /www/html/vtlhost2
      <Directory  " /www/html/vtlhost2">
        Option FollowSymLinks
        Allowoverride None
        Require all granted
      </Directory>
  ErrorLog "logs/vhost2.example.com-error_log"
  CustomLog "logs/vhost2.example.com-access_log"common
  </VirtualHost>
```

4）重新启动 Apache 服务器。

```
[root@localhost ~]#systemctl restart httpd
```

5）临时关闭 SElinux 服务。

```
[root@localhost ~]#setenforce 0
```

6）测试。

打开浏览器，在地址栏中输入“http://192.168.137.100”和“http://192.168.137.200”即可看到各自主页的内容，也可以使用 curl 命令查看。

```
[root@localhost vtlhost1]# curl http://192.168.137.100
Welcome to visit first Website!
[root@localhost vtlhost1]# curl http://192.168.137.200
This is the second Website!
```

运行结果如图 13-9 所示。

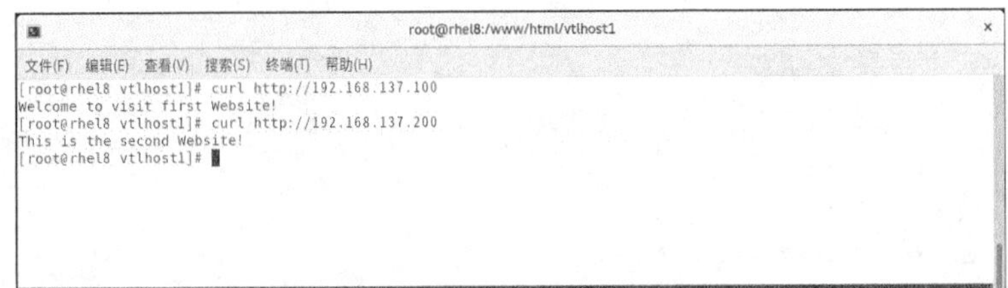

图 13-9　运行结果

13.4.3　基于端口的虚拟主机设置

在同一主机上同一 IP 地址的不同端口伺服多个域名。借助在“VirtualHost”标签中定义端口，每个端口可以对应虚拟主机。

例如：一个 Linux 主机的 IP 地址为 192.168.137.200，用户可以在不同的端口访问不同的服务页面，在 8000 端口访问/var/www/html/web1 下的页面，在 8080 端口访问/var/www/html/web2 下的页面。

要求：

1）Apache 上设置 192.168.137.200:8000，访问/var/www/html/web1/index.html。

2）Apache 上设置 192.168.137.200:8080，访问/var/www/html/web2/index.html。

☞**注意：**

此时两个端口对应的不同端口的不同页面，所以在编辑页面内容时要做到内容有所区别，以验证基于端口的虚拟主机配置的正确性。

虚拟主机配置步骤如下。

1）创建两个目录/var/www/html/web1, /var/www/html/web2。

```
[root@localhost ~]#mkdir  -p  /var/www/html/web1
[root@localhost ~]#mkdir  -p  /var/www/html/web2
[root@localhost ~]#vim  /var/www/html/web1/index.html
[root@localhost ~]#vim  /var/www/html/web2/index.html
```

编辑第一虚拟主机对应主页如图 13-10 所示。

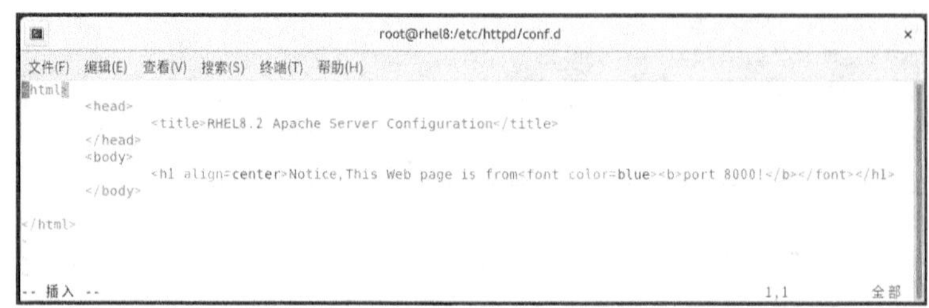

图 13-10　编辑第一虚拟主机对应主页

编辑第二虚拟主机对应主页如图 13-11 所示。

图 13-11　编辑第二虚拟主机对应主页

2）编辑 apache 主配置文件。

```
[root@localhost ~]#vim  /etc/httpd/conf/httpd.conf
//修改“listen 8000”
      listen 8080
  DocumentRoot "/var/www/html"
```

3）修改虚拟主机配置文件。

```
 [root@localhost ~1]# vim /etc/httpd/conf.d/vhost.conf
<VirtualHost  192.168.137.200: 8000>
 ServerName 192.168.0.102: 8000
 DocumentRoot  /var/www/html/web1
</VirtualHost>
<VirtualHost  192.168.137.200: 8080>
 ServerName 192.168.137.200: 8080
 DocumentRoot  /var/www/html/web2
</VirtualHost>
```

4）重启 httpd 进程。

```
Service httpd start/restart
```

5）测试。

在浏览器的地址栏中输入“http:// 192.168.137.100:8000”，显示结果如图 13-12 所示。

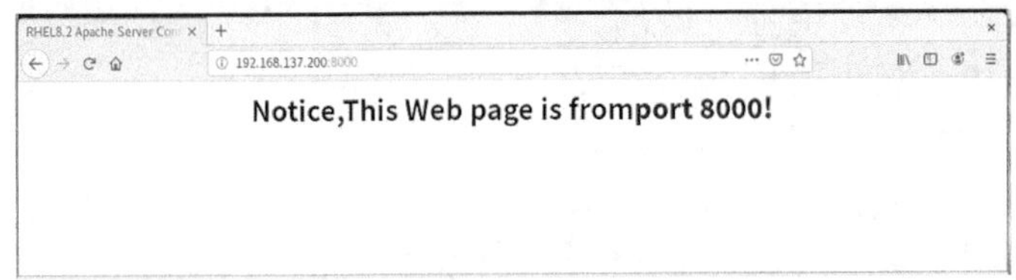

图 13-12　测试端口 8000 界面

在浏览器的地址栏中输入“http:// 192.168.137.200:8080”，显示结果如图 13-13 所示。

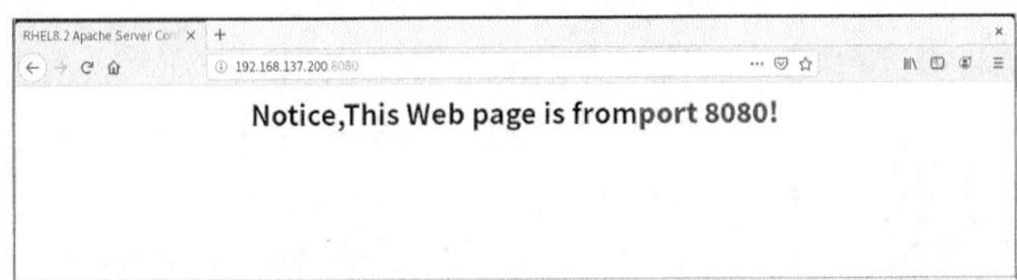

图 13-13　测试端口 8080 界面

13.5　上机实训

17

1．实训目的

熟练掌握 Linux 下 Apache 服务器的配置和应用。

2．实训内容

（1）利用 Apache 服务器建立个人 Web 站点

建立一个个人 Web 站点；个人用户名为 ahxh，个人站存在主目录，与 httpd.conf 配置文件中的一致；建立个人 Web 站点文件 index.html，文件的内容自定义；进行一定的设置，在 Linux 中利用浏览器输入“http://ip/~ahxh”能够访问该站点的内容。IP 地址为 192.168.1.100。

（2）建立基于 IP 地址的虚拟主机

实现同一个计算机能够配置多个 IP 地址并能进行多个站点目录的访问，要求如下。

18

① 识别计算机网卡，在同一台服务器上绑定多个 IP 地址，IP 地址为 192.168.1.10，192.168.1.20，对应的端口号为默认 80 端口。

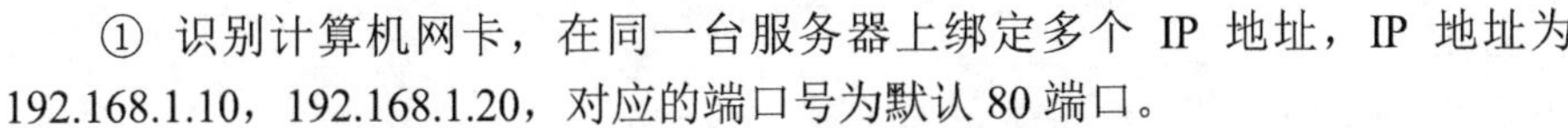

② 建立网站目录为/www/html/vtlhostA，对应的域名为 vtlhostA.example.com。

③ 建立网站目录为/www/html/vtlhostB，对应的域名为 vtlhostB.example.com。

3．实训总结

通过本次实训，用户能够掌握在 Linux 上的 Apache 服务器的配置。

13.6　课后习题

一、选择题

1．Apache 的守护进程是（　　）。

A．www　　B．httpd　　C．web　　D．apache

2．浏览器与 Web 服务器之间通信采用的协议为（　　）。

A．FTP　　B．HTTP　　C．SMTP　　D．Telnet

3．下列说法错误的是（　　）。

A．Apache 可以实现模块动态加载

B．Apache 的核心模块是不可以卸载的

C．实现用户主页的模块是 mod_userdir.so

D．Apache 核心配置文件是 www.confd

4．在默认的安装中，Apache 把自己的配置文件放在（　　）目录中。

A．/etc/httpd/　　B．/etc/httpd/conf/

C．/etc/　　D．/etc/apache/

5．Apache 配置文件中用来定义网站文件所在目录的选项是（　　）。

A．Directory　　B．DocumentRoot

C．ServerRoot　　D．DirectoryRoot

6．userdir.conf 文件中的"UserDir public_html"语句的意义是（　　）。

A．指定用户的网页目录　　B．指定用户保存网页目录

C．指定用户的主目录　　D．指定用户下载文件的目录

7．Apache 配置文件中的部分内容如下，将会发生什么情况？（　　）

```
<Directory  /www/web>
   Order allow,deny
   Allow from all
   Deny from 192.168.1.10
</Directory>
```

A．只有 IP 地址为 192.168.1.10 的主机能访问/www/web 目录

B．只有 IP 地址为 192.168.1.10 的主机不能访问/www/web 目录

C．只有 IP 地址为 192.168.1.10 的主机能访问整个目录

D．只有 IP 地址为 192.168.1.10 的主机不能访问整个目录

8．Apache 配置文件中的部分内容如下，将会发生什么情况？（　　）

```
<Directory  /www/web>
    Order deny, allow
    Allow from all
    Deny from 192.168.1.10
  </Directory>
```

A．IP 地址为 192.168.1.10 的主机能访问/www/web 目录

B．IP 地址为 192.168.1.10 的主机不能访问/www/web 目录

C．IP 地址为 192.168.1.10 的主机能访问整个目录

D．IP 地址为 192.168.1.10 的主机不能访问整个目录

9．以下文件中属于 Apache 基本配置文件的是（　　）。

A．http.conf　　B．apache.conf　　C．mime.conf　　D．srm.conf

10．启动 Apache 的命令是（　　）。

A．systemctl start apache　　B．service http start

C．systemctl start httpd　　D．systemctl reload apache

二．问答题

1．简述启动和关闭 Apache 服务器的方法。

2．简述 Apache 可架设几种类型的虚拟主机？各有什么特点？

第 14 章　Linux 下的编程

C 语言是 1972 年由美国贝尔实验室的 Dennis Ritchie 设计发明的，并首次在 UNIX 操作系统的 DEC PDP-11 计算机上使用。C 语言发展非常迅速，而且成为最受欢迎的编程语言之一，主要是因为其具有强大的功能。许多著名软件，如 DBASE III PLUS、DBASE 以及本书介绍的 Linux 操作系统都是 C 语言编写的。

14.1　案例 1：Linux 下的 C/C++编译器

【案例目的】掌握 Linux 下 C/C++编译器的使用方法。

【案例内容】

1）编写简单的 C 程序，并用 Linux 下的 GCC 编译器编译。

2）编写简单的 C++程序，并用 Linux 下的 g++编译器编译。

【核心知识】Linux 下 C/C++编译器的使用。

14.1.1　GCC 概述

GCC（GNU C Compiler）是 GNU 推出的功能强大、性能优越的多平台编译器，是 GNU 的代表作品之一。GCC 是可以在多种硬件平台上编译出可执行程序的超级编辑器，其执行效率与一般编译器相比平均要高出 20%~30%。GCC 编译器能将 C、C++语言源程序、汇编程序和目标程序编译、链接成可执行文件，如果没有给出可执行文件的名字，GCC 将生成一个名为 a.out 的文件。在 Linux 系统中，可执行文件没有统一的扩展名，系统从文件属性来区分可执行文件和不可执行文件。而 GCC 则通过扩展名来区别输入文件的类别，下面来介绍 GCC 所遵循的部分约定规则。

- 以 .c 为扩展名的文件，是 C 语言源代码文件。
- 以 .a 为扩展名的文件，是由目标文件构成的档案库文件。
- 以 .C、.cc 或.cxx 为扩展名的文件，是 C++源代码文件。
- 以 .h 为扩展名的文件，是程序所包含的头文件。
- 以 .i 为扩展名的文件，是已经预处理的 C 源代码文件。
- 以 .ii 为扩展名的文件，是已经预处理的 C++源代码文件。
- 以 .m 为扩展名的文件，是 Objective-C 源代码文件。
- 以 .o 为扩展名的文件，是编译后的目标文件。
- 以 .s 为扩展名的文件，是汇编语言源代码文件。
- 以 .S 为扩展名的文件，是经过预编译的汇编语言源代码文件。

本节所介绍的 GCC 软件在系统安装时已经自带了，因为即使是操作系统自身的编译，也须要通过该编译器来实现。

GCC 在执行编译工作的时候，总共需要如下 4 个步骤。

1）预处理（Preprocessing，也称预编译）：生成.i 文件（预处理器 cpp）。

2）汇编（Assembly）：将预处理后的文件转换成汇编语言，生成.s 文件（编译器 egcs）。

3）编译（Compilation）：由汇编变为目标代码，生成.o 文件（汇编器 as）。

4）链接（Linking）：链接目标代码，生成可执行程序（链接器 ld）。

命令 gcc 首先调用 cpp 进行预处理，在预处理过程中，对源代码文件中的文件包含（include）、预编译语句（如宏定义 define 等）进行分析。接着调用 cc1 进行编译，这个阶段根据输入文件生成以.o 为扩展名的目标文件。汇编过程是针对汇编语言的步骤，调用 as 进行工作，一般来讲，以.S 为扩展名的汇编语言源代码文件和以.s 为扩展名的汇编语言文件经过预编译和汇编之后都会生成以.o 为扩展名的目标文件。当所有的目标文件都生成之后，gcc 就调用 ld 来完成最后的关键性工作，这个阶段就是链接。在链接阶段，所有的目标文件被安排在可执行程序中的恰当位置，同时，该程序所调用到的库函数也会从各自所在的档案库中链接到合适的地方。

1. GCC 使用

GCC 命令格式：

```
gcc [options] [filenames]
```

部分选项说明如下。

- -x language filename：设定文件使用的语言，使扩展名无效。例如：

```
[root@localhost~]gcc -x c hello.cd  //指定文件所使用的语言为C，虽然其扩展名为 .cd
```

- -x none filename: 让 GCC 根据文件扩展名自动识别文件类型。例如：

```
[root@localhost~]gcc -x c hello.cd  -x none test.c  //将根据 test.c 的扩展名
                                        //来识别文件，而指定 hello.cd 的文件类型为 C 文件
```

- -c：只激活预处理、编译和汇编，也就是只把程序编译成 obj 文件（目标文件）。例如：

```
[root@localhost ~ ] #gcc -c hello.c  //生成 .o 的 obj 文件：hello.o
```

- -S：只激活预处理和编译，也就是指把文件编译成汇编代码。例如：

```
[root@localhost ~ ] #gcc -S hello.c
//生成 .s  的汇编代码，可以使用文本编辑器进行查看
```

- -E：只激活预处理而不生成文件，要把它重定向到一个输出文件里。例如:

```
[root@localhost ~ ] #gcc -E hello.c >check.txt
```

- -o：制定目标名称，默认的时候，GCC 编译出来的文件名是 a.out，很难对其进行区分。例如：

```
[root@localhost ~ ] #gcc -o hello hello.c
[root@localhost ~ ] #gcc -o hello.asm -S hello.c
```

- -pipe：使用管道代替编译中的临时文件。例如：

```
[root@localhost ~ ] #gcc -pipe -o hello.exe hello.c
```

- -include file：包含某个文件，简单来说，就是当某一个文件需要另一个文件的时候，就可以用该选项进行设定，功能就相当于在代码中使用“#include<filename>”。例如：

```
[root@localhost ~ ] #gcc hello.c - include /root/pic.h
//编译 hello.c 文件时包含根目录下的 pic.h 头文件
```

GCC 编译器有编译选项、优化选项以及调试和剖析等选项，要获得有关选项的完整列表和说明，可以查阅 GCC 的联机手册或 CD-ROM 上的信息文件。联机手册的查阅命令为 man gcc。

2. C 程序、传统 C++常用的头文件

C 程序、传统 C++常用的头文件如下。

```
#include <assert.h>                  //设定插入点
#include <ctype.h>                   //字符处理
#include <errno.h>                   //定义错误码
#include <float.h>                   //浮点数处理
```

```
#include <fstream.h>          //文件输入/输出
#include <iomanip.h>          //参数化输入/输出
#include <iostream.h>         //数据流输入/输出
#include <limits.h>           //定义各种数据类型最值常量
#include <locale.h>           //定义本地化函数
#include <math.h>             //定义数学函数
#include <stdio.h>            //定义输入/输出函数
#include <stdlib.h>           //定义杂项函数及内存分配函数
#include <string.h>           //字符串处理
#include <strstrea.h>         //基于数组的输入/输出
#include <time.h>             //定义关于时间的函数
#include <wchar.h>            //宽字符处理及输入/输出
#include <wctype.h>           //宽字符分类
```

案例分解 1

1）编写简单的 C 程序，并用 Linux 下的 GCC 编译器编译。

① 用 Vim 编译器编辑程序如下：

```
[root@localhost ~ ] vim hello.c
 #include <stdio.h>
 int main( )
 {
   printf ("Hello world, Linux programming!\n");
   return 0; }
```

② 然后执行下面的命令来编译和运行这段程序，目标程序名为 hello。

```
[root@localhost ~ ] # gcc hello.c -o hello
[root@localhost ~ ] # ./hello
   Hello world, Linux programming!
```

14.1.2 g++和 GCC 的区别

GCC 和 g++分别是 GNU 的 C 和 C++的编译器。g++在执行编译工作的时候，需要执行和 GCC 相同的 4 个步骤。

1）预处理：生成.i 的文件（预处理器 cpp）。

2）汇编：将预处理后的文件转换成汇编语言，生成文件.s（编译器 egcs）。

3）编译：由汇编变为目标代码（机器代码）生成.o 的文件（汇编器 as）。

4）链接：链接目标代码，生成可执行程序（链接器 ld）。

g++ 和 GCC 都可以编译 C 和 C++代码，但是它们的区别如下。

1）扩展名为.c 的情况，GCC 把它当作是 C 程序，而 g++当作是 C++程序；扩展名为.cpp 的，两者都会认为是 C++程序，虽然 C++是 C 的超集，但是两者对语法的要求是有区别的。C++的语法规则更加严谨一些。

2）编译阶段，g++会调用 GCC，对于 C++代码，两者是等价的，但是因为 GCC 命令不能自动和 C++程序使用的库链接，所以通常用 g++来完成链接。为了统一起见，干脆编译/链接统一用 g++了，这就给人一种错觉，好像 cpp 程序只能用 g++编译似的。

3）对于__cplusplus 宏，实际上，这个宏只是标志着编译器将会把代码按 C 还是 C++语法来解释，如果扩展名为.c，并且采用 GCC 编译器，则该宏就是未定义的，否则，就是已定义。

4）编译可以用 GCC 或 g++，而链接可以用 g++或者 GCC -lstdc++。因为 GCC 命令不能自动和

C++程序使用的库链接，所以通常使用 g++来完成链接。但在编译阶段，g++会自动调用 GCC，二者等价。

案例分解 2

2）编写简单的 C++程序，并用 Linux 下的 g++编译器编译。

① 用 Vim 编辑器编辑程序 test1.cc 内容如下。

```
[root@localhost ~ ] vim test1.cc
 #include <iostream>
 using namespace std;
 int main(  ){
   cout<<" this is a c++ test"<<endl;
   return 0;}
```

② 然后执行下面的命令来编译和运行这段程序，目标程序名为 test1。

```
[root@localhost ~ ] # g++  -o  test1  test1.cc
[root@localhost ~ ] # ./test1
this is a c++ test
```

14.2　案例 2：Linux 下的 Python 编程

【案例目的】掌握 Linux 下 Python 编程的方法。

【案例内容】

1）编写简单的 Python 程序，利用 while 循环实现 1 到任意数的和。

2）读写文本文件。

【核心知识】Linux 下 Python 编程的相关知识。

14.2.1　Python 简介

Python 是一种跨多种操作系统平台、面向对象的解释型交互式计算机程序设计语言。它基于最新 GPL 协议，属于开源自由软件，是目前比较流行的编程语言之一。在 1989 年，python 语言由荷兰人 Guido van Rossum 发明，并在 1991 年首次公开发行。

Python 的设计具有很强的可读性，它具有比其他语言更有特色的语法结构。广泛应用于网络编程、科学计算、图形处理、机器学习、多媒体应用、数据处理、系统运维和游戏开发等领域。

14.2.2　Python 特点

1）易于学习：Python 关键字少、结构简单、语法定义明确，学习起来更加简单。

2）易于阅读：Python 代码的定义更清晰。

3）易于维护：Python 的成功在于它的源代码是相当容易维护的。

4）一个广泛的标准库：Python 的优势之一是具有丰富的库，跨平台和兼容性很好。

5）支持互动模式：用户可以从终端输入执行代码并获得结果，互动地测试和调试代码。

6）可移植：基于其开放源代码的特性，Python 已经被移植到许多平台。

7）可扩展：可以使用 C 或 C++完成部分程序，然后从 Python 程序中调用。

8）数据库：Python 提供所有主要的商业数据库的接口。

9）GUI 编程：Python 支持图形用户界面（GUI），可以创建和移植到许多系统调用。

10）可嵌入: 可以将 Python 嵌入到 C/C++程序，让用户获得“脚本化”的能力。

11）动态类型语言：变量不需要提前声明而是在赋值时根据所赋的值自动确定类型，且变量类型随着所赋值类型的变化而变化。

14.2.3　Python 的安装

1. 本地安装

在进行 Python 编程之前，首先要验证是否已经安装了 Python 组件命令如下。

```
[root@localhost ~]# rpm -qa|grep python3
 python3-pysocks-1.6.8-3.el8.noarch
 python3-setuptools-39.2.0-5.el8.noarch
```

以上命令执行结果表明系统已安装了 Python。如果未安装，可使用 dnf 命令进行安装（yum 源配置参见 6.3.2 节）

```
[root@localhost ~]#dnf -y install python3   //安装 Python
```

2. 下载安装

下面介绍在 Linux 平台上安装 Python 的简单步骤。

1）打开 Web 浏览器访问https://www.python.org/downloads/source/，单击 Python-3.9.3. tar.xz 版本的链接，将 Python 下载到本地硬盘。

2）执行命令“xz -d python-3.9.3.tar.xz”，对文件 python-3.9.3.tar.xz 进行解压，得到包文件 python-3.9.3.tar。

3）执行命令“tar -xvf python-3.9.3.tar”，对包文件进行解包产生目录 python-3.9.3。

4）进入目录 python-3.9.3，执行“. /configure --prefix=/usr/share/python-3.9”，生成 Makefile 文件，其中/usr/share/python-3.9 为安装目录。

5）执行命令 make，编译源文件。

6）执行命令 make install，将编译好的文件复制到相应的目录中。

例如，输出 50~100 之间的偶数。

```
#代码 14-1 for01.py          //  程序名称，#代表注释
#!/usr/bin/env python3       // 去环境设置寻找 python3 目录
for x in range(50,101,2):    // 在 50~100 之间循环，步长为 2
print('x=%d' % x)            // 输出 x
```

例如，输出 1~100 之间的和。

```
#代码 14-1 for02.py          //  程序名称，#代表注释
#!/usr/bin/env python3       // 去环境设置寻找 python3 目录
sum = 0
for x in range(1,101):
sum = sum + x
print('sum-%d' % sum)
```

运行程序。

```
[root@localhost python3]# python3 for02.py
sum-5050
```

案例分解

1）编写简单的 Python 程序，利用 while 循环实现 1 到任意数的和。

```
#while01.py
#!/usr/bin/env python3
```

```
sum = 0                          // 定义变量存放累加和
x=0
score=int(input(' Please enter your score '))        //输入值
while x <=score:                 //while 循环
sum = sum + x                    //求和
x=x+1
print('The total sum is %d' % sum)                   //输出结果
```

2）执行下面的命令运行程序。

```
[root@localhost python3]# python3 while01.py
Please enter your score 100
The total sum is 5050
```

3）读写文本文件，用 Vim 编辑器编写文件。

```
#file04.py
#!/usr/bin/env python3
#utf-8                                    //默认编码
f=open('test1.dat','w')                   //以写方式打开文件
for x in ['aa','bb',123,True,'cc']:       // 循环依次读入内容
    if type(x)==str:                      //如果是字符，则写到文件中
        f.write(x)
f.close()                                 //关闭文件
f=open('test1.dat','r')                   //以只读方式打开文件
xx=f.read()                               //读文件
print('xx= ', xx)                         //输出
f.close()
```

4）执行下面的命令运行程序。

首先，在当前目录下新建空文件 test1.dat，然后执行命令。

```
[root@localhost python3]# python3  file04.py
xx=  aabbcc
```

14.3　案例 3：Linux 下的 shell 编程

【案例目的】 掌握 Linux 下的函数调用方法，掌握 shell 编程中的控制结构。

【案例内容】

1）编写简单的 shell 程序，显示当前的日期和时间。

2）通过函数调用的方法实现上述功能。

3）用循环语句编写 1~100 累计求和程序。

4）从键盘输入 n，编写 1~n 累计求和程序。

【核心知识】 Linux 下函数调用的方法及 shell 编程的控制结构。

14.3.1　什么是 shell

1．shell 的概念

shell 是核心程序之外的指令解释器，它是一个程序，同时也是一种命令语言和程序设计语言。作为命令语言，它可以交互式地解析、执行用户输入的命令；作为程序设计语言，它定义了各种变量和参数，并且提供了许多只有在高级程序设计语言中才能使用的程序控制结构。它虽然不是 Linux 操作系统的核心部分，但可以调用系统核心中的大部分功能来执行程序、建立文件，并以并行的方

式来协调各个程序的运行。

2．shell 的类型

一般来说，shell 可以分成两类。第一类是由 Bourne shell 衍生出来的，包括 Bourne shell（sh）、Korn shell（ksh）、Bourne Again shell（bash）与 zsh。第二类是由 C shell 衍生出来的，包括 C shell（csh）与 tcsh。

其中最常用的是 sh、csh 和 ksh。大多数 Linux 发行版本默认的 shell 是 Bourne Again shell(bash)，它是 Bourne shell 的扩展，简称 bash，与 Bourne shell 完全向后兼容，并且在 Bourne shell 的基础上增加了很多特性。

shell 类型保存在/etc/shells 目录下，使用命令“cat /etc/shells”可以查到系统中有哪些命令解释器，如图 14-1 所示。

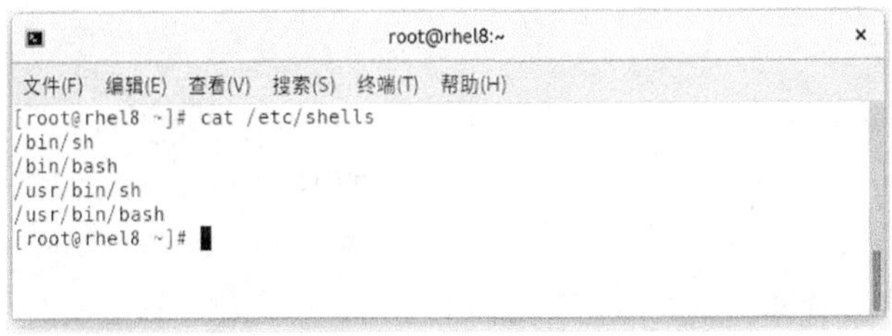

图 14-1　RHEL 8 下的 shell 类型

下面介绍常用的 shell。

（1）ash

ash 是由 Kenneth Almquist 编写的，是 Linux 中占用系统资源最少的一个小 shell，它只包含 24 个内部命令，因而使用起来很不方便。

（2）bash

bash 是 Linux 系统默认使用的 shell，它由 Brian Fox 和 Chet Ramey 共同完成，是 Bourne Again shell 的缩写，内部命令一共有 40 个。Linux 使用它作为默认的 shell。

（3）ksh

ksh 是 Korn shell 的缩写，由 Eric Gisin 编写，共有 42 条内部命令。该 shell 最大的优点是几乎和商业发行版的 ksh 完全兼容，这样就可以在不用花钱购买商业版本的情况下尝试商业版本的性能了。

（4）csh

csh 是 Linux 比较大的 shell，它由以 William Joy 为代表的共计 47 位作者编写，共有 52 个内部命令。该 shell 其实是指向/bin/tcsh 这样的一个 shell，也就是说，csh 其实就是 tcsh。

（5）zch

zch 是 Linux 最大的 shell 之一，由 Paul Falstad 完成，共有 84 个内部命令。如果只是一般的用途，是没有必要安装这样的 shell 的。

通过“echo $SHELL”可获得当前运行的 shell，如图 14-2 所示。

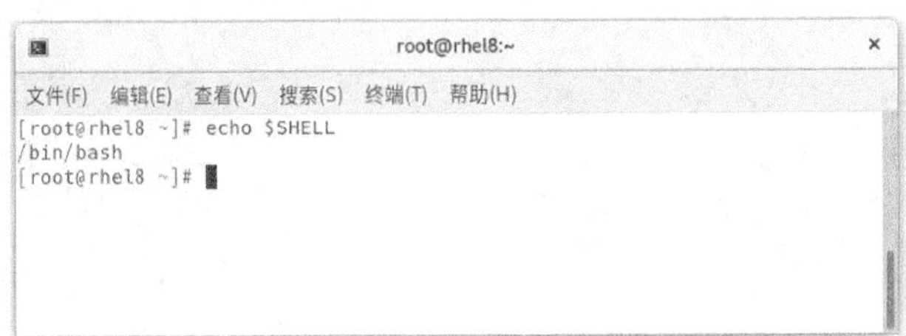

图 14-2　当前运行的 shell

所有的程序都在 shell 中运行，shell 中可以运行子 shell，如在 bash 中运行 csh 命令如下。

```
[root@localhost ~] # /bin/csh          //在 shell 中运行 csh
[root@localhost ~] # exit              //退出 csh，返回调用前的 shell
```

在 bash 中运行及退出 sh 命令如图 14-3 所示。

```
root@rhel8:~
文件(F) 编辑(E) 查看(V) 搜索(S) 终端(T) 帮助(H)
[root@rhel8 ~]# /bin/sh
sh-4.4# ls
公共  视频  文档  音乐  anaconda-ks.cfg
模板  图片  下载  桌面  initial-setup-ks.cfg
sh-4.4# pwd
/root
sh-4.4# exit
exit
[root@rhel8 ~]#
```

图 14-3　运行子 shell 过程

3．shell 的特点

bash 是 Linux 默认的 shell，bash 放在/bin/bash 中，可以提供如命令补全、命令编辑和命令历史表等功能。它还包含了很多 C shell 和 Korn shell 中的优点，有灵活和强大的编程接口，同时又有很友好的用户界面。Linux 系统的 200 多个命令中有 40 个是 bash 的内部命令，主要包括 exit、less、lp、kill、cd、pwd、fc、fg 等。

1）利用上下方向键可以快速使用已经用过的命令。

2）利用〈Tab〉键补全命令或者查找有关命令（以指定字符串或者字符开头的命令列表）。

3）包含了自带的帮助功能，用户只要在提示符下面输入“help”就可以得到相关的帮助：

```
# help
```

14.3.2　shell 脚本介绍

shell 脚本在处理自动循环或大的任务方面可节省大量的时间，且功能强大。对于不同的 UNIX 和 Linux，使用同一段 shell 脚本将需要一些小小的改动才能运行通过。

脚本不是复杂的程序，它是按行解释的。脚本第一行总是以“#！/bin/sh”开始，这段脚本通知 shell 使用系统上的 Bourne shell 解释器。任何脚本都可能有注释，加注释需要此行的第一个字符为“#”，解释器对此行不予解释。在第二行注释中写入脚本名是一个好习惯。脚本从上到下执行，运行脚本前需要增加其执行权限。确保正确建立脚本路径，这样只用文件名就可以运行它了。

例如：编写一个脚本程序，清除 /var/adm/下的信息，并删除/usr/local/apps/log 下的所有注册信息。

1）编辑脚本。

```
[root@localhost ~] #vim cleanup                    //启动 vim 编辑器
#! /bin/sh                                         //shell 脚本第一行开始
# name:cleanup                                     //脚本名称
# this is a general cleanup script                 //脚本功能解释
echo "starting cleanup …wait"                      //脚本内容
rm /usr/local/apps/log/*.log                       //删除目录下的日志文件
tail -40 /var/adm/messages>/tmp/messages           //最后 40 行转移到临时文件
rm /var/adm/messages                               //删除/var/adm/messages
mv /tmp/messages /var/adm/messages                 //临时文件移动/var/adm/messages
echo"finished cleanup"                             //清理完成
```

2）使用 chmod 命令增加脚本执行权限。

```
[root@localhost ~] #chmod u+x cleanup
```

运行脚本，只输入文件名即可。

```
[root@localhost ~] #./cleanup
```

脚本运行前必须输入路径名，如果 shell 通知无法找到命令，就需要在“.profile”文件的 PATH 下加入用户可执行程序目录。要确保用户在自己的$HOME 可执行程序目录下，应输入“$ pwd/home/dave/bin”。如果 pwd 命令最后一部分是 bin，那么需要在路径中加入此信息。

编辑用户.profile 文件，加入可执行程序目录$HOME/bin 如下。

```
PATH=$PATH:$HOME/bin
```

如果没有 bin 目录，就创建它。首先确保在用户根目录下。

```
[root@localhost root] # cd  $HOME
[root@localhost root] # mkdir bin
```

现在可以在.profile 文件中将 bin 目录加入 PATH 变量了，然后重新初始化.profile。

```
$ ./profile
```

案例分解 1

1）编写简单的 shell 程序，显示当前的日期和时间。

① 用 Vim 编辑器编辑其文件 functest，内容如下。

```
#! /bin/bash                                  //shell 编程
# functest                                    //文件名
function hello()                              //函数实现
{
echo"hello,today is 'data' "                  //显示今天的日期
}
echo "now going to the function hello"        //函数调用之前显示
Hello                                         //函数调用
echo "back from function"                     //函数调用后显示
```

② 修改文件的权限。

```
[root@localhost ~] #chmod 755 functest
```

③ 执行该脚本，并显示结果。

```
[root@localhost ~] # ./functest
Now going to the function hello
hello,today is  2021 年 12 月 07 日
星期二 00:13:38 CST
back from function
[root@localhost ~] #
```

14.3.3　shell 变量

变量可以定制用户本身的工作环境。使用变量可以保存有用信息，使系统获知用户相关设置。变量也用于保存暂时信息。

1. 本地变量

本地变量可在用户当前的 shell 生命周期的脚本中使用。退出当前用户，变量无效。

优点：用户不能对其他的 shell 或进程设置此变量有效。使用变量时，如果用花括号将之括起来，可以防止 shell 误解变量值，不要求这样做，但这样做确实可用。

（1）设置变量

设置一本地变量，格式为：

```
variable-name=value
```

或

```
{variable-name=value}
```

变量设置时的不同模式如表 14-1 所示。

表 14-1　变量设置时的不同模式

变量设置模式	说　　明
variable-name=value	设置实际值到 variable-name
variable-name+value	如果设置了 variable-name，则重设其值
variable-name:?value	如果未设置 variable-name，显示未定义用户错误信息
variable-name?value	如果未设置 variable-name，显示系统错误信息
variable-name：=value	如果未设置 variable-name，设置其值
variable-name：-value	如果未设置 variable-name，设置其值，但值是替换，并没有真正给变量赋值

（2）显示变量

使用 echo 命令可以显示单个变量取值。使用 echo 命令时，要在变量名前加$。

例如：

```
[root@localhost ~] # GREAT_PICTURE="hello world "
[root@localhost ~] #echo ${ GREAT_PICTURE }
   Hello world
```

（3）清除变量

使用 unset 命令清除变量。

格式：

```
unset variable-name
```

例如：

```
[root@localhost ~] # pc=enterprise
[root@localhost ~] # echo ${pc}
  Enterprise
[root@localhost ~] # unset pc
[root@localhost ~] # echo ${pc}
[root@localhost ~] #
```

（4）测试变量是否已经设置

有时要测试是否已设置或初始化变量。如果未设置或初始化，就可以使用另一值。此命令的格式为：

```
{ variable:-value }
```

意思是如果设置了变量值，则使用它；如果未设置，则取新值，但值是替换，并没有真正给变量赋值。

例如：

```
[root@localhost ~] #colour=blue
[root@localhost ~] #echo "the sky is ${colour:-grey} today"
   The sky is blue today
```

变量 colour 取值 blue，echo 命令在打印变量 colour 时，首先会查看其是否已赋值，如果查到已赋值，则使用该值。现在清除该值，再来看看结果。

```
[root@localhost ~] #colour=blue
[root@localhost ~] unset colour
[root@localhost ~] #echo "the sky is ${colour:-grey} today"
   The sky is grey today
```

（5）从键盘读入变量

在 shell 程序设计中，变量的值可以作为字符串从键盘读入，其格式为：

```
read [-p 提示符] 变量名
```

例如：

```
[root@localhost bin]#read str
Hello world
[root@localhost bin]#echo $str
Hello world
```

从键盘读入 x 和 y 的值，然后再输出，如图 14-4 所示。

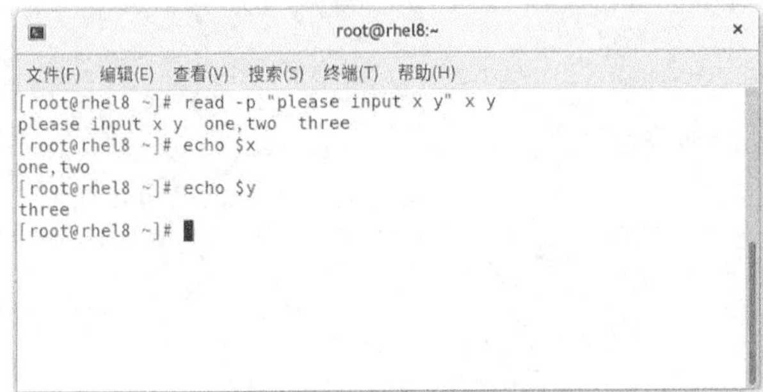

图 14-4　从键盘读入变量

（6）变量的运算

expr 命令为 Linux 中的命令，一般用于整数值计算，但也可用于字符串操作。例如：

```
X=3 Y=5
expr  $x + $y           // 运算结果为 8
expr  $x - $y           // 运算结果为-2
expr  $x \* $y          // 运算结果为 15
expr  $x / $y           // 运算结果为 0
expr  $x % $y           // 运算结果为 2
```

编写一个 shell 程序 testadd，从键盘读入 x 和 y 的值，然后做加法运算，最后输出结果如下所示。

```
[root@localhost ~ ]#vim testadd
#!/bin/sh
echo "please input x y"
read x y
z='expr $x + $y'
echo "The sum is $z"
```

☞提示：

上面的例子并没有将实际值传给变量，只是做了替换，如果想将实际值传给变量，需使用下述命令完成此功能。

```
$ { variable:=value }
```

2. 环境变量

环境变量用于所有用户进程。不像本地变量只用于现在的 shell，环境变量可用于所有子进程，这包括编辑器、脚本和应用。

环境变量可以在命令行中设置，但用户注销时这些值将会丢失，因此最好在.profile 文件中定义。系统管理员可能已经在/etc/profile 文件中设置了一些环境变量。将之放入.profile 文件意味着每次登录时这些值都将被初始化。

（1）设置环境变量

通常，所有环境变量均为大写。在将环境变量应用于用户进程前，必须用 export 命令导出。环境变量与本地变量的设置方式相同。

格式：

```
VARIABLE-NAME=value;export VARIABLE-NAME
```

以上格式中，在两个命令之间是一个分号，也可以这样写。

```
VARIABLE-NAME=value
export VARIABLE-NAME
```

（2）显示环境变量

显示环境变量与显示本地变量一样。例如：

```
[root@localhost ~] #CONSOLE=tty1 ;export CONSOLE
[root@localhost ~] #echo $CONSOLE
   tty1
```

（3）清除环境变量

使用 unset 命令清除环境变量，方法和清除本地变量一样。

```
[root@localhost ~] # unset MYPASS
[root@localhost ~] # echo ${MYPASS}
[root@localhost ~] #
```

（4）查看环境变量

使用 env 命令可以查看所有的环境变量，如图 14-5 所示。

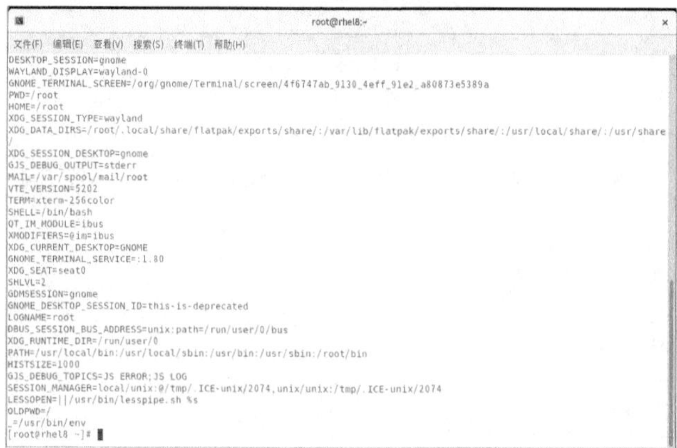

图 14-5　查看环境变量

案例分解 2

2）利用本节案例分解 1 中编写的 shell 程序，通过函数调用的方法显示当前的日期和时间。

① 用 Vim 编辑器编辑文件 functest，内容如下。

```
#! /bin/bash                          //shell 编程
# functest
. hellofun                            //文件名
Echo "now going to the function hello"      //函数调用之前显示
Hello                                 //函数调用
Echo "back from function"             //函数调用后显示
```

② 用 Vim 编辑器编辑文件 hellofun，内容如下。

```
#! /bin/bash                          //shell 编程
# hellofun
function hello()                      //函数实现
{
   echo"hello,today is 'date' "       //显示今天的日期
}
```

③ 修改文件的权限。

```
[root@localhost ~] #chmod 755 functest
```

④ 执行该脚本，并显示结果。

```
[root@localhost root] # ./functest
Now going to the function hello
hello,today is  2021 年 12 月 07 日
星期二 00:13:38 CST
back from function
[root@localhost root] #
```

3. 位置变量

如果要向一个 shell 脚本传递信息，可以使用位置参数完成此功能。参数的相关数目也会同时传入脚本，此数目可以任意多，但只有前 9 个可以被访问，使用 shift 命令可以改变这个限制。参数从第 1 个开始，到第 9 个结束，每个访问参数前要加“$”符号。第 1 个参数为 0，表示预留保存实际脚本名字。无论脚本是否有参数，此值均可用。

如果向脚本传送信息 Did You See The Full Moon，表 14-2 讲解了如何访问每一个参数。

表 14-2　位置变量和参数的对应关系

$0	$1	$2	$3	$4	$5	$6	$7	$8	$9
脚本名字	Did	You	See	The	Full	Moon			

例如，用脚本实现位置变量传递参数。

1）用 Vim 编辑器编辑脚本 param：

```
[root@localhost ~] #vim param
#! /bin/sh
#param
echo "this is the script name          :$0"
echo "this is the first parameter      :$1"
echo "this is the second parameter     :$2"
```

```
echo "this is the third parameter             :$3"
echo "this is the forth parameter             :$4"
echo "this is the fifth parameter             :$5"
echo "this is the sixth parameter             :$6"
echo "this is the seventh parameter           :$7"
echo "this is the eighth parameter            :$8"
echo "This is the ninth parameter             :$9"
```

2）执行脚本：

```
[root@localhost ~] # param  Did You See The Full Moon
This is the script name             :./param
This is the first parameter         :Did
This is the second parameter        :You
This is the third parameter         :See
This is the forth parameter         :The
This is the fifth parameter         :Full
This is the sixth parameter         :Moon
This is the seventh parameter
This is the eighth parameter
This is the ninth parameter
```

14.3.4　控制结构语句

控制结构语句是任何语言中都要出现的。

1．变量表达式

在编程中，既然有变量，就有关于变量的表达式——比较（test）。

test 的用法如下：

```
test 表达式
```

test 后面跟的表达式的操作符有字符串操作符、数字操作符和逻辑操作符。

例如，判断某个变量是否小于数值 10。

```
while test $num -le 10
```

（1）字符串比较

字符串表达式能够测试字符串是否相等，字符串长度是否为 0，或字符串是否为 NULL。字符串比较说明如表 14-3 所示。

表 14-3　字符串比较说明

字　符　串	说　　明
=	比较两个字符串是否相同，如果相同，值为 0
!=	比较两个字符串是否相同，如果不相同，值为 0
-n	比较字符串的长度是否大于 0，若大于 0，值为 0
-z	比较字符串的长度是否等于 0，若等于 0，值为 0

例如：

```
[root@localhost ~] #vim ifeditor
#! /bin/sh
#ifeditor
If [-z $EDITOR];then                  //如果 EDITOR 长度为 0，则变量未被设置
 echo " your EDITOR environment is not set" //输出 EDITOR 编辑器环境未设置
```

```
Else                                    //如果 EDITOR 长度为 0，则变量已设置
echo using $EDITOR as default editor""        //输出使用默认的编辑器
fi
```

（2）数字比较

test 语句和其他编程语言中的比较语句不同，因为它不使用如>、<、>=等符号来表达大于和小于的比较，而是用整数表达式来表示这些。数字比较说明如表 14-4 所示。

表 14-4　数字比较说明

数　　字	说　　明
-eq	相等
-ge	大于等于
-le	小于等于
-ne	不等于
-gt	大于
-lt	小于

例如，if 的使用演示。

```
[root@localhost ~] #vim iftest
#! /bin/sh
#iftest
#this is a comment line,all comment lines start with a #
If ["10" -lt '12']
Then
Echo "yes,10 is less than 12"                //10 比 12 小
fi
```

2. 逻辑操作

逻辑操作是对逻辑值进行的操作，逻辑值只有两个：是、否。逻辑操作符说明如表 14-5 所示。

表 14-5　逻辑操作符说明

逻辑操作符	说　　明
!	反
-a	与
-o	或

3. 文件操作

文件测试表达式通常用来测试文件的信息，一般由脚本来决定文件是否应该备份、复制或删除。文件操作说明如表 14-6 所示。

表 14-6　文件操作说明

文件测试符	说　　明
-d	对象存在且为目录，则返回值为 0
-f	对象存在且为文件，则返回值为 0
-l	对象存在且为符号连接，则返回值为 0
-r	对象存在且可读，则返回值为 0
-s	对象存在且长度非 0，则返回值为 0

（续）

文件测试符	说　　明
-w	对象存在且可写，则返回值为 0
-x	对象存在且可执行，则返回值为 0
file1 –nt(-ot) file2	文件 1 比文件 2 新（旧）

例如：

```
[root@localhost ~] #vim ifcataudit
#! /bin/sh
#ifcataudit
# locations of the log file
LOCAT_1=/usr/opts/audit/logs/audit.log
LOCAT_2=/usr/local/audit/audit.log
If [- r $ LOCAT_1];then
echo "using LOCAT_1"
cat  $LOCAT_1
elif
[- r $ LOCAT_2]
then
echo "using LOCAT_2"
cat  $LOCAT_2
else
echo "sorry the audit file is not readable or cannot be located,">&2
exit 1
fi
```

4. 循环语句

循环语句有多种格式，其中有 for 循环、while 循环和 until 循环。

（1）for 循环

for 循环的语法结构为：

```
for  变量 in 列表
  do
      操作
  done
```

例如，编辑一个文件，文件名为 for_rmgz，功能是删除 HOME/dustbin/目录中以.gz 为扩展名的文件，过程如下。

```
[root@localhost ~] #vim for_rmgz
#to delete all file with extension of “gz” in the dustbin
i=gz
for i in $HOME/dustbin/*.gz
do
    rm -f $i
    echo"$i has been deleted"
done
```

执行结果如下：

```
[root@localhost ~] #./for_rmgz
/home/echo/dustbin/file1.gz has been deleted
/home/echo/dustbin/file2.gz has been deleted
/home/echo/dustbin/file3.gz has been deleted
```

（2）while 循环

while 循环的语法结构为：

```
while 表达式
  do
        操作
  done
```

例如，用 while 循环实现 1~10 的和。

用 Vim 编辑器编辑文件名为 add_while 的文件如下。

```
[root@localhost ~] # vim add_while
#to test "while"
  result=0
  num=1
 while test $num -le 10
  do
   let result=result + num
   let num=num+1
  done
  echo "result=$result"
```

执行结果如下。

```
[root@localhost ~] #chmod 755  add_while
[root@localhost ~] #./add_while
    result=55
```

除了进行整数的累计运算，有时还要进行分数的累计运算，这就需要运用分数运算工具。例如，1/2+1/3+1/4+…+1/100 累计求和的程序如下。

```
[root@localhost ~]vim  #addfenNum
   sum=0
   i=1
   while [ $i -le $Num ]
   do
       sum='echo "scale=1:$sum + 1/$i"|bc'
       i='expr $i + 1'
   done
   echo $sum
   [root@localhost ~] ./addfenNum
   2.7
```

（3）until 循环

until 循环的语法结构为：

```
until 表达式
do
  操作
done
```

例如，用 until 循环实现 1~10 的和。

用 Vim 编辑器编辑文件名为 add_until 的文件。

```
#to test "until"
#add from 10 to 1
  total=0
  num=10
```

```
until test num -eq 0
do
    let total=total + num
    let num=num-1
done
echo "The result is $total"
```

执行结果如下。

```
[root@localhost ~] #chmod 755  add_until
[root@localhost ~] #./add_until
The result is 55
```

案例分解 3

3）用循环语句编写 1~100 累计求和程序。

用 Vim 编辑器编辑文件名为 add_sum 的文件。

```
[root@localhost ~] # vim add_sum
  result=0
  num=1
 while test $num -le 100
  do
   let result=result + num
   let num=num+1
 done
 echo "result=$result"
```

执行结果如下：

```
[root@localhost ~] #chmod 755  add_sum
[root@localhost ~] #./add_sum
  result=5050
```

4）从键盘读入 n，编写 1~n 累计求和程序。

```
[root@localhost ~]vim  addNum
#to test "while"
read -p "please input a number: "  Num
result=0
i=1
while [ $i -le $Num ]
do
    result='expr $result + $i'
    i='expr $i + 1'
done
echo "the sum of 1-$Num is:$result"
[root@localhost ~] ./addNum
please input a number:100
the sum of 1-100 is: 5050
```

5．条件语句

（1）if 语法

if 的语法结构为：

```
if 表达式 1; then                    //表达式 1 为真，执行操作 1
    操作 1
elif 表达式 2 then                   //表达式 2 为真，执行操作 2
    操作 2
elif 表达式 3 then                   //表达式 3 为真，执行操作 3
    操作 3
…
else                                 //上述各条件都不为真，则执行此操作
    操作
fi
```

例如：

```
#!/bin/sh
#变量$SHELL 包含了登录 shell 的名称
If ["$SHELL"="/bin/bash"];then
Echo "you login shell is the bash (bourne again shell)"
Else
Echo "you login shell is not bash but $SHELL"
```

（2）select 语句

```
Select var in ….;do                  //变量 var 在 in 后面的列表中取值
break
done
echo" …$var"                         //输出变量的取值
```

例如：

```
#!/bin/sh
echo "What day is today?"
Select var in "Mon" "Tues" "Wed"
"Thur" "Fri" "Sat" "Sun";do
break
done
echo "Today is $var"
```

运行结果如下：

```
What day is today?
    1) Mon
    2) Tues
    3) Wed
    4) Thur
    5) Fri
    6) Sat
    7) Sun
    #?3
    Today is Wed
```

（3）case 语句

case 语句为多选语句，可以用 case 语句匹配一个值与一个模式，如果匹配成功，则执行与之相匹配的命令。

case 语句的用法：

```
case 字符串 in
  模式 1)
  操作 1                             //与模式 1 匹配要执行的操作
```

```
      ;;                                    //执行结束
   模式 2）
     操作 2                                 //与模式 2 匹配要执行的操作
      ;;
   模式 3）
     操作 3                                 //与模式 3 匹配要执行的操作
      ;;
   *)
      操作                                  //与所有模式不匹配要执行的操作
       ;;
Esac
```

case 取值后面必须为单词 in，每一模式必须以右括号结束，取值可以为变量或常数。匹配发现取值符合某一模式后，其所有的命令开始执行直至遇到“;;”，模式匹配下的“*”表示任意字符，“?”表示任意单字符。[..]表示类或取值范围内的任意字符。

例如：

```
# !bin;bash
#testcase                                   //文件名
echo " Enter a number from 1 to 3: "
read choice                                 //输入变量的值
Case $choice in                             //输入的值和 in 后面的模式匹配
1)
  echo " you select 1"
  ;;
2)
   echo " you select 2"
  ;;
3)
    echo " you select 3"
  ;;
*)
  echo " This is not between 1 and 3"
  exit;
  ;;
Esac
```

19　20

21

14.4　上机实训

1. 实训目的

掌握 Linux 下编程，熟悉 Linux 的编程。

2. 实训内容

1）利用 Linux 下的 C/C++编程，编写简单的 C/C++程序并编译运行。

2）Linux 下的 Python 编程。

3）Linux 下的 shell 编程，从键盘输入任意值，然后求和运算。

2. 实训总结

通过本次实训，能够掌握 Linux 下的各种编程工具。

14.5　课后习题

1．编写一个 shell 程序 mkf，此程序的功能是：显示 root 下的文件信息，然后新建一个文件夹 kk，在此文件夹下新建文件 aa，修改此文件的权限为可执行，并返回到 root 目录。

2．每周五 17:30 清理 FTP 服务器的公共共享目录，检查/var/ftp/pub 目录，将其中所有的子目录及文件详细列表、当时的时间信息追加保存到/var/log/pubdir.log 日志文件中，然后清空该目录。

3．安装并配置 Python，编写类似本章所介绍的简单的例子程序，并在系统中运行，查看运行结果和显示页面。

参 考 文 献

[1] 张恒杰，张彦，石慧升. Linux 系统管理与服务器配置：CentOS 8[M]. 北京：清华大学出版社，2020.
[2] 张同光. Linux 操作系统：RHEL 8/CentOS 8[M]. 2 版. 北京：清华大学出版社，2020.
[3] 曾德生，庞双龙. Linux 应用基础项目化教程：RHEL 8.2/CentOS 8.2[M]. 北京：电子工业出版社，2021.
[4] 赵宏，包广斌，马栋林. Python 网络编程：Linux[M]. 北京：清华大学出版社，2018.